数值分析——使用 C 语言
（第 4 版）

简聪海　编著

北京航空航天大学出版社

内容简介

本书使用 Turbo-C 语言把数值分析的重要理则付诸执行。内容包括：多项式内插法、非线性方程式的求解、微分近似法、积分近似法、常微分方程式的初值问题、线性代数的数值方法、常微分方程式与边界条件、非线性代数联立方程式等。

本书可作为理工科大学各专业研究生学位课程的教材，还可供从事科学与工程计算的科技人员自学和参考。

图书在版编目（ＣＩＰ）数据

数值分析 ：使用 C 语言 / 简聪海编著. -- 4 版. --
北京 ： 北京航空航天大学出版社，2014.4
　ISBN 978-7-5124-1271-2

　Ⅰ．①数… Ⅱ．①简… Ⅲ．①C 语言－应用－数值分
析 Ⅳ．①O241-39

中国版本图书馆 CIP 数据核字(2013)第 236330 号

数值分析——使用 C 语言（第 4 版）
简聪海　编著

责任编辑　刘　晨　刘朝霞

*

北京航空航天大学出版社出版发行

北京市海淀区学院路 37 号(邮编 100191)　http://www.buaapress.com.cn

发行部电话：(010)82317024　传真：(010)82328026

读者信箱：emsbook@gmail.com　邮购电话：（010）82316524

涿州市新华印刷有限公司印装　各地书店经销

*

开本：710×1 000　　1/16　印张：18　字数：383 千字
2014 年 4 月第 1 版　2014 年 4 月第 1 次印刷　印数：4 000 册
ISBN　978-7-5124-1271-2　定价：39.00 元

若本书有倒页、脱页、缺页等印装质量问题，请与本社发行部联系调换。联系电话：（010）82317024

数值分析的基本理论可追溯到发明微积分的牛顿时代。然而，直到计算机软硬件出现后，才为科学界与工程学所广泛运用，尤其是当今个人计算机的发展，数值运算速度之快与内存容量之大，实在是令人感慨。例如，当高级计算机语言的回路内容若不是很庞大时，执行 50 回与执行 5000 回，坐在计算机前的人，甚至感觉不出两者有什么区别，因为两者在运算时间上的差距并不是人类的感官所能察觉的。因此，对同一问题的不同解题方法，应采用较节省时间和内存容量并且方便编程的数值分析方法。

最早用来执行数值分析的算法的高级计算机语言是 FORTRAN，当今个人计算机发展及受台湾地区的学习环境的影响，C 语言几乎完全取代了 FORTRAN 语言的地位，C 语言比其他高级语言如 FORTRAN、PASCAL、PL-I 与 BASIC 多了许多长处，因此，本书介绍使用 Turbo-C 语言进行数值分析的重要算法。为了兼顾没有学过 C 语言、但知道如何用 Q BASIC 或 Visual BASIC 或其他高级计算机语言写程序的读者，因此，本书中每一章内节凡有解答问题的地方，一定先介绍解题的详细算法（流程图）的说明，以方便使用其他高级语言的读者，有一定程序设计能力的读者，就算对本书内所介绍的解题算法的背景并非完全了解，也能够设计程序把答案找到。这是作者希望本书除了方便懂 C 语言的读者外，也能为懂其他高级语言的读者所接受。

相同问题的各种解法部分，本书尽量选择易于写成程序（即解题算法简单）与准确度高的方法。每一种解题算法的理论背景的详细说明，已经努力加以简化以求易懂，每一章每一节的例子几乎都有详细手算的解题算法并且用最基本的 C 语言的指令写成程序，以方便对 C 语言并没有十分深入了解的读者。

本书共分成 8 章，为了方便应用起见，依作者浅见，下面的内容是最重要的部分：

第 1 章，插值法：牛顿向前与向后的插值法；Hermite 插值法。

第 2 章，非线性方程序的求解：以二分法为主配合函数值正负号的变化先行判定根所在的范围。

第 3 章，微分近似法。

第 4 章，积分近似法：梯形法；Simpson 法。

第 5 章，常微分方程序的初值问题：四阶的 Runge-Kutta 方法。

第 6 章，线性代数的数值方法：高斯消去法；高斯-乔丹消去法。

第 7 章，常微分方程序与边界条件：Thomas 算法求解三条对角线的代数方程组序；使用中心差商的公式把线性或非线性的常微分方程序转化成三条对角线的代数方程组序，然后，使用 Thomas 算法求解。

第 8 章，非线性联立代数方程序既简单又重要。

本书的写作，以读者无师也能自通为立场，只要读者具备下面四种数学基础与一种计算机语言：

（1）微积分的基本原理（不必懂钻牛角尖的解题方法）。

（2）线性代数，解 n 元一次方程组序的基本原理。

（3）常微分方程序的初值条件与边界条件的基本解题理论。

（4）系列的收敛与发散的基本概念。

（5）任何一种高级计算机程序语言，如 C，VB，FORTRAN 等。

然后细读本书，循序渐进，遇到解题的算法部分，宜先行尝试设计计算机程序求解，之后与本书的例子核对答案，然后再参考例子的 C 语言的解题程序。因此，本书是非常适合作为职业技术院校的教材与工程科技学界的参考书。每章习题有详细的解答（教师手册），其相关的 C 语言程序可供读者参考，可发送邮件至 service@bjchwa.com 索取。

作者学浅才疏，书中有任何谬误之处，望各位专家及学者不吝指正。

简聪海　写于永和

目 录 CONTENTS

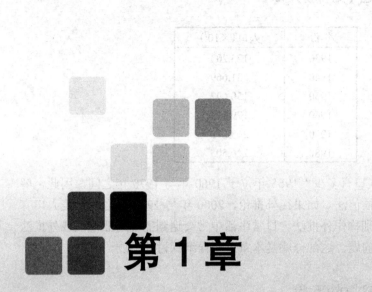

第 1 章

多项式插值法

1.1 插值法

如果有人给出 4 组数据如下：

x	y
1.0	0.000
2.0	0.693
3.0	1.099
4.0	1.386
⋮	⋮

请问当 $x=1.5$ 时，y 应该是多少？上表 $x=1.5$ 的位置是在 $x=1.0$ 与 2.0 之内，因此，求得 $x=1.5$ 所对应的 y 值问题的解决方法称做插值法。再举一例，下面是美国的全国人口普查数据：

年份	人口（$\times 10^3$）
1930	123,203
1940	131,669
1950	150,697
1960	179,323
1970	203,212
1980	226,505

请问 1965 年全美人口有多少？1965 年位于 1960 年与 1970 年之间，因此，解决这种问题的方法称作插值法。如果往外推论，2000 年与 1920 年之间全美人口有多少？解决这种问题，则称作外推法。日常生活中常会遇到需要用插值法或外推法去解决自己认为重要的问题，这部分就是本章所要详细探讨的主题。

1.2 多项式插值法的概念

什么是多项式？一般有关函数论或微积分的书上把下面的表示式

$$a_0 + a_1x + a_2x^2 + \cdots + a_nx^n \tag{1-1}$$

称做 x 的多项式，此处的 $a_0, a_1, a_2, \cdots, a_n$ 的 a 是已知数，n 是已知的正整数。若把上面式(1-1)写成

$$f(x) = a_0 + a_1x + a_2x^2 + \cdots + a_nx^n \tag{1-2}$$

则 $f(x)$ 称做多项式函数。

如果再用 y 代表因变量，然后把式(1-2)改写成

$$y = f(x) = a_0 + a_1x + a_2x^2 + \cdots + a_nx^n$$

则称 x 为多项式函数的自变量，而 y 称做 x 的函数。相信略知一点函数理论的读者一定能懂这些道理。

什么是多项式插值法呢？以前面已知 4 组数据即已知 xy 坐标系统上的 4 点为例：

$$i = 0, x_0 = 1.0 \Rightarrow y = f(1.0) = 0.000$$
$$i = 1, x_1 = 2.0 \Rightarrow y = f(2.0) = 0.693$$
$$i = 2, x_2 = 3.0 \Rightarrow y = f(3.0) = 1.099$$
$$i = 3, x_3 = 4.0 \Rightarrow y = f(4.0) = 1.386$$

是否可以找到一条线(曲线或直线)同时通过上面这 4 点，如图 1-1 所示。

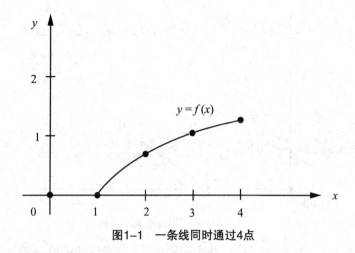

图1-1 一条线同时通过4点

解析几何告诉我们，两点可以确定一条直线，但是同时经过相同的两点的曲线则有很多条。由于光凭上面的 4 点

$$(x_0, f(x_0)), (x_1, f(x_1)), (x_2, f(x_2)), (x_3, f(x_3))$$

的数据，无法确定 $f(x)$ 与 x 的函数关系，但是，可以找到多项式 $f(x)$ 同时通过上面已知的 4 点，可以计算 4 点内的任何 x 值与其相对应的 $y = f(x)$ 的值，如 $x = 1.5 \Rightarrow f(1.5) = ?$ 的插值法与 $x = 4.5 \Rightarrow f(4.5) = ?$ 的外推法。因此，设法找到同时通过已知 n 点的多项式 $f(x)$，同时它用来推算其内的任何未知点的 $f(x)$ 值，这种方法称作多项式插值法。同理，用 $f(x)$ 去推算已知点的外面的任何一点的 $f(x)$ 值的方法可以称作多项式外推法。

1.3 Lagrange 插值法的公式

还没有正式提出数学家 Lagrange 先生的插值法算法之前，先请参考下面例子。

◆ **例题1-1** 若已知平面上两点坐标如下：

x	$y = f(x)$
1.0	0.000
2.0	0.693

请问若 $x = 1.5$，则 $f(x) = ?$

➢ **解：**
由于已知两点的坐标位置，则可以确定通过两点的直线如图 1-2 所示。

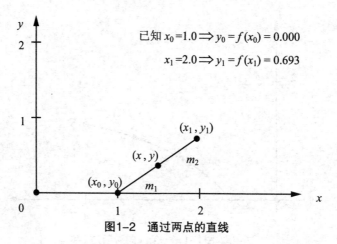

图1-2　通过两点的直线

若在 $(x_0, f(x_0))$ 与 $(x_1, f(x_1))$ 之间随便取一未知点 (x, y)，则因为一直线的任何部分的斜率一定相同之故：

因为
$$m_1 = m_2 = m = \frac{y_1 - y_0}{x_1 - x_0}$$

$$\Rightarrow \frac{y_1 - y_0}{x_1 - x_0} = \frac{y - y_0}{x - x_0}$$

设内插点的 $y = P(x)$ 经过整理，则

$$\Rightarrow y = P(x) = \left(\frac{x - x_1}{x_0 - x_1}\right) f(x_0) + \left(\frac{x - x_0}{x_1 - x_0}\right) f(x_1)$$

把　　$x_0 = 1.0, f(x_0) = 0.000$
$$x_1 = 2.0, f(x_1) = 0.693$$
分别代入 $y = P(x)$

$$\Rightarrow y = P(x) = \left(\frac{x - 2.0}{1.0 - 2.0}\right) \times 0 + \left(\frac{x - 1.0}{2.0 - 1.0}\right) \times 0.693$$

一旦找到通过 $(x_0, f(x_0))$ 与 $(x_1, f(x_1))$ 两点的直线方程式，则可计算 $1.0 < x < 2.0$ 的任何 $P(x)$ 的值，因此

$$P(1.5) = \left(\frac{1.5 - 1.0}{2.0 - 1.0}\right) \times 0.693 = 0.3465$$

这种方法称作线性插值法。假设 $(x_0, f(x_0))$ 与 $(x_1, f(x_1))$ 两点之间的 x 与 $P(x)$ 的关系是线性，当把两点间的线性关系写成

$$P(x) = \left(\frac{x - x_1}{x_0 - x_1}\right) f(x_0) + \left(\frac{x - x_0}{x_1 - x_0}\right) f(x_1) \tag{1-3}$$

时，它就是Lagrange先生的多项式插值法的特例。它保证一定能通过$(x_0, f(x_0))$与$(x_1, f(x_1))$两点。例如，设$x = x_0$，则

$$P(x = x_0) = \frac{(x_0 - x_1)^1}{(x_0 - x_1)} f(x_0) + \frac{(x_0 - x_0)^0}{(x_1 - x_0)} f(x_1)$$

因此，$P(x = x_0) = f(x_0)$，同理，$P(x = x_1) = f(x_1)$。

◆ **例题1-2** 若已知平面上三点的坐标如下：

i	x_i	$y = f(x_i)$
0	1.0	0.000
1	2.0	0.693
2	3.0	1.099

请找出同时通过上面三点的多项式$P(x)$，并且计算$P(1.5)$的值=?

➢ **解：**

Lagrange依据通过两点的多项式的式(1-3)，推导出同时通过三点的多项式的公式如下：

$$P(x) = \frac{(x - x_1)(x - x_2)}{(x_0 - x_1)(x_0 - x_2)} f(x_0) + \frac{(x - x_0)(x - x_2)}{(x_1 - x_0)(x_1 - x_2)} f(x_1) +$$
$$\frac{(x - x_0)(x - x_1)}{(x_2 - x_0)(x_2 - x_1)} f(x_2) \tag{1-4}$$

如何证明上式一定会通过已知的三点呢？

$$x = x_0 \Rightarrow P(x = x_0) = \frac{(x_0 - x_1)(x_0 - x_2)}{(x_0 - x_1)(x_0 - x_2)} f(x_0) + \frac{(x_0 - x_0)(x_0 - x_2)}{(x_1 - x_0)(x_1 - x_2)} f(x_1) +$$
$$\frac{(x_0 - x_0)(x_0 - x_1)}{(x_2 - x_1)(x_2 - x_0)} f(x_2)$$

因此，$x = x_0 \Rightarrow P(x = x_0) = f(x_0)$

同理，$x = x_1 \Rightarrow P(x = x_1) = f(x_1)$

$x = x_2 \Rightarrow P(x = x_2) = f(x_2)$

很明白，式(1-4)一定会通过$(x_0, f(x_0))$，$(x_1, f(x_1))$与$(x_2, f(x_2))$三点。所以，式(1-4)的多项式$P(x)$就是答案。现在把

$$x_0 = 1.0 \Rightarrow f(1.0) = 0.000$$
$$x_1 = 2.0 \Rightarrow f(2.0) = 0.693$$

$$x_2 = 3.0 \Rightarrow f(3.0) = 1.099$$

分别代入式(1-4)，得到

$$P(x) = \frac{(x-2.0)(x-3.0)}{(1.0-2.0)(1.0-3.0)} \times 0 + \frac{(x-1.0)(x-3.0)}{(2.0-1.0)(2.0-3.0)} \times 0.693 +$$

$$\frac{(x-1.0)(x-2.0)}{(3.0-1.0)(3.0-2.0)} \times 1.099$$

$$P(1.5) = \frac{(1.5-1.0)(1.5-3.0)}{(2.0-1.0)(2.0-3.0)} \times 0.693 + \frac{(1.5-1.0)(1.5-2.0)}{(3.0-1.0)(3.0-2.0)} \times 1.099$$

$$\Rightarrow P(1.5) = 0.3824$$

◆ **例题1-3**　请推导通过 n 点的Lagrange插值法的公式，并且写出通过下面4点的Lagrange插值法的公式以及计算 $P(1.5) = ?$

$$(1, 0.0), (2, 0.693), (3, 1.099), (4, 1.386)$$

➤ **解：**

根据通过 n 点的多项式的基本原则，按照式(1-4)

$$P(x) = \frac{(x-x_1)(x-x_2)(x-x_3)\cdots(x-x_n)}{(x_0-x_1)(x_0-x_2)(x_0-x_3)\cdots(x_0-x_n)} f(x_0) +$$

$$\frac{(x-x_0)(x-x_2)(x-x_3)\cdots(x-x_n)}{(x_1-x_0)(x_1-x_2)(x_1-x_3)\cdots(x_1-x_n)} f(x_1) +$$

$$\frac{(x-x_0)(x-x_1)(x-x_3)\cdots(x-x_n)}{(x_2-x_0)(x_2-x_1)(x_2-x_3)\cdots(x_2-x_n)} f(x_2) +$$

$$\vdots$$

$$\frac{(x-x_0)(x-x_1)(x-x_2)\cdots(x-x_{n-1})}{(x_n-x_0)(x_n-x_1)(x_n-x_3)\cdots(x_n-x_{n-1})} f(x_n) \quad (1-5)$$

仔细观察 $P(x)$ 的等号右边每一项的有理式(rational expression)，我们可以把式(1-5)写成通式：

$$P(x) = \sum_{k=0}^{n} L_{n,k}(x) f(x_k) \quad (1-6)$$

式(1-6)的 $L_{n,k}(x)$ 的定义如下：

$$L_{n,k}(x) = \prod_{\substack{i=0 \\ i \neq k}}^{n} \frac{x-x_i}{x_k-x_i}, \quad k = 0, 1, 2, \cdots, n$$

$$= \frac{(x-x_0)(x-x_1)\cdots(x-x_{k-1})(x-x_{k+1})\cdots(x-x_n)}{(x_k-x_0)(x_k-x_1)\cdots(x_k-x_{k-1})(x_k-x_{k+1})\cdots(x_k-x_n)}$$

细读上式发现通过 $n+1$ 点所需的 $P(x)$ 是一元 n 次多项式(最多是 n 次),请读者务必要熟悉式(1-6) $P(x) = \sum_{k=0}^{n} L_{n,k}(x) f(x_k)$ 的表达方式,因为,当已知的点数 $n+1$ 变大时,用笔算已经不切实际,一定要设计计算机程序取代令人心烦的笔算达成计算内插于

$$x_0 < x < x_n$$

中与之相对应的 $P(x)$ 的任何值时算法的编写。然而,基本原理的笔算若不清楚,冒然设计计算机语言的程序上机肯定要乱成一团而得不到正确答案。

$$P(x = 1.5) = \sum_{k=0}^{3} L_{3,k}(x) f(x_k)$$

$$\Rightarrow P(1.5) = \frac{(1.5 - 2.0)(1.5 - 3.0)(1.5 - 4.0)}{(1-2)(1-3)(1-4)} \times 0.0 +$$

$$\frac{(1.5 - 1.0)(1.5 - 30)(1.5 - 4.0)}{(2.0 - 1.0)(2.0 - 30)(2.0 - 4.0)} \times 0.693 +$$

$$\frac{(1.5 - 1.0)(1.5 - 2.0)(1.5 - 4.0)}{(3.0 - 1.0)(3.0 - 2.0)(3.0 - 4.0)} \times 1.099 +$$

$$\frac{(1.5 - 1.0)(1.5 - 2.0)(1.5 - 3.0)}{(4.0 - 1.0)(4.0 - 2.0)(4.0 - 3.0)} \times 1.386$$

$$\Rightarrow P(1.5) = 0.3929$$

1.4 Lagrange 插值法的算法与 C 语言程序

本节的重点在于,如何把笔算的 Lagrange 插值法的公式转换成适合任何高级计算机程序语言如 FORTRAN,Pascal,Visual Basic 或 C 语言的算法?

作者假定读者已经学会基本的高级计算机程序语言中的任何一种,而且要细心读懂下面所提供的解题算法。Lagrange 插值法的算法已知条件如下:

(1) $(x_0, f(x_0)), (x_1, f(x_1)), \cdots, (x_n, f(x_n))$。

(2) n 点的 n。

(3) 所要进行内插的点 x_a。

(4) Lagrange插值法的公式。

Lagrange插值法的算法流程图如图1-3所示。

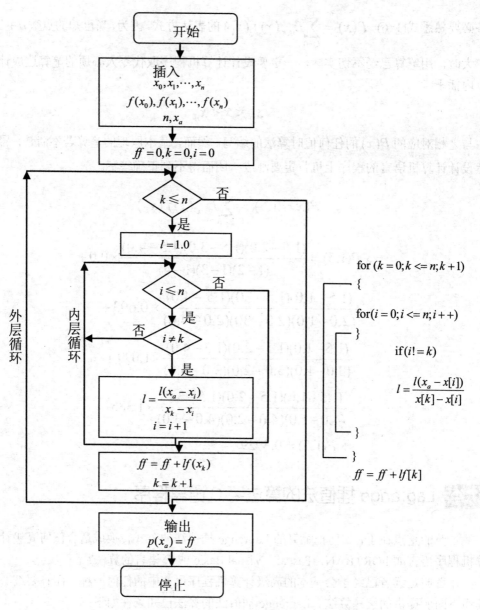

图1-3　Lagrange插值法的算法流程图

◆ 例题1-4　请用自己熟悉的高级计算机程序语言如FORTRAN，Pascal，
Basic或C，依Lagrange插值法的算法设计程序，若已知满足
$f(x) = \log_e x = \ln x$ 的数据如下：

x	$f(x)$
1.0	0.0
2.0	0.693
3.0	1.099
4.0	1.386

(a)

x	$f(x)$
1.0	0.000
1.2	0.182
1.4	0.336
2.0	0.693

(b)

x	$f(x)$
1.0	0.000
1.2	0.182
1.7	0.531
2.0	0.693
2.2	0.788
2.7	0.993
3.0	1.099
3.2	1.163
3.7	1.308
4.0	1.386

(c)

请分别使用上面(a)(b)(c)的已知点的数据计算 $P(1.5)$ 的值，并且分别比较真实的 $f(1.5) = \ln 1.5 = 0.405$ 之后，讨论结果。

➢ **解**：

```
/* ex1-4.c: Lagrange Interpolation Algorithm
*Read in data file of ex1-4.dat which has n point values
*and the value of interpolating point xa. Based on Lagrange
*Interpolation algorithm to compute f(xa) and output its value.
*(x[i],f[i]): given points and n+1 are number of points
*Ln,k(x)=1=summation of (x-x[i])/(x[k]-x[i]).
*P(x)=ff=L(x)*f(x[k])
*/
#include <stdio.h>
```

```
void main( )
{
    double x[30],f[30],1,ff,xa;
    int i,k,n;
    scanf ("n=%d  xa=%1f" ,&n,&xa);
    for(k=0;k<=n;k++)
    {
        scanf ( "%1f  %1f",&x[k],&f[k]);
    }
    ff=0.0;
    for(k=0;k<=n;k++)
    {
      1=1.0;
      for(i=0;i<=n;i++)
      {
          if(i!=k)
          {
            1=1*(xa-x[i])/(x[k]-x[i]);
          }
      }
      ff=ff+1*f[k];
    }
    printf("The value of P(%.41f)=%.41f\n",xa,ff);
}
```

(a) 数据文件如下：

(d1ex1-4.c)(数据文件的文件名)

    n=3
    xa=1.5
    1.0   0.0
    2.0   0.693
    3.0   1.099
    4.0   1.386

输出结果：

    C:\C>ex1-4 <a:d1ex1-4.c
    The value of P(1.5000)=0.3929

$P(1.5) = 0.3929$ 符合前面例题 1-3 的笔算结果。

(b)数据文件如下：

(d2ex1-4.c)(数据文件的文件名)

  n=3

  xa=1.5

  1.0 0.000

  1.2 0.182

  1.4 0.336

  2.0 0.693

输出结果：

  C:\C>ex1-4 <a:ex1-4.d2

  The value of P(1.5000)=0.4045

(c)数据文件如下：

(d3ex1-4.c)(数据文件的文件名)

  n=9

  xa=1. 5

  1.0 0.000

  1.2 0.182

  1.7 0.531

  2.0 0.693

  2.2 0.788

  2.7 0.993

  3.0 1.099

  3.2 1.163

  3.7 1.308

  4.0 1.386

输出结果：

  C:\C>ex1-4 <a:d3ex1-4.C

  The value of P(1.5000)=0.4061

检讨：设 $D = x_n - x_0, n+1$ 为已知的点数将推导出一元 n 次多项式能同时通过 $n+1$ 点。第一种情形：固定点数 4 点（$n=3$），D 不同，(a)与(b)的结果比较如下：

$D = x_n - x_0$	$P(1.5)$	$P(1.5) - f(1.5)$
(a) $D = 4-1 = 3$	0.3929	$\|0.3929 - 0.405\| = 1.21 \times 10^{-2}$
(b) $D = 2-1 = 1$	0.4045	$\|0.4045 - 0.405\| = 5.0 \times 10^{-4}$

观察上表知道，当已知点数相同，$x_n - x_0$ 的差距越小，内插结果的误差越小。

第二种情形：$D = x_n - x_0$ 固定，已知点数 $n+1$ 不同，(a) 与 (c) 的结果如下：

$D = x_n - x_0 = 3$	$P(1.5)$	$P(1.5) - f(1.5)$
(a) $n = 3$	0.3929	$\|0.3929 - 0.405\| = 1.21 \times 10^{-2}$
(b) $n = 9$	0.4061	$\|0.4061 - 0.405\| = 1.1 \times 10^{-3}$

观察上表知道，当已知点数不同，(a) 与 (b) 的 $x_n - x_0$ 相同时，点数越多即 n 越大时，内插结果的误差越小。

第三种情形：$D = x_n - x_0$ 与 n 固定(即 $n+1$ 点数固定)，已知 $n+1$ 点，在 x_n 与 x_0 之间的分布情形是否会影响 Lagrange 插值法的准确度？此点请读者另行编写合乎固定 D 与 n 的条件而已知点的分布不同的数据文件，进行测试并且检验结果。例如，选择 $[x_0, x_n]$ 之间等间隔的点，如 $x_n - x_{n-1} = x_{n-1} - x_{n-2} = \cdots = x_1 - x_0$，然后比较选择非等间隔的点。

1.5　Lagrange 插值法的公式与误差问题

Lagrange 插值法的公式虽然能保证一定会通过所有已知的 $n+1$ 点，也就是说，能通过 $(x_0, f(x_0)), (x_1, f(x_1)), \cdots, (x_n, f(x_n))$。所谓已知的点是来自一种函数关系，如前面例 1-1～例 1-4 所提及的点数据，事实上是来自 $y = f(x) = \log_e x$ 的已知函数。

因此，$x_0, x_1, \cdots, x_n$ 的不同点原本要满足

$$y = f(x) = \log_e x \text{ (已知函数)}$$

的函数关系，同时也会满足 Lagrange 插值法的公式

$$P(x) = \sum_{k=0}^{n} L_{n,k}(x) f(x_k)$$

也就是说，$P(x_0) = f(x_0), P(x_1) = f(x_1), \cdots, P(x_n) = f(x_n)$

然而 Lagrange 插值法的多项式公式 $P(x)$ 与真实的(已知)函数 $f(x)$ 之间肯定有差异，这便是 Lagrange 插值法误差的原因。现在要探讨一个问题：$P(x)$ 与 $f(x)$ 之间的差距有多大？若两者的差距为 $e(x)$，则 $e(x)$ 的大小如下：

$$e(x) = f(x) - P(x)$$

$$= f^{(n+1)}(\xi) \frac{(x - x_0)(x - x_1) \cdots (x - x_n)}{(n+1)!}, \quad x_0 < \xi < x_n$$

设　$L(x) = \dfrac{(x - x_0)(x - x_1) \cdots (x - x_n)}{(n+1)!}$

因此　$e(x) = f(x) - P(x) = f^{(n+1)}(\xi) L(x), \quad x_0 < \xi < x_n$ (1-7)

$f^{(n+1)}(\xi)$ 表示函数 $f(x)$ 的 $n+1$ 次微分存在于 x_0 与 x_n 之间。也就是说，$\dfrac{\mathrm{d}^{n+1}f(x)}{\mathrm{d}x}\big|_{x=\xi}$ 成立于 $[x_0, x_n]$ 之间。

而且 $x_0, x_1, \cdots, x_n$ 是 $[x_0, x_n]$ 之间的个别具有不同数据的变量，也就是说，$x_0 \neq x_1 \neq x_2 \neq \cdots \neq x_n$ 的先决条件要成立。

公式 $e(x) = f(x) - P(x) = f^{(n+1)}(\xi)L(x), x_0 < \xi < x_n$ 的问题如下：

(1) Lagrange 插值法所导出的多项式 $P(x)$ 就是不能知的未知函数 $f(x)$ 的近似函数。如果已知 $f(x)$ (如前面例子提及 $f(x) = \ln x$)则又何苦去推导 Lagrange 插值法的多项式 $P(x)$ 呢？因此，$f^{(n+1)}(\xi)$ 也是不可知，在实用上(指未知 $f(x)$ 的条件下)，式(1-7)岂不是没有什么用处？

(2)然而，为了测试 Lagrange 插值法所推测的结果与事实的距离，也就是 Lagrange 插值法的误差，则式(1-7)肯定有意义。因此，误差 $e(x)$ 如下：

$$e(x) = f^{(n+1)}(\xi)\frac{(x-x_0)(x-x_1)\cdots(x-x_n)}{(n+1)!}, x_0 < \xi < x_n$$

影响 $e(x)$ 的大小有下面几点因素：

①已知数据点的 $x_0, x_1, \cdots, x_n$ 的分布情形会影响 $e(x)$ 的大小(一般而言尽量选择等间隔的点)。

②设 $a = x_0, b = x_n$，则 $D = b - a$ 就是可以进行内插的范围 D 的大小，会影响误差 $e(x)$ 的大小(一般而言，当已知点数 $n+1$ 固定时，D 越大，则误差 $e(x)$ 越大)。

③已知函数 $n+1$ 的大小也会影响误差 $e(x)$ 的大小(一般而言，若 D 固定，$n+1$ 越大，则误差 $e(x)$ 越小，但是当 $n+1$ 大到某种程度时，$e(x)$ 又会开始变大)。

(3) 由于影响 $e(x)$ 大小的因素如下：

①已知点的分布情形。

②$D = x_n - x_0 = b - a$ 的大小。

③已知点数 $n+1$ 的大小。

因此，使用 Lagrange 插值法的多项式 $f(x)$ 时，应该选择使 $e(x)$ 误差最小的①②③诸因素。然而宜注意③点，$n+1$ 点越大表示 Lagrange 插值法的多项式展开之后 $P(x) = a_0 + a_1x^1 + a_1x^2 + \cdots + a_nx^n$ 的 n 次方中的 n 越大，当 n 越大，并不能保证 $P(x)$ 能收敛成正确的 $f(x)$。一般而言，应该避免使用太大的 Lagrange 一元 n 次多项式，若非要使用较大的 n 不可时，也就是要用较多的已知点 $(n+1)$ 时，宜小心核算内插后的答案是否合理。一般而言，$D = x_n - x_0$ 宜小，然后选择 $x_n - x_0$ 内适当的点数。

(4)使用 Lagrange 插值法的公式时，因为

$$P(x) = \sum_{k=0}^{n} L_{n,k} f(x_k), k = 0, 1, 2, \cdots, n$$

可以展开成

$$P(x) = a_0 + a_1 x + a_1 x^2 + \cdots + a_n x^n$$

但是若无必要，则请不要随便展开，因为计算烦琐易出错，而且不利于编写计算机语言的程序的算法的简化。

(5)同时通过不同点 $(x_0, f(x_0)), (x_1, f(x_1)), \cdots, (x_n, f(x_n))$ 的多项式只有一种，那就是 Lagrange 插值法的多项式：

$$P(x) = \sum_{k=0}^{n} L_{n,k} f(x_k)$$

其他的多项式若能同时通过相同的 $n+1$ 点，则一定与 $f(x)$ 相同，若有差别，只是形式上不同而已。也就是说，Lagrange 插值法的多项式具有唯一性。

(6)公式(1-7)的证明如下：$e(x) = f(x) - P(x)$ 中的 $P(x)$ 虽是未知函数，但是它的先决条件定义于 $x \in [x_0, x_n]$ 的函数，而且它通过其中的 $n+1$ 点。因此，可以假设定义于 $[x_0, x_n]$ 之间的 $S(x)$，使得

$$e(x) = f(x) - P(x) = (x - x_0)(x - x_1) \cdots (x - x_n) S(x)$$

因为，当 $x = x_0, x = x_1, \cdots, x = x_n$ 时，都会使 $e(x) = 0$ 而且 $P(x) = f(x)$ 符合 Lagrange 插值法的假设条件。

现在让我们从 $[x_0, x_n]$ 之间选出一个数值 η 使得 $x_0 < \eta < x_n$，再定义一个函数 $PP(x)$，使得

$$PP(x) = f(x) - P(x) - \underbrace{(x - x_0)(x - x_1) \cdots (x - x_n)}_{\text{具有} n+1 \text{次方的多项式}} S(\eta) \tag{1-8}$$

所以 $\dfrac{\mathrm{d}^{n+1} PP(x)}{\mathrm{d}x^{n+1}}$ 成立于 $[x_0, x_n]$ 之间。

因为根据微积分的 Rolle's 定理：当 $PP(x_0) = PP(x_n) = 0$ 时，则

$$\frac{\mathrm{d}^{n+1} PP(x)}{\mathrm{d}x^{n+1}}\Big|_{\xi} = PP^{(n+1)}(x)\big|_{x=\xi} = 0, x_0 < \xi < x_n$$

因为 Lagrange 的 $P(x)$ 的多项式最多只有 n 次方 $(n+1)$ 点，所以 $P^{(n+1)}(x) = 0$，因此式(1-8)

$$PP(x) = f(x) - P(x) - (x - x_0)(x - x_1) \cdots (x - x_n) S(\eta)$$

$$\Rightarrow PP^{(n+1)}(x) = f^{(n+1)}(x) - \overset{0}{\cancel{P^{(n+1)}(x)}} - (n+1)! S(\eta)$$

设 $x = \xi$，而且 $x_0 < \xi < x_n$

$$\Rightarrow PP^{(n+1)}(\xi) = f^{(n+1)}(\xi) - (n+1)! S(\eta)$$

$$\Rightarrow S(\eta) = \frac{f^{(n+1)}(\xi)}{(n+1)!}$$

因为 $x_0 < \xi < x_n$，而且 $x_0 < \eta < x_n$，我们可以用 x 取代 η

$$\Rightarrow S(\eta) = S(x) = \frac{f^{(n+1)}(\xi)}{(n+1)!}$$

所以 $\Rightarrow e(x) = (x-x_0)(x-x_1)\cdots(x-x_n)\dfrac{f^{(n+1)}(\xi)}{(n+1)!}$

$$= L(x)f^{(n+1)}(\xi)$$

式中：$L(x) = \dfrac{(x-x_0)(x-x_1)\cdots(x-x_n)}{(n+1)!}$

(7)如何确定 ξ 值？

若 $f^{(n+1)}(x)$ 在 $[x_0, x_n]$ 之间的变化很小时，或者说当 $x_n - x_0$ 不大时，可以用 $f^{(n+1)}(x_0)$ 或 $f^{(n+1)}(x_n)$ 或 $f^{(n+1)}\left(\dfrac{x_0+x_n}{2}\right)$ 充当 $f^{(n+1)}(\xi)$ 的近似值。一旦固定 $f^{(n+1)}(\xi)$ 的值，$e(x)$ 的大小取决于 $L(x) = \dfrac{(x-x_0)(x-x_1)\cdots(x-x_n)}{(n+1)!}$，因此，若已知 $f(x)$ 或 $f^{(n+1)}(x_m)$ 的值，则可使用下面式(1-9)计算 $e(x)$ 的近似值

$$e(x) = (x-x_0)(x-x_1)\cdots(x-x_n)\frac{f^{(n+1)}(x_m)}{(n+1)!} \tag{1-9}$$

$x_m = \dfrac{x_0+x_n}{2}$，先决条件是 $D = x_n - x_0$，D 不可太大。

◆ **例题1-5** 下面的数据原来已知函数 $f(x) = \ln x$

i	x_i	$f(x_i)$
0	1.0	0.000
1	2.0	0.693
2	3.0	1.099
3	4.0	1.386

①请使用 Lagrange 插值法的公式分别计算 $x = 1.5, 2.5, 3.5$ 的 $P(x)$ 与 $f(x)$。

②分别用 $x = 1.5, 2.5, 3.5$，计算 $e(x)$ 的值。

③把①与②的结果做成比较表如下：

x	$f(x) - P(x)$	$e(x)$
1.5		
2.5		
3.5		

➢ **解：**

(a) $P(1.5000) = 0.3929$ $f(1.5) = 0.4055$

$P(2.5000) = 0.9214$ $f(2.5) = 0.9163$

$P(3.5000) = 1.2469$ $f(3.5) = 1.2528$

$f(1.5) - P(1.5) = 0.4055 - 0.3929 = 0.0126$

$f(2.5) - P(2.5) = 0.9163 - 0.9214 = -0.0051$

$f(3.5) - P(3.5) = 1.2528 - 1.2469 = 0.0059$

(b) $e(x) = (x - x_0)(x - x_1)(x - x_2)(x - x_3) \dfrac{f^{(4)}(x_m)}{(n+1)!}$

$$f(x) = \ln x \Rightarrow f^{(4)}(x) = -6x^{-4}$$

因为 $x_m = \dfrac{x_0 + x_n}{2} = \dfrac{1+4}{2} = 2.5$

$$\Rightarrow f^{(4)}(2.5) = \frac{-6}{(2.5)^4} = -0.1536$$

因为 $e(1.5) = (1.5-1)(1.5-2)(1.5-3)(1.5-4)\dfrac{-0.1536}{4!}$

$$e(1.5) = 0.006$$

同理 $e(2.5) = -0.0036$

同理 $e(3.5) = 0.0060$

x	$f(x) - P(x)$	$e(x)$
1.5	0.0126	0.0060
2.5	−0.0051	−0.0036
3.5	0.0059	0.0060

真正的误差 $f(x) - P(x)$ 与用 $e(x)$ 计算而得的误差非常接近，两者之间略有差异，是因为 $f^{(4)}(\xi)$ 的 ξ 用 $x_m = \dfrac{x_0 + x_n}{2}$ 取代，以致于使 $f^{(4)}(x_m)$ 近似 $f^{(4)}(\xi)$ 而已。

1.6 牛顿的多项式插值法

如前一节提到的，若已知 $n+1$ 点如下：

i	x_i	$f_i = f(x_i)$
0	x_0	$f_0 = f(x_0)$
1	x_1	$f_1 = f(x_1)$
2	x_2	$\vdots$
$\vdots$	$\vdots$	$\vdots$
n	x_n	$f_n = f(x_n)$

为了找到一个多项式 $P(x)$ 同时能够通过上面的 $n+1$ 点，Lagrange 提出

$$P(x) = \sum_{k=0}^{n} L_{n,k}(x) f(x_k)$$

的公式，保证它能同时满足上面 $n+1$ 点的 x 与 $f(x) = P(x)$ 的关系。所谓牛顿的多项式插值法的原理，也是设法找出一个多项式同时能满足上表 x 与 $f(x) = P(x)$ 的关系。为了说明牛顿的多项式插值法的原理，请细心阅读下面例子。

◆ **例题1-6** 已知下面两点的坐标值。

i	x_i	$f_i = f(x_i)$
0	0	0
1	1	-3

请使用牛顿插值法确定一条直线，即一个多项式(或方程式)能同时通过上面两点。

➤ **解：**
牛顿提出多项式 $P_n(x)$

$$P_n(x) = a_0 + a_1(x - x_0) \tag{1-10}$$

略有一点函数概念的人都知道如何确定 $P(x)$ 的系数 a_0 与 a_1。

已知 $x = x_0 \Rightarrow f(x) = f(x_0) = f_0$，代入上式，得

$$P_n(x = x_0) = f(x_0) = a_0 + a_1(x_0 \overset{0}{\overbrace{- x_0}})$$

$$a_0 = f(x_0) = f_0$$

已知 $x = x_1 \Rightarrow f(x_1) = f_1$，则

$$P_n(x = x_1) = f(x_1) = f_1 = f(x_0) + a_1(x_1 - x_0)$$

$$a_1 = \frac{f(x_1) - f(x_0)}{x_1 - x_0} = \frac{f_1 - f_0}{x_1 - x_0}$$

把 a_0 与 a_1 的结果代入式(1-10)，得

$$\Rightarrow P_n(x) = f_0 + \frac{f_1 - f_0}{x_1 - x_0}(x - x_0) \text{（一元一次多项式）}$$

$$\Rightarrow P_n(x) = 0 + \frac{-3 - 0}{1 - 0}(x - 0)$$

$$\Rightarrow P_n(x) = -3x$$

核对
$$P_n(x) = f_0 + \frac{f_1 - f_0}{x_1 - x_0}(x - x_0)$$

已知 (x_0, f_0) 与 (x_1, f_1) 分别代入上式

$$\Rightarrow P_n(x = x_0) = f_0 + \frac{f_1 - f_0}{x_1 - x_0}(x_0 - x_0)^0 = f_0$$

$$\Rightarrow P_n(x = x_1) = f_0 + \frac{f_1 - f_0}{x_1 - x_0}(x_1 - x_0) = f_0 + f_1 - f_0 = f_1$$

符合同时通过两点的多项式的条件。

◆ **例题1-7** 已知下面三点的坐标值：

i	x_i	$f_i = f(x_i)$
0	0	0
1	1	−3
2	2	0

请使用牛顿插值法确定一个多项式能满足上面三点的 x 与 $f(x)$ 的关系。

➢ **解：**

牛顿提出 $P(x)$

$$P_n(x) = a_0 + a_1(x - x_0) + a_2(x - x_0)(x - x_1) \text{（一元二次多项式）}$$

如何确定 a_0，a_1 与 a_2 呢？其方法相同

$$P_n(x = x_0) = f(x_0) = f_0$$

$$= a_0 + a_1(x_0 - x_0)^0 + a_2(x_0 - x_0)^0(x - x_1)$$

$$\Rightarrow a_0 = f_0，\text{同理}$$

$$P_n(x = x_1) = f(x_1)$$

$$= f_1 = f_0 + a_1(x_1 - x_0) + a_2(x_1 - x_0)(x_1 - x_1)^0$$

$$\Rightarrow a_1 = \frac{f_1 - f_0}{x_1 - x_0}，\text{同理}$$

$$P_n(x = x_2) = f_2 = f_0 + \frac{f_1 - f_0}{x_1 - x_0}(x_2 - x_0) + a_2(x_2 - x_0)(x_2 - x_1)$$

$$\Rightarrow a_2 = \frac{f_2 - f_0 - \dfrac{f_1 - f_0}{x_1 - x_0}(x_2 - x_0)}{(x_2 - x_0)(x_2 - x_1)}$$

上面 a_2 的系数的公式若经过系统的整理，便可看出牛顿插值法的规律性：

$$\Rightarrow a_2 = \underbrace{\frac{f_2}{(x_2 - x_0)(x_2 - x_1)}}_{①} - \underbrace{\frac{f}{(x_1 - x_0)(x_2 - x_1)}}_{②}$$

$$+ \underbrace{\frac{f_0}{(x_2 - x_1)}\left[\frac{1}{(x_1 - x_0)} - \frac{1}{(x_2 - x_0)}\right]}_{③}$$

$$\Rightarrow a_2 = \underbrace{\frac{f_2}{(x_2 - x_0)(x_2 - x_1)}}_{①} - \underbrace{\frac{f_1}{(x_2 - x_1)(x_2 - x_0)} - \frac{f_1}{(x_2 - x_1)(x_2 - x_0)}}_{②} + \underbrace{\frac{f_0}{(x_1 - x_0)(x_2 - x_0)}}_{③}$$

$$\Rightarrow a_2 = \frac{\dfrac{(f_2 - f_1)}{(x_2 - x_1)} - \dfrac{(f_1 - f_0)}{(x_1 - x_0)}}{(x_2 - x_0)}$$

因此，已知 $x_0 = 0 \Rightarrow f_0 = 0$

$$x_1 = 1 \Rightarrow f_1 = -3$$
$$x_2 = 2 \Rightarrow f_2 = 0$$

$$\Rightarrow a_0 = f_0 = 0$$

$$\Rightarrow a_1 = \frac{f_1 - f_0}{x_1 - x_0} = \frac{-3 - 0}{1 - 0} = -3$$

$$\Rightarrow a_2 = \frac{\dfrac{f_2 - f_1}{x_2 - x_1} - \dfrac{f_1 - f_0}{x_1 - x_0}}{(x_2 - x_0)} = \frac{\dfrac{0 + 3}{2 - 1} - \dfrac{-3 - 0}{1 - 0}}{2 - 0} = 3$$

$$P_n(x) = a_0 + a_1(x - x_0) + a_2(x - x_0)(x - x_1)$$

所以 $$\Rightarrow P_n(x) = 0 - 3(x - 0) + 3(x - 0)(x - 1)$$

$$\Rightarrow P_n(x) = 3x^2 - 6x$$

请读者留意，牛顿的插值法的规律是，通过一点确定 $a_0 = f_0$（一个系数），通过两点(确定一元一次多项式)，则确定(两个系数)

$$a_0 = f_0$$

$$a_1 = \frac{f_1 - f_0}{x_1 - x_0}$$

通过三点(确定一元二次多项式)，则确定(三个系数)：

$$a_0 = f_0$$

$$a_1 = \frac{f_1 - f_0}{x_1 - x_0}$$

$$a_2 = \frac{\dfrac{f_2 - f_1}{x_2 - x_1} - \dfrac{f_1 - f_0}{x_1 - x_0}}{x_2 - x_0}$$

同理若要使用牛顿插值法确定通过四点 $(x_0, f_0), (x_1, f_1), (x_2, f_2), (x_3, f_3)$ 的多项式 $P(x)$，则

$$P_n(x) = a_0 + a_1(x - x_0) + a_2(x - x_0)(x - x_1) + a_3(x - x_0)(x - x_1)(x - x_2)$$

读者若不怕心烦，一定可以推算出 a_3 的系数的公式。为了省去令人心烦地推算 $a_3, a_4, \cdots, a_n$ 的系数的公式，需要发展一种"差商符号"，差商符号的定义如下：

$$a_k = f_{0,1,2,\cdots,k}, k = n$$

因为

$$P_n(x) = a_0 + a_1(x - x_0) + a_2(x - x_0)(x - x_1) + \cdots + a_n(x - x_0)(x - x_1)(x - x_2) \cdots (x - x_{n-1})$$

$$\Rightarrow P_n(x) = f_0 + \sum_{k=1}^{n} a_k (x - x_0)(x - x_1) \cdots (x - x_{k-1})$$

$$\Rightarrow P_n(x) = f_0 + \sum_{k=1}^{n} f_{0,1,2\cdots,k} (x - x_0)(x - x_1) \cdots (x - x_{k-1}) \tag{1-11}$$

上式称作牛顿插值法的差商公式。当把牛顿插值法的多项式的系数 a_k 定义成

$$a_k = f_{0,1,2,\cdots,k}, \quad k = n \text{ 时}$$

请仔细参考下表的差商符号的关系(差商表)

差商符号的关系（差商表）

i x_i f_i	第一次差商 $(f_{i,i+1})$	第二次差商 $(f_{i,i+1,i+2})$	第三次差商 $(f_{i,i+1,i+2,i+3})$	第四次差商 $(f_{i,i+1,i+2,i+3,i+4})$	第五次差商 $(f_{i,i+1,i+2,i+3,i+4,i+5})$
0 x_0 f_0					
	$f_{0,1}=\dfrac{f_1-f_0}{x_1-x_0}$				
1 x_1 f_1		$f_{0,1,2}=\dfrac{f_{1,2}-f_{0,1}}{x_2-x_0}$			
	$f_{1,2}=\dfrac{f_2-f_1}{x_2-x_1}$		$f_{0,1,2,3}=\dfrac{f_{1,2,3}-f_{0,1,2}}{x_3-x_0}$		
2 x_2 f_2		$f_{1,2,3}=\dfrac{f_{2,3}-f_{1,2}}{x_3-x_1}$		$f_{0,1,2,3,4}=\dfrac{f_{1,2,3,4}-f_{0,1,2,3}}{x_4-x_0}$	
	$f_{2,3}=\dfrac{f_3-f_2}{x_3-x_2}$		$f_{1,2,3,4}=\dfrac{f_{2,3,4}-f_{1,2,3}}{x_4-x_1}$		$f_{0,1,2,3,4,5}=\dfrac{f_{1,2,3,4,5}-f_{0,1,2,3,4}}{x_5-x_0}$
3 x_3 f_3		$f_{2,3,4}=\dfrac{f_{3,4}-f_{2,3}}{x_4-x_2}$		$f_{1,2,3,4,5}=\dfrac{f_{2,3,4,5}-f_{1,2,3,4}}{x_5-x_1}$	
	$f_{3,4}=\dfrac{f_4-f_3}{x_4-x_3}$		$f_{2,3,4,5}=\dfrac{f_{3,4,5}-f_{2,3,4}}{x_5-x_2}$		
4 x_4 f_4		$f_{3,4,5}=\dfrac{f_{4,5}-f_{3,4}}{x_5-x_3}$			
	$f_{4,5}=\dfrac{f_5-f_4}{x_5-x_4}$				
5 x_5 f_5					

观察上面的差商表的顺序，可知：

(1)第一行表示第 i 点。

(2)第二行表示从 $i=0$ 起到 $i=5$ 的 x_i 的值(已知)。

(3)第三行表示对应于 x_i 的 $f(x_i)=f_i$ 的值(已知)。

(4)第四行表示：第一次差商 $f_{i,i+1}$ (第三行的下一项减去上一项除以第二行的 $(x_{i+1}-x_i)$，依此类推)。

(5)第五行表示：第二次差商 $f_{i,i+1,i+2}$ (第四行的下一项减去上一项除以第二行的 $(x_{i+2}-x_i)$，依此类推)。

(6)第六行表示：第三次差商 $f_{i,i+1,i+2,i+3}$ (第五行的下一项减去上一项除以第二行的 $(x_{i+3}-x_i)$，依此类推)。

(7)第七行表示：第四次差商 $f_{i,i+1,i+2,i+3,i+4}$ (第六行的下一项减去上一项除以第二行的 $(x_{i+4}-x_i)$，依此类推)。

(8)第八行表示：第五次差商 $f_{i,i+1,i+2,i+3,i+4,i+5}$ (第七行的下一项减去上一项除以第二行的 $(x_{i+5}-x_i)$，依此类推)。

依此类推，可以推导出 $k=n$，即通过 $n+1$ 点的差商表。

之所以要先确定差商表的内容 $f_{0,1,2,\cdots,k}$，是因为牛顿插值法通过 $n+1$ 点的公式如下：

$$P_n(x)=f_0+\sum_{k=1}^{n}f_{0,1,2,\cdots,k}(x-x_0)(x-x_1)\cdots(x-x_{k-1})$$

取决于 $f_{0,1,2,\cdots,k}$。也就是取决于牛顿插值法多项式的每一项的系数 a_k。一旦确定(算出) $a_k=f_{0,1,2,\cdots,k}$，就是确定了牛顿插值法的多项式 $P_n(x)$。事实上，此处的 $P_n(x)$ 也就是 Lagrange 插值法的多项式的另一种表达方式而已。

◆ **例题1-8** 已知下面5点的坐标值：

i	x_i	$f_i=f(x_i)$
0	0	0
1	1	-3
2	2	0
3	3	15
4	4	48

(a)请建立 5 点的差商表。

(b)请写出从 $i=0$ 到 $i=4$ 共 5 点的牛顿插值法的多项式并计算 $P(x=1.5)$ 与 $P(x=2.5)$。

(c)请写出从 $i=2$ 到 $i=4$ 共 3 点的牛顿插值法的多项式并计算 $P(x=1.5)$ 与 $P(x=2.5)$。

(d)把(b)与(c)的结果与 $f(x)=x^3-4x$ 做比较。

➤ **解:**

上面 5 点的差商表如下：

i x_i f_i	$(f_{i,i+1})$	$(f_{i,i+1,i+2})$	$(f_{i,i+1,i+2,i+3})$	$(f_{i,i+1,i+2,i+3,i+4})$
0　0　0	$\dfrac{(-3)-0}{1-0}=-3$	$\dfrac{3-(-3)}{2-0}=3$	$\dfrac{6-3}{3-0}=1$	$\dfrac{1-1}{4-0}=0$
1　1　-3	$\dfrac{0-(-3)}{2-1}=3$	$\dfrac{15-3}{3-1}=6$	$\dfrac{9-6}{4-1}=1$	
2　2　0	$\dfrac{15-0}{3-2}=15$	$\dfrac{33-15}{4-2}=9$		
3　3　15	$\dfrac{48-15}{4-3}=33$			
4　4　48				

(b) $i=0$ 到 $i=4$ 共 5 点的牛顿插值法的多项式为

$$P_n(x)=f_0+f_{0,1}(x-x_0)+f_{0,1,2}(x-x_0)(x-x_1)+f_{0,1,2,3}(x-x_0)(x-x_1)(x-x_2)$$
$$+f_{0,1,2,3,4}(x-x_0)(x-x_1)(x-x_2)(x-x_3)$$

$$\Rightarrow P_n(x)=0+(-3)(x-0)+(3)(x-0)(x-1)+(1)(x-0)(x-1)(x-2)$$
$$+(0)(x-0)(x-1)(x-2)(x-3)$$

$$\Rightarrow P_n(x)=-3x+3x(x-1)+(x)(x-1)(x-2)=x^3-4x$$

请注意 $P(x)$ 的系数 $f_0,f_{0,1},f_{0,1,2},f_{0,1,2,3}$ 与 $f_{0,1,2,3,4}$ 分别刚好是差商表的 $i=0$ 的那一行的每一项，如 $0,-3,3,1,0$。因此，

$$P_n(1.5)=(1.5)^3-4\times1.5=-2.625$$
$$P_n(2.5)=(2.5)^3-4\times2.5=5.625$$

(c) $i=2$ 到 $i=4$ 共 3 点的牛顿插值法的多项式为

$$P_n(x)=f_2+f_{2,3}(x-x_2)+f_{2,3,4}(x-x_2)(x-x_3)$$
$$\Rightarrow P_n(x)=0+15(x-2)+9(x-2)(x-3)$$

请注意 $P(x)$ 的系数 $f_2,f_{2,3}$ 与 $f_{2,3,4}$ 分别是上面差商表 $i=2$ 那一行的每一项，如 $0,15,9$。

$$\Rightarrow P_n(x) = 3[3x^2 - 10x + 8]$$

请注意 $P_n(x) = 3[3x^2 - 10x + 8]$ 只满足 $i = 2, 3, 4$ 三点的 x_i 与 $f(x_i)$ 而已。因此，

$$P_n(1.5) = 3[3 \times 1.5^2 - 10 \times 1.5 + 8] = -0.75 \quad （外插）$$

$$P_n(2.5) = 3[3 \times 2.5^2 - 10 \times 2.5 + 8] = 5.25$$

(d)

x	$f(x) = x^3 - 4x$	(b) $p(x) = x^3 - 4x$	(c) $P(x) = 3[3x^2 - 10x + 8]$
1.5	-2.625	-2.625	-0.75(外插)
2.5	5.625	5.625	5.25

上表显示，外插误差大的原因是外插点不可离开 $[x_0, x_n]$ 的上下限太远。请注意，当使用相同的点数及相同的 x 与 $f(x)$ 的坐标值时，使用 Lagrange 插值法与使用牛顿插值法所得到的多项式完全相同。牛顿插值法的重点在于如何建立差商表。一旦建立了差商表，可以从已知点数中的任何一点起算，然后查找该点所对应差商表中的那一行的差商项，依序写出通过那些点的多项式(如 $i = 0$，到 $i = 4$，则查 $i = 0$ 那一行的差商项。如 $i = 2$ 到 $i = 4$，则查 $i = 2$ 那一行的差商项)。 这种方法的简便是 Lagrange 插值法所欠缺的。然而，数值分析的算法若不使用计算机的运算，实际上很难实现。由于计算机运算速度快，又不怕烦琐，相对于 Lagrange 插值法，牛顿插值法的方便也就显现不出好的地方来。但是，在推导函数微分的近似值方面，牛顿插值法比 Lagrange 插值法更加方便与适用，这是由于差商符号的运用，此点留待后面章节谈到数值微分时再详谈。

1.7　牛顿插值法的算法与 C 语言程序

已知 $(x_0, f(x_0)), (x_1, f(x_1)), \cdots, (x_n, f(x_n))$ 共 $n + 1$ 点的坐标值，牛顿插值法的公式如下：

$$P_n(x) = f_0 + \underbrace{\sum_{k=1}^{n} f_{0,1,2,\cdots,k-1}(x - x_0)(x - x_1) \cdots (x - x_{k-1})}_{\text{差商表的内容}}$$

关键在于如何建立差商表，也就是如何计算。

第一次差商：$f_{i,i+1}$

第二次差商：$f_{i,i+1,i+2}$

第三次差商：$f_{i,i+1,i+2,i+3}$

$\vdots \qquad \vdots$

它们之间的关系，请详细阅读前面所提及的已知六点坐标值的差商表。

建立差商表的算法流程图如图1-4所示。

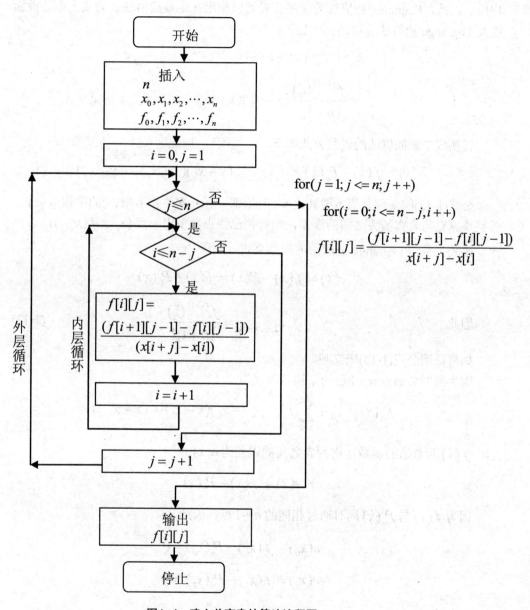

图1-4　建立差商表的算法流程图

1.8 牛顿插值法的误差问题

通过相同点的条件下，牛顿插值法与 Lagrange 插值法所推导出来的多项式完全相同。因此，Lagrange 插值法的误差公式可以使用在牛顿插值法的公式上面。前面提及 Lagrange 插值法的误差公式如下：

$$e(x) = f(x) - P(x)$$

$$= \frac{f^{(n+1)}(\xi)}{(n+1)!}(x-x_0)(x-x_1)\cdots(x-x_n), x_0 < \xi < x_n$$

转换成牛顿插值法的误差公式如下：

$$e(x) \approx f(x) - P_n(x) = f_{0,1,\cdots,n,n+1}(x-x_0)(x-x_1)\cdots(x-x_n) \qquad (1\text{-}12)$$

公式(1-12)的条件是原本要建立 $n+1$ 点(即一元 n 次牛顿多项式)的牛顿多项式，若要核算它与真实函数之间的误差，唯有使已知点数多出一点 $(x_{n+1}, f(x_{n+1}))$。

比较牛顿与 Lagrange 插值法的误差公式，发现

$$e(x) = f(x) - P(x) = f(x) - P_n(x)$$

因此
$$f_{0,1,2,\cdots,n,n+1} = \frac{f^{(n+1)}(\xi)}{(n+1)!} \qquad (1\text{-}13)$$

如何证明公式(1-13)成立呢？

因为同时会通过 $n+1$ 点的牛顿多项式为

$$P_n(x) = f_0 + \sum_{k=1}^{n} f_{0,1,\cdots,k}(x-x_0)(x-x_1)\cdots(x-x_{k-1})$$

$f(x)$ 为合适的函数，则两者之间的误差为 $e(x)$：

$$e(x) = f(x) - P_n(x)$$

因为 $f(x)$ 与 $P_n(x)$ 同时通过相同的 $n+1$ 点，因此

$$e(x_0) = f(x_0) - P_n(x_0) = 0$$

$$e(x_1) = f(x_1) - P_n(x_1) = 0$$

$$\vdots$$

$$e(x_n) = f(x_n) - P_n(x_n) = 0$$

根据微积分原理的 Rolle's 定理，暗示在 (x_0, x_n) 之间存在一个 ξ，使得

$$e^{(n)}(\xi) = 0$$

因此
$$e^{(n)}(\xi) = f^{(n)}(\xi) - P_n^{(n)}(\xi) = 0$$

$$\Rightarrow P_n^{(n)}(\xi) = f^{(n)}(\xi)$$

已知 $P_n(x) = f_0 + \sum_{k=1}^{n} f_{0,1,2,\cdots,k}(x-x_0)(x-x_1)\cdots(x-x_{k-1})$ 为一元 n 次多项式,

因此
$$P_n^{(n)}(x) = (f_{0,1,2,\cdots,n}) \cdot n!$$

$$\Rightarrow f_{0,1,2,\cdots,n} = \frac{P_n^{(n)}(x)}{n!}$$

设
$$x = \xi \Rightarrow f_{0,1,2,\cdots,n} = \frac{P_n^{(n)}(\xi)}{n!} = \frac{f^{(n)}(\xi)}{n!}$$

所以
$$f_{0,1,2,\cdots,n} = \frac{f^{(n)}(\xi)}{n!}$$

因此,如果把牛顿插值法的多项式再增加一项,即多出一点,则

$$f_{0,1,2,\cdots,n,n+1} = \frac{f^{(n+1)}(\xi)}{(n+1)!}$$

这就是为什么要推测牛顿插值法的公式的误差时,已知点数一定要多出一点 $(x_{n+1}, f(x_{n+1}))$ 的原因。

◆ **例题1-9** 下面是已知六点的坐标值:

i	x_i	$f(x_i)$
0	0.0	-6.00000
1	0.1	-5.89483
2	0.3	-5.65014
3	0.6	-5.17788
4	1.0	-4.28172
5	1.1	-3.99583

(a)请依牛顿插值法的差商符号的算法,建立差商表。

(b)依差商表(从 $i = 0$ 到 $i = 4$)写出一元四次的内插多项式。

(c)请计算 $P_n(x = 0.2)$ 的值并且计算其误差=?

(d)请编写计算机程序建立 $i = 0$ 到 $i = 5$ 的差商表。

(e)从 $i=1$ 到 $i=4$ 写出一元三次的内插多项式并且计算 $P_n(x=0.2)$ 的值以及计算其误差=?

➢ **解:**

(a)建立差商表的计算机程序如下:

```c
/* ex1-9.c is for developing the divided-difference
 * table for Newton Interpolation polynomial.
 */
#include<stdio.h>
void main()
{
  int i,j,n;
  double f[40][40],x[40];
  scanf("n=%d",&n);
  for(i=0;i<=n;i++)
  {
    scanf("%lf %lf ",&x[i],&f[i][0]);
  }
  printf("\n Divided Difference Table: \n");
  printf("==========================\n");
  for(j=1;j<=n;j++)
  {
    for (i=0;i<=n-j;i++)
    {
      f[i][j]=( f[i+1][j-1]- f[i][j-1])/(x[i+j]-x[i]);
    }
  }
  printf("i x(i) f(i) f(i,i+1) f(i,i+1,i+2),…… \n");
  for (i=0;i<=n;i++)
  {
    printf("%d  %8.5lf",i,x[i]);
    for (j=0; i<=n-i;j++)
    {
      printf("%8.5lf",f[i][j]);
    }
    printf("\n");
```

```
    }
    return;
}
```

输入数据，$i=0$ 到 $i=5$ 共五点的坐标值如下：

(dex1-9.c)(输入文档的文档名)

n=5

0.0　-6.0

0.1　-5.89483

0.3　-5.65014

0.6　-5.17788

1.0　-4.28172

1.1　-3.99583

输出数据，差商表如下：

C:\c>ex1-9<a:dex1-9.c

(doex1-9.c)

Divided Difference Table:

i	x_i	f_i	$f_{i,i+1}$	$f_{i,i+1,i+2}$,……			
0	0.00000	-6.00000	1.05170	0.57250	0.21500	0.06302	▶ 0.01416
1	0.10000	-5.89483	1.22345	0.70150	0.27802	▶ 0.07859	
2	0.30000	-5.65014	1.57420	0.95171	0.35661		
3	0.60000	-5.17788	2.24040	1.23700			
4	1.00000	-4.28172	2.85890				
5	1.10000	-3.99583					

(b) $P_n(x) = f_0 + \sum_{k=1}^{4} f_{0,1,\cdots,k}(x-x_0)(x-x_1)\cdots(x-x_{k-1})$

$\Rightarrow P_n = -6.0 + f_{0,1}(x-x_0) + f_{0,1,2}(x-x_0)(x-x_1) + f_{0,1,2,3}(x-x_0)(x-x_1)(x-x_2) + $
$\qquad f_{0,1,2,3,4}(x-x_0)(x-x_1)(x-x_2)(x-x_3)$

查上面 $i=0$ 那一行的差商项，即

$\qquad f_{0,1} = 1.05170$ ，　$f_{0,1,2} = 0.57250$ ，　$f_{0,1,2,3} = 0.21500$ ，　$f_{0,1,2,3,4} = 0.06302$

$\Rightarrow P_n(x) = -6.0 + 1.05170(x-0.0) + 0.57250(x-0.0)(x-0.1) + $
$\qquad 0.21500(x-0.0)(x-0.1)(x-0.3) + $
$\qquad 0.06302(x-0.0)(x-0.1)(x-0.3)(x-0.6)$

(c) $P_n(x=0.2) = -5.7786$

$$e(x) = f_{0,1,2,3,4,5}(x-x_0)(x-x_1)(x-x_2)(x-x_3)(x-x_4)$$

查差商表，得到

$$f_{0,1,2,3,4,5} = 0.01416$$

$$\Rightarrow e(x=0.2) = 0.01416(0.2-0.0)(0.2-0.1)(0.2-0.3)(0.2-0.6)(0.2-1.0)$$

$$\Rightarrow e(x=0.2) = -9.1 \times 10^{-6}$$

(e) $i=1$ 到 $i=4$ 等于说已知的点数为

$$(x_1, f_1), (x_2, f_2), (x_3, f_3), (x_4, f_4)$$

因此，$i=1$ 到 $i=4$ 的

$$P_n(x) = P_{1,2,3,4}(x) = f_1 + f_{1,2}(x-x_1) + f_{1,2,3}(x-x_1)(x-x_2) +$$

$$f_{1,2,3,4}(x-x_1)(x-x_2)(x-x_3)$$

查上面的差商表的 $i=1$ 那一行的差商项，得到

$$f_1 = -5.89483, \ f_{1,2} = 1.22345, \ f_{1,2,3} = 0.70150, \ f_{1,2,3,4} = 0.27802$$

$$\Rightarrow P_n(x) = P_{1,2,3,4}(x)$$

$$= -5.89483 + 1.22345(x-0.1) + 0.70150(x-0.1)(x-0.3) +$$
$$0.27802(x-0.1)(x-0.3)(x-0.6)$$

$$\Rightarrow P_n(x=0.2) = -5.7784$$

$$e(x) = f_{1,2,3,4,5}(x-x_1)(x-x_2)(x-x_3)(x-x_4)$$

查差商表，得到

$$f_{1,2,3,4,5} = 0.07859$$

$$e(x=0.2) = 0.07859 \times (0.2-0.1)(0.2-0.3)(0.2-0.6)(0.2-1.0)$$

$$\Rightarrow e(x=0.2) = -2.52 \times 10^{-4}$$

1.9　牛顿向前的差商公式与向后的差商公式

牛顿向前的差商公式如下：

$$P_n(x) = f_0 + \sum_{k=1}^{n} f_{0,1,2,\cdots,k}(x-x_0)(x-x_1)\cdots(x-x_{k-1})$$

前面已经详细说明此公式的来源是基于它能同时通过 $(x_0,f_0),(x_1,f_1),\cdots,(x_n,f_n)$，共 $n+1$ 点，而且无论 x 轴上的对应点与点之间的距离是否相等，上面 $P_n(x)$ 都成立。意指 $d=(x_{i+1}-x_i)$ 的 d 是否为定值或不定值，$P_n(x)$ 都成立。如果把已知点的顺序反过来如下：

$$(x_n,f_n),(x_{n-1},f_{n-1}),\cdots,(x_0,f_0)$$

然后，基于同时要通过已知 $n+1$ 点的原理，可以写出向后的多项式如下：

$$P_n(x) = a_n + a_{n-1}(x-x_n) + a_{n-2}(x-x_n)(x-x_{n-1}) + \cdots + a_0(x-x_n)(x-x_{n-1})(x-x_{n-2})\cdots(x-x_1)$$

然后设法确定 $a_n, a_{n-1}, \cdots, a_1, a_0$ 等系数。例如：

$$x = x_n \Rightarrow a_n = f(x_n) = f_n$$

$$x = x_{n-1} \Rightarrow a_{n-1} = \frac{f_n - f_{n-1}}{x_n - x_{n-1}}$$

$$x = x_{n-2} \Rightarrow a_{n-2} = \cdots$$

$$\vdots$$

$$x = x_1 \Rightarrow a_0 = \cdots$$

依此类推，要使用新的差商符号

$$f_n = a_n$$
$$f_{n-1,n} = a_{n-1}$$
$$f_{n-2,n-1,n} = a_{n-2}$$
$$\vdots$$
$$f_{0,1,2,\cdots,n} = a_0$$

因此，牛顿向后的差商公式可以写成：

$$P_n(x) = f_n + f_{n-1,n}(x-x_n) + f_{n-2,n-1,n}(x-x_n)(x-x_{n-1}) + \cdots + f_{0,1,2,\cdots,n}(x-x_n)(x-x_{n-1})(x-x_{n-2})\cdots(x-x_1)$$

同理，牛顿向后的差商公式的重点在于如何确定那些差商项 $f_{0,1,2,\cdots,n}$，也就是要先确定向后的差商表。读者若有兴趣，可以依样推出向后的差商表如下：

差 商 表

i x_i f_i	第一次差商 $(f_{i-1,i})$	第二次差商 $(f_{i-2,i-1,i})$	第三次差商 $(f_{i-3,i-2,i-1,i})$	第四次差商 $(f_{i-4,i-3,i-2,i-1,i})$	第五次差商 $(f_{i-5,i-4,i-3,i-2,i-1,i})$
0 x_0 f_0					
1 x_1 f_1	$f_{0,1}=\dfrac{f_1-f_0}{x_1-x_0}$				
2 x_2 f_2	$f_{1,2}=\dfrac{f_2-f_1}{x_2-x_1}$	$f_{0,1,2}=\dfrac{f_{1,2}-f_{0,1}}{x_2-x_0}$			
3 x_3 f_3	$f_{2,3}=\dfrac{f_3-f_2}{x_3-x_2}$	$f_{1,2,3}=\dfrac{f_{2,3}-f_{1,2}}{x_3-x_1}$	$f_{0,1,2,3}=\dfrac{f_{1,2,3}-f_{0,1,2}}{x_3-x_0}$		
4 x_4 f_4	$f_{3,4}=\dfrac{f_4-f_3}{x_4-x_3}$	$f_{2,3,4}=\dfrac{f_{3,4}-f_{2,3}}{x_4-x_2}$	$f_{1,2,3,4}=\dfrac{f_{2,3,4}-f_{1,2,3}}{x_4-x_1}$	$f_{0,1,2,3,4}=\dfrac{f_{1,2,3,4}-f_{0,1,2,3}}{x_4-x_0}$	
5 x_5 f_5	$f_{4,5}=\dfrac{f_5-f_4}{x_5-x_4}$	$f_{3,4,5}=\dfrac{f_{4,5}-f_{3,4}}{x_5-x_3}$	$f_{2,3,4,5}=\dfrac{f_{3,4,5}-f_{2,3,4}}{x_5-x_2}$	$f_{1,2,3,4,5}=\dfrac{f_{2,3,4,5}-f_{1,2,3,4}}{x_5-x_1}$	$f_{0,1,2,3,4,5}=\dfrac{f_{1,2,3,4,5}-f_{0,1,2,3,4}}{x_5-x_0}$

依此可类推到 $i = n$(即 $n+1$ 点)。例如，若已知 6 点即 $n=5$ 时的 $P_n(x)$，向后的内插多项式为

$$P_n(x) = f_5 + f_{4,5}(x - x_5) + f_{3,4,5}(x - x_5)(x - x_4) +$$

$$f_{2,3,4,5}(x - x_5)(x - x_4)(x - x_3) + f_{1,2,3,4,5}(x - x_5)(x - x_4)(x - x_3)(x - x_2) +$$

$$f_{0,1,2,3,4,5}(x - x_5)(x - x_4)(x - x_3)(x - x_2)(x - x_1)$$

此处的系数 $f_5, f_{4,5}, f_{3,4,5}, \cdots, f_{0,1,2,3,4,5}$ 就是上面向后的差商表中的 $i = 5$ 那一行的每一项差商。因此，一旦建立向后的差商表，马上可以写出牛顿向后的内插多项式 $P_n(x)$。注意：向前的差商表与向后的差商表，两者的关系正好相反，因此，只要建立其中的一种，即可写出牛顿向前与向后的内插多项式，而且两者的结果完全相同。请参考下面例子。

◆　**例题1-10**　已知四点的坐标值如下：

i	x_i	$f(x_i)$
0	1.0	0.000
1	2.0	0.693
2	3.0	1.099
3	4.0	1.386

请建立牛顿向后的差商表与向前的差商表。

➤　**解：**

$n = 3$，牛顿向后的差商表如下：

i　x_i　f_i	第一次差商 $(f_{i-1,i})$	第二次差商 $(f_{i-2,i-1,i})$	第三次差商 $(f_{i-3,i-2,i-1,i})$
0　1.0　0.0			
1　2.0　0.693	$f_{0,1} = \dfrac{0.693 - 0.0}{2.0 - 1.0} = 0.693$		
2　3.0　1.099	$f_{1,2} = \dfrac{1.099 - 0.693}{3.0 - 2.0} = 0.406$	$f_{0,1,2} = \dfrac{0.406 - 0.693}{3.0 - 1.0} = -0.1435$	
3　4.0　1.386	$f_{2,3} = \dfrac{1.386 - 1.099}{4.0 - 3.0} = 0.287$	$f_{1,2,3} = \dfrac{0.287 - 0.406}{4.0 - 2.0} = -0.0595$	$f_{0,1,2,3} = \dfrac{-0.0595 - (-0.1435)}{4.0 - 1.0} = 0.028$

$n = 3$，牛顿向前的差商表如下：

i	x_i	f_i	$f_{i,i+1}$	$f_{i,i+1,i+2},\cdots$
0	1.0	<u>0.00000</u>	<u>0.69300</u>	<u>−0.14350</u>　<u>0.02800</u>
1	2.0	0.69300	0.40600	<u>−0.05950</u>
2	3.0	1.09900	<u>0.28700</u>	
3	4.0	1.38600		

比较上面两种差商表，发现向前的差商表中从 $i=3$ 起所标示虚线的差商数据正好是向后的差商表中 $i=3$ 那一行的每一项差商数据，依此可类推其他情形。因此，只要建立其中一种差商表，便可写出牛顿向前或向后的内插多项式。

◆ **例题1-11** 根据例1-10的向前差商表，请写出 $i=0$ 到 $i=3$ 的向前与向后的内插多项式并且分别计算 $P_n(1.5)$ 的值。

➢ **解：**
向前的内插多项式为(使用上表实线部分的数据)
$$P_n(x)=0.0+0.693(x-1.0)-0.14350(x-1.0)(x-2.0)+$$
$$0.028(x-1.0)(x-2.0)(x-3.0)$$
$$\Rightarrow P_n(1.5)=0.39287$$

向后的内插多项式为(使用上表虚线部分)
$$P_n(x)=1.386+0.287(x-4.0)-0.0595(x-4.0)(x-3.0)+$$
$$0.028(x-4.0)(x-3.0)(x-2.0)$$
$$\Rightarrow P_n(1.5)=0.39287$$

1.10 Hermite 插值法的多项式

前面谈及 Lagrange 以及牛顿插值法的多项式，两者的基本原理完全相同：设法确定一个多项式，同时通过不同的 $n+1$ 点，指 $(x_0,f_0),(x_1,f_1),\cdots,(x_n,f_n)$。Lagrange 与牛顿法只是针对一对一函数的点，也就是说，一个 x 一定只能对应一个 $f(x)$，绝对不能有 $(x,f(x)),(x,g(x))$ 这种 $f(x)\neq g(x)$ 的函数关系的点存在。

然而物理世界的现象用数学模型来描述时，常常会遇到相同的 x 却对应不同的函数，如 $(x,f(x))$ 与 $(x,f'(x))$。例如，下面的数据表就是在一个笔直的测试道上测量不明体的位置、时间，以及相对于该位置的飞行速度。

时间/s	位置/m	飞行速度/(m/s)
x	$f(x)$	$\dfrac{\mathrm{d}f(x)}{\mathrm{d}x}=f(x)$
0	50.0	50.0
2	216.7	94.4
4	410.0	98.0

如果时间用数学符号 x 来代表，而且位置是时间的函数，因此，位置为 $f(x)$，所以飞行速度为 $f'(x)$，类似这种把物理现象转换成数学模型，略有物理知识的人都能理解。

如果想知道 $x=1$ 或 $x=1.5$ 或 $x=3\,\mathrm{s}$ 时的相对位置 $f(x)$ 及当时的飞行速度

$f'(x)$ 等于多少时，那就是内插问题。因为同一个 x 却对应两个不同的函数 $f(x)$ 与 $f'(x)$，所以无法用 Lagrange 或牛顿法来找到一个多项式能同时适合这种条件。Hermite 提出一种方法去确定一个多项式同时适合 x，$f(x)$ 以及 $f'(x)$ 的条件，称为 Hermite 插值法的多项式。

Hermite 的概念延续 Lagrange 与牛顿的插值法。例如，如果已知三点的坐标值以及它们的导数值如下表：

i	x_i	$f(x_i)$	$f'(x_i)$
0	x_0	$f(x_0) = f_0$	$f'(x_0) = f_0'$
1	x_1	$f(x_1) = f_1$	$f'(x_1) = f_1'$
2	x_2	$f(x_2) = f_2$	$f'(x_2) = f_2'$

Hermite 沿袭 Lagrange 与牛顿的插值法的算法，提出他的多项式如下：

$$H_n(x) = f_0 + (x-x_0)f_0' + (x-x_0)^2 f_0'' + (x-x_0)^2(x-x_1)f_0^{(3)} +$$
$$(x-x_0)^2(x-x_1)^2 f_0^{(4)} + (x-x_0)^2(x-x_1)^2(x-x_2)f_0^{(5)}$$

一旦知道 $H_n(x)$，则可确定 $H_n'(x)$。上面的 Hermite 多项式 $H_n(x)$ 的关键点是如何确定 $f_0', f_0'', \cdots, f_0^{(5)}$，经过推导，Hermite 认为 $f_0', f_0'', \cdots, f_0^{(5)}$ 就是牛顿向前(或向后)的差商表内的东西。因此，首要的工作在于如何建立适合 Hermite 插值法的算法的差商表。Hermite 认为

$$f_0' = f_{0,1}, f_0'' = f_{0,1,2}, f_0^{(3)} = f_{0,1,2,3}, f_0^{(4)} = f_{0,1,2,3,4}, f_0^{(5)} = f_{0,1,2,3,4,5}$$

前面的表虽然说是已知三点，但是加上每一点的导数值，事实上是六点，适合六点的多项式最多是一元五次多项式。现在产生一个问题有异于牛顿的差商表，因为

$$x_0 \text{ 对应 } f(x_0) = f_0 \text{ 与 } f'(x_0) = f_0'$$

$$x_1 \text{ 对应 } f(x_1) = f_1 \text{ 与 } f'(x_1) = f_1'$$

$$x_2 \text{ 对应 } f(x_2) = f_2 \text{ 与 } f'(x_2) = f_2'$$

因此，必须用两个新的变量如 z 取代一个 x，例如

$$z_0 = x_0 \quad z_2 = x_1 \quad z_4 = x_2$$

$$z_1 = x_0 \quad z_3 = x_1 \quad z_5 = x_2$$

然后按照牛顿向后的差商表的原理，先建立前四列如下：

i	z_i	$f(z_i)$	第一次差商 $(f_{i-1,i})$
0	$z_0 = x_0$	$f[z_0] = f_0$	
1	$z_1 = x_0$	$f[z_1] = f_0$	$f_{0,1} = f_0'$ ← 已知
2	$z_2 = x_1$	$f[z_2] = f_1$	$f_{1,2} = ?$
3	$z_3 = x_1$	$f[z_3] = f_1$	$f_{2,3} = f_1'$ ← 已知
4	$z_4 = x_2$	$f[z_4] = f_2$	$f_{3,4} = ?$
5	$z_5 = x_2$	$f[z_5] = f_2$	$f_{4,5} = f_2'$ ← 已知

因为 $z_0 = x_0$ 与 $z_1 = x_0$ 相同点，因此用 $f_{0,1} = f_0'$（已知）

$z_2 = x_1$ 与 $z_3 = x_1$ 相同点，因此用 $f_{2,3} = f_1'$（已知）

$z_4 = x_2$ 与 $z_5 = x_2$ 相同点，因此用 $f_{4,5} = f_2'$（已知）

同理，要取决 $f_{1,2}$ 与 $f_{3,4}$，依据牛顿差商表的原理得

$$f_{1,2} = f[z_1, z_2] = \frac{f[z_2] - f[z_1]}{z_2 - z_1} = \frac{f_1 - f_0}{z_2 - z_1}$$

$$f_{3,4} = f[z_3, z_4] = \frac{f[z_4] - f[z_3]}{z_4 - z_3} = \frac{f_2 - f_1}{z_4 - z_3}$$

请读者留意，将来编写计算机程序时，先用回路把 $z_{2i} = x_i$，$z_{2i+1} = x_i$ 以及 $f[z_{2i}] = f(x_i)$，与 $f[z_i, z_{i+1}] = f(x_i)$ 起动。到此为止，已完成第一次差商行内的每一项，然后依牛顿向后的差商方法，依序完成第二次差商，第三次差商，……，第 $2n+1$ 次差商。这里 $n = 2$，因此最后的差商是 $2 \times 2 + 1 = 5$。下面延续上面的 Hermite 差商表如下：

i	z_i	第二次差商 $(f_{i-2,i-1,i})$	第三次差商 $(f_{i-3,i-2,i-1,i})$	第四次差商 $(f_{i-4,i-3,i-2,i-1,i})$	第五次差商 $(f_{i-5,i-4,i-3,i-2,i-1,i})$
0	z_0				
1	z_1				
2	z_2	$f_{0,1,2} = \dfrac{f_{1,2} - f_{0,1}}{z_2 - z_0}$			
3	z_3	$f_{1,2,3} = \dfrac{f_{2,3} - f_{1,2}}{z_3 - z_1}$	$f_{0,1,2,3} = \dfrac{f_{1,2,3} - f_{0,1,2}}{z_3 - z_0}$		
4	z_4	$f_{2,3,4} = \dfrac{f_{3,4} - f_{2,3}}{z_4 - z_2}$	$f_{1,2,3,4} = \dfrac{f_{2,3,4} - f_{1,2,3}}{z_4 - z_1}$	$f_{0,1,2,3,4} = \dfrac{f_{1,2,3,4} - f_{0,1,2,3}}{z_5 - z_1}$	
5	z_5	$f_{3,4,5} = \dfrac{f_{4,5} - f_{3,4}}{z_5 - z_3}$	$f_{2,3,4,5} = \dfrac{f_{3,4,5} - f_{2,3,4}}{z_5 - z_2}$	$f_{1,2,3,4,5} = \dfrac{f_{2,3,4,5} - f_{1,2,3,4}}{z_5 - z_1}$	$f_{0,1,2,3,4,5} = \dfrac{f_{1,2,3,4,5} - f_{0,1,2,3,4}}{z_5 - z_0}$

依此类推，Hermite 的一元五次方多项式的差商表完成时应该如下：

i	z_i	$f[z_i]$	第一次差商 $(f_{i-1,i})$	第二次差商 $(f_{i-2,i-1,i})$	第三次差商 $(f_{i-3,i-2,i-1,i})$	第四次差商 $(f_{i-4,i-3,i-2,i-1,i})$	第五次差商 $(f_{i-5,i-4,i-3,i-2,i-1,i})$
0	z_0	$f[z_0]=f_0$					
1	z_1	$f[z_1]=f_0$	$f_{0,1}$				
2	z_2	$f[z_2]=f_1$	$f_{1,2}$	$f_{0,1,2}$			
3	z_3	$f[z_3]=f_1$	$f_{2,3}$	$f_{1,2,3}$	$f_{0,1,2,3}$		
4	z_4	$f[z_4]=f_2$	$f_{3,4}$	$f_{2,3,4}$	$f_{1,2,3,4}$	$f_{0,1,2,3,4}$	
5	z_5	$f[z_5]=f_2$	$f_{4,5}$	$f_{3,4,5}$	$f_{2,3,4,5}$	$f_{1,2,3,4,5}$	$f_{0,1,2,3,4,5}$

依此类推，可完成 $2n+1$ 次差商表。例如：

当 $n=2$，指已知 $n+1=3$ 点，要完成 $2n+1=2\times2+1=5$ 次差商表。

当 $n=3$，指已知 $n+1=4$ 点，要完成 $2n+1=2\times3+1=7$ 次差商表。

$\vdots \qquad\qquad \vdots \qquad\qquad\qquad \vdots$

一旦完成 Hermite 向后的差商表，马上可以写出 Hermite 插值法的多项式如下：

$$H_n(x)=f_0+(x-x_0)f_{0,1}+(x-x_0)^2f_{0,1,2}+(x-x_0)^2(x-x_1)f_{0,1,2,3}+(x-x_0)^2(x-x_1)^2f_{0,1,2,3,4}+$$
$$(x-x_0)^2(x-x_1)^2(x-x_2)f_{0,1,2,3,4,5}+(x-x_0)^2(x-x_1)^2(x-x_2)^2f_{0,1,2,3,4,5,6}+$$
$$(x-x_0)^2(x-x_1)^2(x-x_2)^2(x-x_3)f_{0,1,2,3,4,5,6,7}+\cdots$$

因此 $H_n'(x)=\dfrac{dH_n(x)}{dx}$ 就是函数 $H_n(x)$ 的导数。

Hermite 插值法的一元 $2n+1$ 次多项式一旦完成，保证能满足

$$H_n(x_0)=f(x_0),H_n(x_1)=f(x_1),\cdots,H_n(x_n)=f(x_n) 与$$
$$H_n'(x_0)=f'(x_0),H_n'(x_1)=f'(x_1),\cdots,H_n'(x_n)=f'(x_n)$$

◆ 例题1-12 若已知三点的坐标值及其导数值如下表：

i	x_i	$f(x_i)$	$f'(x_i)$
0	0.0	1.0000	1.0000
1	1.0	2.7183	2.7183
2	2.0	7.3891	7.3891

(a)请建立 Hermite 向后的差商表。

(b)已知 $f(x)=e^x$，请计算 $H_n(1.5)$ 与 $H'(1.5)$ 的值，并且分别比较 $f(1.5)$ 与 $f'(1.5)$ 的值。

➤ **解：** (a)

i	z_i	(f_i)	$(f_{i-1,i})$	$(f_{i-2,i-1,i})\cdots\cdots(f_{i-5,\cdots,i})$			
0	0.00	1.0000					
1	0.00	1.0000	1.0000				
2	1.00	2.7183	1.7183	0.7183			
3	1.00	2.7183	2.7183	1.0000	0.2817		
4	2.00	7.3891	4.6708	1.9525	0.4762	0.0973	
5	2.00	7.3891	7.3891	2.7183	0.7658	0.1448	0.0238

$$f_{0,1} = f_0' = 1.000 \text{（已知）}$$

$$f_{1,2} = \frac{f[z_2] - f[z_1]}{z_2 - z_1} \qquad\qquad f_{0,1,2} = \frac{f_{1,2} - f_{0,1}}{z_2 - z_0}$$

$$= \frac{2.7183 - 1.0}{1.0 - 0.0} = 1.7183 \qquad\qquad = \frac{1.7183 - 1.0}{1.0 - 0.0} = 0.7183$$

$$f_{2,3} = f_1' = 2.7183 \text{（已知）} \qquad\qquad f_{1,2,3} = \frac{f_{2,3} - f_{1,2}}{z_3 - z_1}$$

$$= \frac{2.7183 - 1.7183}{1.0 - 0.0} = 1.0$$

$$f_{3,4} = \frac{f[z_4] - f[z_3]}{z_4 - z_3} \qquad\qquad f_{2,3,4} = \frac{f_{3,4} - f_{2,3}}{z_4 - z_2}$$

$$= \frac{7.3891 - 2.7183}{2.0 - 1.0} = 4.6708 \qquad\qquad = \frac{4.6708 - 2.7183}{2.0 - 1.0} = 1.9525 \quad\cdots$$

$$f_{4,5} = f_2' = 7.3891 \text{（已知）} \qquad\qquad f_{3,4,5} = \frac{f_{4,5} - f_{3,4}}{z_5 - z_3}$$

$$= \frac{7.3891 - 4.6708}{2.0 - 1.0} = 2.7183$$

$$\cdots$$

(b)根据 Hermite 差商表马上可以写出 $H_n(x)$

$$H_n(x) = 1.0 + (x-0) \times 1.0 + (x-0)^2 \times 0.7183 + (x-0)^2(x-1.0) \times 0.2817 +$$
$$(x-0)^2(x-1.0)^2 \times 0.0973 + (x-0)^2(x-1.0)^2(x-2.0) \times 0.0238$$

$$\Rightarrow H_n(x) = 0.0238x^5 + 0.0021x^4 + 0.2061x^3 + 0.4863x^2 + x + 1$$

$$\Rightarrow H_n'(x) = 0.119x^4 + 0.0084x^3 + 0.6183x^2 + 0.9726x + 1$$

所以 $\qquad\qquad H(1.5) = 4.4811, \quad f(1.5) = 4.4817$

所以 $\qquad\qquad H'(1.5) = 4.4811, \quad f'(1.5) = 4.4817$

$\qquad\qquad$ 误差 $= |f(1.5) - H(1.5)| = |4.4811 - 4.4817| = 0.0006$

$\qquad\qquad$ 误差 $= |f'(1.5) - H'(1.5)| = |4.4811 - 4.4817| = 0.0006$

1.11 Hermite 插值法的算法与 C 语言程序

已知

i	x_i	$f(x_i)$	$f'(x_i)$
0	x_0	$f(x_0) = f_0$	$f'(x_0) = f_0'$
1	x_1	$f(x_1) = f_1$	$f'(x_1) = f_1'$
⋮	⋮	⋮	⋮
n	x_n	$f(x_n) = f_n$	$f'(x_n) = f_n'$

求 $H_n(x) = f_0 + (x-x_0)f_{0,1} + (x-x_0)^2 f_{0,1,2} + (x-x_0)^2(x-x_1)f_{0,1,2,3} + \cdots +$

$(x-x_0)^2(x-x_1)^2(x-x_2)^2\cdots(x-x_n)f_{0,1,2,3,\cdots,2n+1}$

建立 Hermite 向后的差商法的算法如下：

步骤1：输入

n

x_0, f_0, f_0'

x_1, f_1, f_1'

⋮ , ⋮ , ⋮

x_n, f_n, f_n'

步骤2：For $i = 0,1,\cdots,n$ 执行步骤3与步骤4。

步骤3：$z_{(2i)} = x_i$

$z_{(2i+1)} = x_i$

$q_{(2i,0)} = f_i$

$q_{(2i+1,0)} = f_i$

$q_{(2i+1,1)} = f_i'$

步骤4：if $i \neq 0$ then

$$q_{(2i,1)} = \frac{q_{(2i,0)} - q_{(2i-1,0)}}{z_{(2i)} - z_{(2i-1)}}$$

步骤5：For $i = 2,3,\cdots,2n+1$

For $j = 2,3,\cdots,i$

$$q(i,j) = \frac{q_{(i,j-1)} - q_{(i-1,j-1)}}{z_{(i)} - z_{(i-j)}}$$

步骤6：输出结果(向后的差商表)

◆ **例题1-13** 已知不明飞行物，经过闪光测速仪的量测，其时间、位置与飞行速度如下表：

时间/s	位置/m	飞行速度/(m/s)
x	$f(x)$	$f'(x)$
0	50.00	50.00
2	216.7	94.44
4	410.00	98.00

请 (a)设计计算机程序，写出 Hermite 插值法的差商表。

(b)写出 Hermite 插值法的多项式。

(c)计算 $x=1\text{s}$ 的相对位置，$H_n(1)=?$ 以及当时的飞行速度取 $H'_n(1)=?$

若已知 $f(x)=100x+\dfrac{50}{x+1}$，请分别比较 $H_n(1)$ 与 $f(1)$，$H'_n(1)$ 与 $f'(1)$ 之间的误差。

➤ **解：**

(a)

```
/*ex1-13.c To generate the coefficients for
*Hermite Interpolating Polynomial H on the distinct numbers
* x0,x1,x2,...with f0,f1,f2,... and f'0,f'1,f'2...
* based on the Newton backward divided-difference Algorithm
* and output the divided_difference table for Hn(x).
*/
#include<stdio.h>
void main()
{
  int i,j,k,n;
  double x[30],z[30],q[30][30],f[30]),ff[30];
  scanf("n=%d",&n)
  for(i=0;i<=n;i++)
      scanf("%lf %lf %lf",&x[i], &f[i], &ff[i]);
  printf("i   z(i)  f(i)    f(i-1,i)   f(i-2,i-1,i)...\n");
  for(i=0;i<=n;i++)
  {
      z[2*i]=x[i];
```

```
        z[2*i+1]=x[i];
        q[2*i][0]=f[i];
        q[2*i+1][0]=f[i];
        q[2*i+1][1]=ff[i];
        if(i!=0)
            q[2*i+1][1]=(q[2*i][0]- q[2*i-1][0])/( z[2*i]-
                        z[2*i-1]);
        if(i==0)
            printf("%d %3.1lf %7.4lf\n",i,z[i],q[i][0]);
        else if(i==1)
            printf("%d %3.1lf %7.4lf %7.4lf\n",i,z[i],q[i][0],
                    q[i][1]) ;

    }
    for(i=2;i<=2*n+1;i++)
    {
        printf("%d %3.1lf %7.4lf %7.4lf",i,z[i],q[i][0],q[i][1]);
        for(j=2;j<=i;j++)
        {
            q[i][j]=( q[i][j-1]- q[i-1][j-1])/(z[i]-z[i-j]);
            printf("%7.4lf ", q[i][j]);
        }
        printf("\n");
    }
    return;
}
```

输入数据(dex1-13.c)

$n = 2$

0.0   50.0   50.0

2.0   216.67   94.44

4.0   410.00   98.00

输出结果：Hermite插值法的差商表如下：

i	z_i	f_i	$(f_{i-1,i})$	$(f_{i-2,i-1,i})\cdots$			
0	0.0	50.0000					
1	0.0	50.0000	50.0000				
2	2.0	216.6700	83.3350	16.6675			
3	2.0	216.6700	94.4400	5.5525	-5.5575		
4	4.0	410.0000	96.6650	1.1125	-1.1100	1.1119	
5	4.0	410.0000	98.0000	0.6675	-0.2225	0.2219	-0.2225

(b) $H_n(x) = 50.0 + (x-0.0) \times (50.0) + (x-0.0)^2 \times (16.6675) +$

$\quad (x-0.0)^2(x-2.0) \times (-5.5575) + (x-0.0)^2(x-2.0)^2 \times$

$\quad (1.1119) + (x-0.0)^2(x-2.0)^2(x-4.0) \times (-0.2225)$

$\Rightarrow H_n(x) = -0.2225x^5 + 2.8919x^4 - 14.455x^3 + 35.79x^2 + 50x + 50$

(c) $H'_n(x) = -1.1125x^4 + 11.5676x^3 - 43.365x^2 + 71.58x + 50$

$$f(x) = 100x + \frac{50}{x+1}$$

$$\Rightarrow f'(x) = 100 - \frac{50}{(x+1)^2}$$

所以 $\quad\quad\quad\quad \Rightarrow H_n(1) = 124.0044, \quad f(1) = 125.0$

所以 $\quad\quad\quad\quad \Rightarrow H'_n(1) = 88.6701, \quad f'(1) = 87.5$

误差 $= |f(1) - H_n(1)| = |125.0 - 124.0044| = 0.9956$

误差 $= |f'(1) - H_n(1)| = |87.5 - 88.6701| = 1.1701$

习　题

1. 请用 Lagrange 插值法写出通过下面各点的多项式，并且把 Lagrange 内插多项式展成：

$$P(x) = a_0 + a_1 x + a_2 x^2 + \cdots + a_n x^n = \sum_{k=0}^{n} a_k x^k$$

(a)

x	$f(x)$
0	0
1	-3
2	0
3	15

并且计算 $P(0.5), P(1.5), P(2.5), P(3.5)$ 各点与绘制 $P(x) = \sum_{k=0}^{n} a_k x^k$ 的图形并比较 $f(x) = x^3 - 4x$ 的图形。

(b)

x	$f(x)$
-2	0
-1	4
0	0
1	-6
2	-8

并且计算 $P(-2.5), P(-2.2), P(-1.5), P(0.5), P(1.5), P(2.2)$ 点，绘制

$P(x) = \sum_{k=0}^{n} a_k x^k$ 的图形并比较 $f(x) = x^3 - x^2 - 6x$ 的图形。

(c)

x	$f(x)$
-1	0.3679
0	1.0000
1	2.7183
2	7.3891

并且计算 $P(-0.5), P(0.5), P(1.2), P(1.5), P(1.8), P(2.5)$ 点, 绘制 $P(x) = \sum\limits_{k=0}^{n} a_k x^k$ 的

图形并且分别比较 $f(x) = \mathrm{e}^x$ 与 $f(x) = 1 + x + \dfrac{x^2}{2!} + \dfrac{x^3}{3!}$ 的图形。

(d)根据下面的已知点(点数可能每次都不同), 编写计算机程序执行 Lagrange 插值法的算法, 计算 $P(150), P(250), P(350), P(450), P(550), P(650)$ 各点, 绘制

$P(x) = \sum\limits_{k=0}^{n} a_k x^k$ 的图形并且比较 $f(x) = x + \dfrac{160,000}{x}$ 的图形(制图部分可使用现成

的绘图软件如 Excel 等)。

已知 x 与 $f(x)$ 的数据如下:

x	100	200	300	400	500	600
$f(x)$	1,700	1,000	833	800	820	867

2. 已知

x	$f(x)$
10	0.1736
11	0.1908
12	0.2079
13	0.2250

若已知 $f(x) = \sin x$, x 以度为单位,请用 Lagrange 插值法的公式依上面的已知点的数据计算 $P(10.5), P(11.5), P(12.5)$, 并且计算 $e(x)$ 值分别与真实误差 $f(x) - P(x)$ 相比较。

3. 已知下面各点的坐标值。

(a)

i	x_i	$f(x_i)$
0	0.1	0.003
1	0.3	0.067
2	0.5	0.148
3	0.7	0.248
4	1.1	0.518

(b)

i	x_i	$f(x_i)$
0	1.0	2.72
1	1.2	3.32
2	1.4	4.06
3	1.5	4.48
4	1.8	6.05
5	2.0	7.39

请用笔算建立差商表：

(a)写出 $i = 0 \sim 4$ 的一元四次的牛顿内插多项式并计算 $P_n(x = 0.9)$ 的值。

(b)写出 $i = 2 \sim 5$ 的一元三次的牛顿内插多项式并计算 $P_n(x = 1.6)$ 的值。

4. 已知下面各点的坐标值。

i	x_i	$f(x_i)$
0	1.2	0.1823
1	1.25	0.2231
2	1.30	0.2624
3	1.40	0.3365
4	1.45	0.3716
5	1.50	0.4055

(a)请编写计算机程序建立牛顿向前的差商表。

(b)写出 $i = 0$ 到 $i = 4$ 的一元四次的牛顿内插多项式。

(c)计算 $P_n(x = 1.35)$ 的值与计算其估计误差 $e(x = 1.35)$。

(d)若 $f(x = 1.35) = 0.3001$，请计算 $|f(1.35) - P_n(1.35)|$ 与 $e(x = 1.35)$ 相比较。

5. 已知下面各点的坐标值：

i	x_i	$f(x_i)$
0	0.50	0.6915
1	0.60	0.7257
2	0.65	0.7422
3	0.75	0.7734
4	0.90	0.8159
5	1.10	0.8643
6	1.3	0.9032

请编写计算机程序建立：

(a)牛顿向前的差商表。

(b)计算 $P_n(0.55), P_n(0.7), P_n(0.8), P_n(1.0)$ 的值。并比较真实的 $f(x)$ 函数值。

$f(0.55) = 0.7088$

$f(0.7) = 0.7580$

$f(0.8) = 0.7881$

$f(1.0) = 0.8413$

6. 请编写计算机程序建立习题 5 的：

(a)牛顿向后差商表。

(b)计算 $P_n(0.55), P_n(0.7), P_n(0.8), P_n(1.0)$ 的值并比较习题 5 的结果。

7. 已知下面四点的坐标值及其导数值：

i	x_i	$f(x_i)$	$f'(x_i)$
0	1.0	0.00	1.0000
1	2.0	0.693	0.5000
2	3.0	1.099	0.3333
3	4.0	1.386	0.2500

若已知 $f(x) = \ln x$，则

(a)请编写计算机程序，写出 Hermite 插值法的差商表以及计算 $H_n(1.5)$, $H_n(2.5), H_n(3.5), H_n(4.5)$ 的值。

(b)请用笔算 $H'_n(1.5)$ 的值并且比较 $f'(1.5)$ 的值。

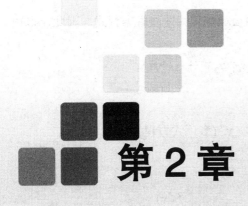

第2章

非线性方程式的解

2.1 线性方程式与非线性方程式的概念

先谈函数的种类如下：

(1)常数函数 $f(x)$

$$f(x) = C$$

式中，C＝常数，x 定义于 f 的定义域内。

(2)多项式函数 $f(x)$

$$f(x) = a_0 + a_1 x + a_2 x^2 + \cdots + a_n x^n$$

函数 f 为多项式，其定义域是所有实数的集合。$a_0, a_1, \cdots, a_n$ 是实数常数。

(3)线性函数 $f(x)$ 的定义如下：

$$f(x) = a_0 + a_1 x$$

它是多项式函数的特例(指 $a_2 = a_3 = \cdots = a_n = 0$)，它在图形上代表直线，所以称做线性。再者，若用另一个因变量 y。

设

$$y = f(x) = a_0 + a_1 x$$

$\Rightarrow y = a_0 + a_1 x$ 此式称做线性方程式。

反过来说，方程式的形态不是 $y = a_0 + a_1 x$ 都称为非线性方程式。因此，多项式方程式

$$y = f(x) = a_0 + a_1 x + a_2 x^2 + \cdots + a_n x^n$$

属于非线性方程式的一种。

(4)非线性方程式的种类大致如下：

(a) $y = f(x) = a_0 + a_1 x + a_2 x^2 + \cdots + a_n x^n$ (多项式方程式)

(b) $y = \dfrac{f(x)}{g(x)}$

$f(x)$ 与 $g(x)$ 同为多项式函数，两者相除的结果 $\dfrac{f(x)}{g(x)}$ 叫做有理函数，例如

$$y = \frac{x^2 - 3x + 1}{x + 4}$$

是有理方程式，其定义域为 $x \neq -4$ 而且 $x \in$ 实数。

(c)三角函数，对数函数，指数函数等所组成的方程式如下：

$$y = h(x) = x \sin x + x^2 - \mathrm{e}^x$$

称做超越函数所组成的非线性方程式。

2.2 用求近似值的方法(数值分析)求解非线性方程式

例如，非线性方程式如

$$f(x) = x \sin x + x^2 - \mathrm{e}^x = 0$$

几乎无法用笔算方法求得正确解。还有多项式方程式如

$$f(x) = a_0 + a_1 x + a_2 x^2 + \cdots + a_n x^n = 0$$

一般来说，当 $n > 4$，即超过四次方的多项式方程式几乎没有合适的正确解，也就是说，无法把多项式方程式用因式分解的方法改写成

$$(x - x_1)(x - x_2) \cdots (x - x_n) = 0$$

而求得正确解。基于非线性方程式无法用笔算的方法求得正确解，因此，需要用数值分析的方法去找到它们的根(解答)。再者，用数值分析去寻找非线性方程式的根的方法有许多种，每一种方法各有其优缺点，读者学会它们的解题算法之后，要能够分辨每一种方法的限制与陷阱，然后选择适当的方法去解决自己的问题。

2.3 二分法

什么叫做二分法？庄子曾经提及"一尺之捶，日取其半，万世不竭"，意思是一尺长的尺，每日把它对分一半，然后再把一半再分一半，又把一半的一半再对分一半，依此类推，无止无尽地对分再对分，万世不止。类似这种方法叫做二分法。

再者，数值分析的二分法的数学理论是依据微积分的中值定理，其内容如下：

若函数 $f(x)$ 连续于 $[a,b]$ 之间而且 $f(a) < k < f(b)$，则 (a,b) 之间一定存在一个 c 值会使得

$$f(c) = k$$

中值定理，几乎不必经过证明，直接可以判定它会成立。

中值定理事实上有暗示，如果 $f(a)$ 与 $f(b)$ 的关系如下时：

$$f(a)f(b) < 0$$

则一定在 (a,b) 之间存在一点 c，使得

$$f(c) = k = 0$$

若已知 $f(x)$ 与其定义域的某一区间 $[a,b]$ 如图 2-1 所示。

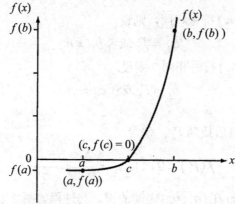

图2-1　$f(x)$ 与其定义域的某一区间 $[a,b]$

很明显，图 2-1 表明：

$$f(a) < 0 \text{ 而且 } f(b) > 0$$

因此

$$f(a)f(b) < 0$$

满足中值定理，因此，在 (a,b) 之间一定存在某一点 c，使得

$$f(c) = 0 \text{（曲线与 } x \text{ 轴相交的点）}$$

也就是说，只要 $f(a)$ 与 $f(b)$ 的正负符相反的条件如下：

$$f(a) < 0 \text{ 且 } f(b) > 0$$
$$\text{或 } f(a) > 0 \text{ 且 } f(b) < 0$$

都能使 $f(a)f(b) < 0$ 成立。基于此，为了寻找 $f(x)$ 的根，二分法的算法如下：

(1)设 P_1 为 (a,b) 间的中间点，故设 $a_1 = a, b_1 = b$

$$p_1 = \frac{a_1 + b_1}{2}$$

此时

$$h_1 = \Delta h = b - a$$

若 $f(P_1) = 0$，表示找到 $f(x)$ 在 (a_1, b_1) 之间的根：$x = P_1$。或者，$f(P_1)$ 与 $f(a_1)$ 符号相同(指 $f(P_1) > 0$，$f(a_1) > 0$ 或指 $f(P_1) < 0$，$f(a_1) < 0$)

则设 $a_2 = P_1$ 而且 $b_2 = b_1$；

或者 $f(P_1)$ 与 $f(b_1)$ 符号相同，则设 $b_2 = P_1$ 而且 $a_2 = a_1$。

(2)再设 P_2 为 (a_2, b_2) 之间的中间点

$$P_2 = \frac{a_2 + b_2}{2}$$

此时

$$h_2 = b_2 - a_2 = \frac{\Delta h}{2}$$

若 $f(P_2) = 0$，表示第二回找到 $f(x)$ 在 (a_2, b_2) 之间的根：

$$x = P_2$$

或者，$f(P_2)$ 与 $f(a_2)$ 符号相同，则设

$$a_3 = P_2 \text{ 或者 } b_3 = b_2$$

或者，$f(P_2)$ 与 $f(b_2)$ 符号相同，则设

$$b_3 = P_2 \text{ 或者 } a_3 = a_2$$

$$\vdots$$

(3)这样重复下去，最后找到 P_n，使得

$$f(P_n) = 0 \text{ 而且 } h_n = \frac{\Delta h}{2^n} = \frac{b - a}{2^n}$$

表示第 n 回找到 $f(x)$ 在 (a_n, b_n) 之间的根。其过程如图 2-2 所示。

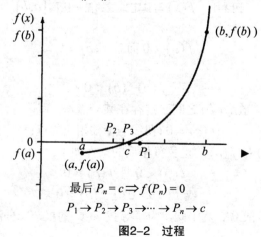

最后 $P_n = c \Rightarrow f(P_n) = 0$

$P_1 \to P_2 \to P_3 \to \cdots \to P_n \to c$

图2-2　过程

事实上，使用 $b_1 - a_1$ 的一半又一半又一半的算法，根本无法找到 P_n 使得 $f(P_n) = 0$，只能找到 P_n 使得 $P_n \approx c \Rightarrow f(P_n) \approx 0$ 而已。因此，要考虑一个问题，究竟 $f(P_n)$ 是多少时，使得 $f(P_n) \approx 0$，也就是我们要决定一个容许误差 $\varepsilon > 0$，使得

$$| f(P_n) | < \varepsilon \tag{2-1}$$

有人主张用

$$| P_n - P_{n-1} | < \varepsilon \text{ 或者 } | \frac{\Delta h}{2^n} | < \varepsilon \tag{2-2}$$

也有人主张用

$$\frac{| P_n - P_{n-1} |}{| P_n |} < \varepsilon \tag{2-3}$$

作为中止二分法的无尽迭代的中止条件。从式(2-1)、式(2-2)、式(2-3)可以了解，式(2-1)是以 $f(P_n) \approx f(C) = 0$ 为中止条件。式(2-2)是以 $P_n \approx c$ 为中止条件。式(2-3)是以 $P_n \approx c$ 为中止条件，并且考虑 P_n 的基本单位问题，例如，若 $a = 100$，$b = 200$ 与 $a = 0.1$，$b = 0.2$ 两者的基本单位不同。前者以个位数 1 为单位，后者以 0.1 为单位，因此，若取用相同的 $\varepsilon = 0.01$，对 $a = 100$，$b = 200$ 而言，$| P_n - P_{n-1} | < 0.01$ 也许恰当，但是，对 $a = 0.1$，$b = 0.2$ 而言，$| P_n - P_{n-1} | < 0.01$ 则不一定得当。

基于上面的理由，最适当的二分法的中止条件是式(2-3)。

$$\frac{| P_n - P_{n-1} |}{| P_n |} < \varepsilon \tag{2-3}$$

因为，它兼顾 a 与 b 的基本单位问题。但是 $| P_n - P_{n-1} | = | \frac{b-a}{2^n} | < \varepsilon$ 有它的简便之处，例如，如果已设定 ε 值，马上可以预知，究竟需要执行几回二分法。因为，设 $b > a$ 而且

$$\frac{b-a}{2^n} \leqslant \varepsilon \Rightarrow \ln(\frac{b-a}{2^n}) \leqslant \ln \varepsilon$$

$$\Rightarrow n \geqslant \frac{\ln(b-a) - \ln \varepsilon}{\ln 2}$$

因此，若事先已经考虑 a 与 b 的基本单位之后，选择适当的 ε 时，采用式(2-2)

$$| P_n - P_{n-1} | = | \frac{b-a}{2^n} | < \varepsilon$$

也很简便。

◆　**例题2-1**　若已知 $f(x) = x^3 - 4x + 2 = 0$

(a)请问 $f(x) = 0$ 在 $(2,3)$ 与在 $(1.5, 1.8)$ 之间是否分别有根存在？

(b)若 $a = 0.0$，$b = 2.0$，请问如何测试其间有多少根存在。

(c)请用二分法找出 $f(x)$ 在 $a=0.0$ 与 $b=2.0$ 之间的一个根，使用 $\varepsilon=0.01$ 并且事先估计需要执行几回二分法。

➤ 解

(a)(2,3) 之间，则

$\Rightarrow f(2)=2$ ，$f(3)=17$ ，两者同号 $\Rightarrow f(2)f(3)>0$

因此，(2,3) 之间可能没有根存在。

(1.5,1.8) 之间，则

$\Rightarrow f(1.5)=-0.625$ ，$f(1.8)=0.632$ ，两者不同号 $\Rightarrow f(1.5)f(1.8)<0$

因此，(1.5,1.8) 之间可能有根存在。

(b)基本上没有一种巧妙的办法能够探测 a 与 b 间有多少根存在。但是，有一种笨拙的办法是，考虑 a 与 b 的基本单位之后，从 $a=0.0$ 起每次增加 0.1 然后计算 $f(x)$ 值一直到 $b=2.0$ 为止，如下表所示(附 C 语言程序)

```
/* ex2-1.c is used for finding out the domains
 * which exist the roots of f(x).
 */
#include <stdio.h>
#include <math.h>
#define  f(x) (pow(x,3)-4.0*x+2.0)
void main()
{
    double a=0.0,b=2.0,x;
    int i;
    x=a;
    printf(" i x f(x)\n");
    for(i=1; ; i++)
    {
     printf("%2d  %5.2lf %10.5lf\n" ,i,x,f(x));
     if(x > b)
     exit(0);
     x=x+0.1;
    }
}
```

(d0ex2-1.c)

i	x	$f(x)$	
1	0.00	2.00000	
2	0.10	1.60100	
3	0.20	1.20800	
4	0.30	0.82700	
5	0.40	0.46400	
6	0.50	0.12500	} ①
7	0.60	-0.18400	
8	0.70	-0.45700	
9	0.80	-0.68800	
10	0.90	-0.87100	
11	1.00	-1.00000	
12	1.10	-1.06900	
13	1.20	-1.07200	
14	1.30	-1.00300	
15	1.40	-0.85600	
16	1.50	-0.62500	
17	1.60	-0.30400	} ②
18	1.70	0.11300	
19	1.80	0.63200	
20	1.90	1.25900	
21	2.00	2.00000	

　　观察上表，发现共有两处可能有两根存在，其一，在 $a = 0.5$ 与 $b = 0.6$ 之间。其二，在 $a = 1.6$ 与 $b = 1.7$ 之间。

　　(c) $\varepsilon = 0.01$ $(a = 0.5, b = 0.6)$ 的条件下，计算

$$n \geqslant \frac{\ln(b-a) - \ln \varepsilon}{\ln 2} = \frac{\ln(0.6 - 0.5) - \ln 0.01}{\ln 2} = 3.32$$

$\Rightarrow n = 4$，只要4回的二分法即可找到近似值的根。根据前面二分法的步骤如下：

①设　$a_1 = a = 0.5$，$b_1 = b = 0.6$

设　$P_1 = \dfrac{a_1 + b_1}{2} = \dfrac{0.5 + 0.6}{2} = 0.55$，　$h_1 = \left| \dfrac{b_1 - a_1}{2} \right| = 0.05 > \varepsilon$，则

$\Rightarrow f(P_1) = -0.033625$，　$f(a_1) = 0.125$，　$f(b_1) - -0.184$

$\Rightarrow f(P_1) \times f(b_1) > 0$，因此，设

$b_2 = P_1 = 0.55$，　$a_2 = a_1 = 0.5$

②设　$P_2 = \dfrac{a_2 + b_2}{2} = \dfrac{0.5 + 0.55}{2} = 0.525$

$$h_2 = \left| \frac{b_2 - a_2}{2} \right| = \left| \frac{0.55 - 0.5}{2} \right| = 0.025 > \varepsilon$$

$\Rightarrow f(P_2) = 0.044703$，$f(a_2) = 0.125$，$f(b_2) = -0.033625$

$\Rightarrow f(P_2) \times f(a_2) > 0$，因此，设

$a_3 = P_2 = 0.525$，$b_3 = b_2 = 0.55$

③设 $P_3 = \dfrac{a_3 + b_3}{2} = \dfrac{0.525 + 0.55}{2} = 0.5375$

$$h_3 = \left| \frac{b_3 - a_3}{2} \right| = \left| \frac{0.55 - 0.525}{2} \right| = 0.0125 > \varepsilon$$

$\Rightarrow f(P_3) = 0.005287$，$f(a_3) = 0.044703$，$f(b_3) = -0.033625$

$\Rightarrow f(P_3) \times f(a_3) > 0$，因此，设

$a_4 = p_3 = 0.5375$，$b_4 = b_3 = 0.55$

④设 $P_4 = \dfrac{a_4 + b_4}{2} = \dfrac{0.5375 + 0.55}{2} = 0.54375$，

$$h_4 = \left| \frac{b_4 - a_4}{2} \right| = \left| \frac{0.55 - 0.5375}{2} \right| = 0.00625 < \varepsilon = 0.01$$

第四回的 $h_4 < \varepsilon$，故中止二分法，得到根

$$x = P_4 = 0.54375 \Rightarrow f(P_4) = -0.01423$$

二分法找根的过程如下表：

i	a_i	b_i	P_i	$f(P_i)$	h_i
1	0.5	0.6	0.55	-0.033625	0.05
2	0.5	0.55	0.525	0.044703	0.025
3	0.525	0.55	0.5375	0.005287	0.0125
4	0.5375	0.55	0.54375	-0.01423	0.00625

根是找到 $P_4 = 0.54375 \Rightarrow f(P_4) = -0.01423$，可是第三回的 $P_3 = 0.5375 \Rightarrow f(P_3)$ $= 0.005287$ 更接近 $f(P_3) \approx 0$。原因是什么？由于用来中止二分法的 ε，定义于

$h = \left| \dfrac{b-a}{2^n} \right| < \varepsilon$ 而不是 $|f(P_n)| < \varepsilon$，如果使用

$$|f(P_n)| < \varepsilon$$

作为本例的容许误差及二分法的中止信号，则答案一定是

$$P_3 = 0.5375 \Rightarrow |f(P_3)| = 0.005287 < \varepsilon(\varepsilon = 0.01)$$

一般来说，当 ε 取值越小，一定能使 $P_n \to$ 越接近真实的根 c 而使 $f(P_n) \to 0$。

2.4 二分法的算法与C语言程序

执行二分法的已知条件如下：

(1)一定要肯定函数 $f(x)$ 是否在一定的定义域有根存在，决定 (a,b) 的范围。

(2)事先决定容许误差 ε 的大小，作为二分法中止的信号。

(3)设定一个循环的保护措施，当二分法失败时可以中止迭代，如设 MAX=100 之类，规定凡是迭代次数超过 100 次，可能在 (a,b) 之间根本没有根存在，也就是 $f(P_n)$ 无法收敛，或 $h = \dfrac{b-a}{2}$ 无法收敛(指 h 无法趋近零)。

(4)二分法的算法的中心点在于 $P_1 = \dfrac{a_1+b_1}{2}$ 之后 P_2 的位置，如图 2-3 所示。

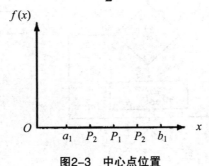

图2-3 中心点位置

第一次二分之后 P_2 的判定，究竟 P_2 是在 P_1 与 b_1 之间，还是在 a_1 与 P_1 之间。因此，用 $f(P_1)f(a_1)>0$ 来判定，

若 $f(P_1)f(a_1)>0$ 成立，则 P_2 位于 P_1 与 b_1 之间，

因此，设 $a_2 = P_1$ 而且 $b_2 = b_1$；

若 $f(P_1)f(a_1)>0$ 不成立，则 P_2 位于 P_1 与 a_1 之间，

因此，设 $a_2 = a_1$ 而且 $b_2 = P_1$；

依此类推……

二分法步骤的流程图如图 2-4 所示。

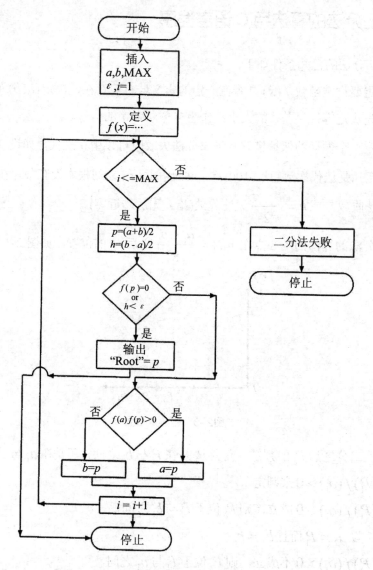

图2-4 二分法步骤的流程图

◆ **例题2-2** 武器工程师进行子弹垂直向上射击的实验时，子弹向下掉落的最终速度 V (m/s)的公式如下：

$$1.15 \times 10^{-5} V^2 + 1.4 \times 10^{-5} V - 1.962 \times 10^{-2} = 0$$

请使用二分法计算 V 的值(设计计算机程序并且取 $\varepsilon = 0.001$)。

➢ **解：**

(1)先决定可能有根存在的区间 (a,b)，

设 $f(V) = 1.15 \times 10^{-5} V^2 + 1.4 \times 10^{-5} V - 1.962 \times 10^{-2}$

$V = 0.0$ 到 $V = 50.0$ 每次增加 1.0，计算 $f(V)$ 的值如下：

i	V	$f(V)$
1	0.00	-0.01962
2	1.00	-0.01959
3	2.00	-0.01953
⋮	⋮	⋮
36	35.00	-0.00263
37	36.00	-0.00169
38	37.00	-0.00073
39	38.00	0.00027
40	39.00	0.00128
⋮	⋮	⋮
50	49.00	0.01279
51	50.00	0.01408
52	51.00	0.01539

(2) 从上表判定 $a=V=37$ 与 $b=V=38$ 之间可能有根存在。C 语言程序如下：

```
/* ex2-2.c Bisection Method is used for solving the
 * nonlinear equation f(x)=0, its root is between a and b
 */
#include <stdio.h>
#include <math.h>
#define  MAX  50    /* maximum iterations */
#define  TOL  0.001 /* tolerance */
#define                                                f(x)
(0.0000115*pow(x,2)+0.000014*pow(x,1.5)-0.01962)
void main()
{
    double x,a,b,p,h;
    int i=1;
    a=37;
    b=38;
    printf(" i a(i) b(i) p(i) f(p(i)) h(i)\n");
    while(i<=MAX)
    {
        p=(a+b)/2.0;
        h=fabs((b-a)/2.0);
        printf("%2d %9.6lf %9.6lf %9.6lf %9.6lf %9.6lf\n,
            i,a,b,p,f(p),h);
```

```
        if(fabs(f(p))==0 || h<TOL)
        {
            printf("%2d  iterations！！！\n" ,i);
            printf("TheRoot=%9.6lff(%9.6lf)=%9.6lf\n",
                    p,p,f(p));
            exit(0);
        }
        else
        {
            if(f(a)*f(p)>0)
                a=p;
            else if(f(b)*f(p)>0)
                b=p;
                i++;

        }
    }
    printf("Bisection Method failed after %d
            iterations！！!\n",i);
    return;
}
```

输出结果：

10 iterations!!!

The Root=37.735352   f(37.735352)=0.000000

i	$a(i)$	$b(i)$	$p(i)$	$f(p(i))$	$h(i)$
1	37.000000	38.000000	37.500000	-0.000233	0.500000
2	37.500000	38.000000	37.750000	0.000015	0.250000
3	37.500000	37.750000	37.625000	-0.000109	0.125000
4	37.625000	37.750000	37.687500	-0.000047	0.062500
5	37.687500	37.750000	37.718750	-0.000016	0.031250
6	37.718750	37.750000	37.734375	-0.000000	0.015625
7	37.734375	37.750000	37.742188	0.000008	0.007812
8	37.734375	37.742188	37.738281	0.000004	0.003906
9	37.734375	37.738281	37.736328	0.000002	0.001953
10	37.734375	37.736328	37.735352	0.000000	0.000977

所以 $V = 37.735352\text{m}/\text{s}$ 。

2.5 二分法的优缺点

二分法的优点如下：

(1)一旦确定 $f(x)$ 的定义域中某些范围一定有根存在。二分法一定能找到根。也就是说，当

$$\Rightarrow \lim_{n\to\infty} |P_n - P_{n-1}| = 0$$
$$\Rightarrow \lim_{n\to\infty} f(P_n) = 0$$

存在时，$f(P_n)$ 系列一定会收敛。

(2)二分法的算法简单易懂，因此便于写成任何高级的计算机语言执行解任何非线性的一元方程式。

二分法的缺点如下：

(1)一定要事先确定 (a,b) 范围内有根存在。因此，需要先观察，自己确定 $f(x)$ 的符号可能变化的范围，以便决定 (a,b)。

(2)有些非线性方程式根本没有根存在，如下面几种情况：

① $f(a)f(b) < 0$ 不存在的情况。图 2-5 显示 x 轴上任何两点 $x = a$，$x = b \Rightarrow f(a)f(b) \geqslant 0$ 永远不可能有 $f(a)f(b) < 0$ 的情况存在，因此，虽然应该有根存在于 $\Rightarrow x = c \Rightarrow f(c) = 0$，但是，二分法无法辨识。

② $f(a)f(b) < 0$ 成立的情况。图 2-6 显示 $f(a)f(b) < 0$ 的条件成立，但是，$f(x)$ 一定不会与 x 轴相交，因此，不可能有根存在于 (a,b) 之间，这是二分法无法判定的地方。补救的方法，还是在 (a,b) 之间，从 a 起每次增加 Δx，列出 $f(a + n\Delta x)$ 的值，以方便观察 $f(x)$ 的正负号变化情况。

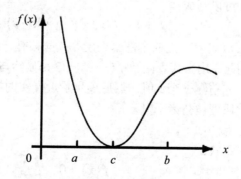

图2-5 $f(a)f(b) < 0$ 不存在

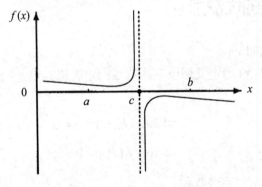

图2-6 $f(a)f(b)<0$ 成立

2.6 牛顿法衔接

寻找非线性方程式的根的方法，早在300多年前，牛顿已经发展出寻根的算法与数学依据。牛顿法来自泰勒展开式，现在先复习一下，什么是泰勒展开式？所谓泰勒展开式是，假设函数 f 的 n 次导数值存在于 $[a,b]$ 之间的 c 位置上，因此

$$f(x)=f(c)+f'(c)(x-c)+\frac{f''(c)}{2!}(x-c)^2+\cdots+\frac{f^{(n)}(c)}{n!}(x-c)^n \qquad (2\text{-}4)$$

n 是 x 的 n 次方又名函数 f 的泰勒多项式在 c 点的 n 次方。

也就是说，满足泰勒展开式的条件的函数，可以用泰勒展开式来取代。例如，若上式只取 $n=1$，则可写成

$$f(x)=f(c)+f'(c)(x-c)+O(h^2) \qquad (2\text{-}5)$$

式(2-5)叫做第一次泰勒多项式，而且

$$O(h^2)=f''(\xi(x))\frac{(x-c)^2}{2},\xi(x)\in[x,c]$$

第一次导数之后的余式 $O(h^2)$ 部分，牛顿认为它们可省略不计，因此，f 的第一次的泰勒展开式可以写成

$$f(x)=f(c)+f'(c)(x-c) \qquad (2\text{-}6)$$

很明显，函数 $f(x)$ 在 c 点的全部泰勒展开式应该有一元 n 次多项式，现在省略为一次多项式，因此，用来代表函数 $f(x)$ 的式(2-6)显然与原始的 $f(x)$ 之间有误差存在。牛顿认为，先猜测一个 c 值，然后逐步趋近真实的根，因此，牛顿的寻根方法近几十年来借此原理被公诸于世。

牛顿法的寻根算法如下。

若已知一个方程式：

$$f(x)=0$$

为求它的根，先把 $f(x)$ 展开成第一次泰勒展开式，即

$$f(x) = f(c) + f'(c)(x - c) = 0$$

第一次很明智地猜测一个近似根为 $c = x_0$ 代入上式。

因此

$$f(x_0) + f'(x_0)(x - x_0) = 0$$

$$\Rightarrow x = x_0 - \frac{f(x_0)}{f'(x_0)} \tag{2-7}$$

请注意式(2-7)在图形上的意义，例如，如果函数 $f(x)$ 表现在坐标上面的图形如图 2-7 所示。

由于 $c = x_0$ 已知(明智的猜测)，因此 $f(x_0)$ 与 $f'(x_0)$ 已知，知道曲线 $f(x)$ 上面一点的坐标位置 $(x_0, f(x_0))$ 与其斜率 $f'(x_0)$，可以决定一条通过 $(x_0, f(x_0))$ 点的切线方程式如下：

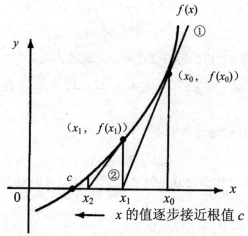

图2-7　x 的值逐步接近根值 c 时的 $f(x)$

$$f'(x_0) = \frac{y - f(x_0)}{x - x_0}$$

$$\Rightarrow y = (x - x_0)f'(x_0) + f(x_0)$$

它就是上图的切线①的方程式，很明显，切线①若与 x 轴相交，一定是：

$$\begin{cases} y = 0 & (x\text{轴的公式}) \\ y = (x - x_0)f'(x_0) + f(x_0) \end{cases}$$

解上面的方程组，得到切线①与 x 轴的交点为 $(x, 0)$。

$$\Rightarrow x = x_0 - \frac{f(x_0)}{f'(x_0)} \tag{2-8}$$

比较式(2-7)与式(2-8)发现两者完全相同，因此显示图形上的意义。设 $x = x_1$ 代入式(2-8)，因此

$$\Rightarrow x_1 = x_0 - \frac{f(x_0)}{f'(x_0)}$$

同理，根据已知的 $f(x)$ 上面的点 $(x_1, f(x_1))$ 与其斜率 $f'(x_1)$，可以建立第二条切线②，切线②与 x 轴相交，便可以决定点 $(x_2, f(x_2))$ 与 $f'(x_2)$……，依此类推，先明智猜测 $c = x_0$，之后逐步用

$$x_1 = x_0 - \frac{f(x_0)}{f'(x_0)}$$

$$x_2 = x_1 - \frac{f(x_1)}{f'(x_1)}$$

$$\vdots$$

$$x_n = x_{n-1} - \frac{f(x_{n-1})}{f'(x_{n-1})}$$

找到 $\lim_{n \to \infty} x_n = c$（根）。再者容许误差 ε 如前面的定义为

$$h_n = |x_n - x_{n-1}| < \varepsilon \ \text{或} \ \frac{|x_n - x_{n-1}|}{|x_n|} < \varepsilon \ \text{或} \ |f(x_n)| < \varepsilon$$

◆ **例题2-3** 已知非线性方程式如下：

$$x^3 + 4x^2 - 10 = 0$$

请使用牛顿法找出位于 $(1.0, 2.0)$ 之间的根（取 $\varepsilon = 0.001$）。

➢ **解：**

(1)先明智猜测起始值

$$x_0 = 1.5$$

(2)设 $f(x) = x^3 + 4x^2 - 10 \Rightarrow f(1.5) = 2.375$

$$\Rightarrow f'(x) = 3x^2 + 8x \Rightarrow f'(1.5) = 18.75$$

① $x_1 = x_0 - \dfrac{f(x_0)}{f'(x_0)} = 1.5 - \dfrac{2.375}{18.75} = 1.373$

$$h_1 = |1.373 - 1.5| = 0.127 > \varepsilon$$

② $x_2 = x_1 - \dfrac{f(x_1)}{f'(x_1)} = 1.373 - \dfrac{0.1288}{16.639} = 1.365$

$$h_2 = |1.365 - 1.373| = 0.008 > \varepsilon$$

③ $x_3 = x_2 - \dfrac{f(x_2)}{f'(x_2)} = 1.365 - \dfrac{(-0.0038)}{16.510} = 1.3652$

$$h_3 = |1.3652 - 1.365| = 0.00023 < \varepsilon$$

经过三次循环找到根 $x = 1.3652$，代入函数 $f(x)$，则

$$f(1.3652) = (1.3652)^3 + 4(1.3652)^2 - 10 = -0.0004956 \approx 0$$

证明牛顿的方法正确可靠，然而并非万无一失，因为，若初始猜测值不合适，会造成 $\lim\limits_{n \to \infty} x_n = c$ 不成立，即 x_n 系列不能收敛，或者找到的根无法满足 $f(x_n) \approx 0$ 的条件。

2.7　牛顿法的算法与 C 语言程序

牛顿法简单易行，关键在猜中适当的起始值 x_0（已知），然后定义 $f(x)$ 与 $f'(x)$，$f(x_0)$ 与 $f'(x_0)$ 变成已知，重复计算：

$$x_1 = x_0 - \frac{f(x_0)}{f'(x_0)}$$

$$x_2 = x_1 - \frac{f(x_1)}{f'(x_1)}$$

$$\vdots$$

$$x_n = x_{n-1} - \frac{f(x_{n-1})}{f'(x_{n-1})}$$

使用 $h_n = |x_n - x_{n-1}| < \varepsilon$ 作为中止迭代的信号，最后的 x_n 就是根的近似值。流程图如图 2-8 所示。

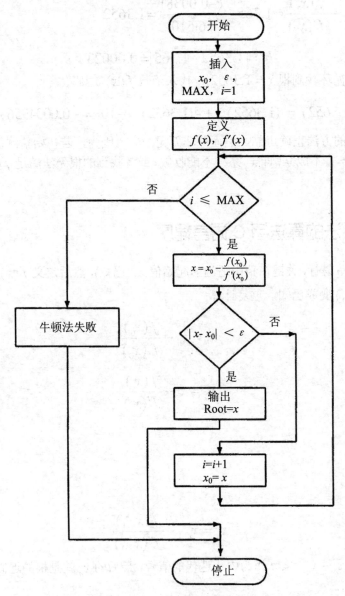

图2-8　牛顿法算法流程图

◆　**例题2-4**　已知非线性方程式如下：

$$\cos x - x = 0$$

若取 $\varepsilon = 0.001$ 而且猜测起始值 $x_0 = 1.0$，请依牛顿法的算法，设计计算机程序找出它的根。

➤　**解：**

C 语言程序如下：

```c
/* ex2-4.c is used for solving nonlinear equation f(x)=0
 * based on Newton-Raphson Method with initial approximation
 * p0.
 */
#include <stdio.h>
#include <math.h>
#define MAX  100
#define TOL  0.001
#define PI   3.14159
#define    f(x)    (cos(x)-x)
#define    ff(x)   (-sin(x)-1)
void main()
{
  int i=1;
  double x0,x;
  x0=1.0;
  while(i<=MAX)
  {
    x=x0-f(x0)/ff(x0);
    printf("%2d %10.7lf\n",i-1,x0);
    if(fabs(x-x0) <TOL)
    {
      printf("Root=%10.7lf x-x0=%10.7lf\n",x,fabs(x-x0));
      exit(0);
    }
    i++;
    x0=x;
  }
  printf("Newton-Raphson Method failed after %2d \
       iterations ! ! ! \n",i);
  return;
}
```

输出结果：

$$(d0ex2\text{-}4.c)$$

0	1.0000000
1	0.7503639
2	0.7391129

$Root=0.7390851 \quad x-x_0=0.0000278$

◆ 例题2-5 已知非线性方程式如下：

$$f(x) = \frac{4x-7}{x-2} = 0$$

请用牛顿法依下面的起始值 x_0，分别找出 $f(x)$ 的根(取 $\varepsilon = 0.001$)

(a) $x_0 = 1.5$ (b) $x_0 = 1.625$ (c) $x_0 = 1.875$

(d) $x_0 = 1.95$ (e) $x_0 = 3.0$

(使用例题 2-4 的程序求解)

➢ 解：

(a) $f(x) = \frac{4x-7}{x-2} = 0$，确定 $x = \frac{7}{4} = 1.75$ 一定有根。而且 $x \neq 2$，否则 $f(x) \to \infty$ 没意义。但是，当我们猜测 $x_0 = 1.5$ 时，却发现输出结果为溢出：

0   1.5000000

猜测 $x_0 = 1.5$ 已经很接近真实的根 1.75，相当接近却反而溢出，原因何在？试算一下，发现，$f(x) = \frac{4x-7}{x-2}$ 以及 $f'(x) = \frac{-1}{(x-2)^2}$ 的条件下：

$$x_1 = 1.5 - \frac{f(1.5)}{f'(1.5)} = 2 \Rightarrow f(2) \to \infty, f'(2) \to \infty$$

$x_1 = 2$ 是所谓的奇点，因此失败，可见猜测值尽量接近真实的根固然有助于收敛与收敛速度，但是也有例外。

(b) $x_0 = 1.625$

⇒ 根 $= 1.7500038$

(c) $x_0^{\bullet} = 1.875$

⇒ 根 $= 1.7500038$

(d) $x_0 = 1.95$

⇒ 根 $= 1.7501981$

(e) $x_0 = 3.0$

⇒ 在第四回之后溢出，原因请参考图 2-9 所示。

$f(x) = \frac{4x-7}{x-2}$ 在 $x = 2$ 不连续之后分成两部分，$0 \leqslant x < 2$ 存在一根 $= 1.75$，但是 $x > 2$ 之后根本不会与 x 轴相交，也就是没有根，所以若不幸猜错 $x_0 = 3$，则找不到答案。因此，为了确保牛顿法有效。简单笨拙的办法是列出 $f(x) = \frac{4x-7}{x-2}$，$a < x < b$ 区间的关键点 $\left[f(x) \text{值}\right]$，以方便猜测起始值 x_0，就是前面提出的"明智猜测起始值"。

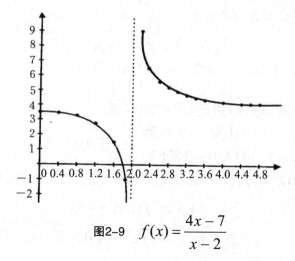

图2-9　$f(x) = \dfrac{4x-7}{x-2}$

2.8　割线法

牛顿法的算法需要先知道 $f'(x)$ 与 $f(x)$，如下：

$$x = x_0 - \frac{f(x_0)}{f'(x_0)}$$

写成通式为

$$x_n = x_{n-1} - \frac{f(x_{n-1})}{f'(x_{n-1})}$$

有时候遇到函数 $f(x)$ 的微分复杂，本章的割线法就是针对这个问题，用

$$f'(x_{n-1}) = \lim_{x \to x_{n-1}} \frac{f(x) - f(x_{n-1})}{x - x_{n-1}}$$

的微分的基本原理去取代 $f'(x_{n-1}) = \dfrac{df(x)}{dx}\Big|_{x=x_{n-1}}$ ，因此设 $x = x_{n-2}$ 代入上式

$$\Rightarrow f'(x_{n-1}) = \frac{f(x_{n-2}) - f(x_{n-1})}{x_{n-2} - x_{n-1}}$$

所以

$$\Rightarrow x_n = x_{n-1} - \frac{f(x_{n-1})(x_{n-1} - x_{n-2})}{f(x_{n-1}) - f(x_{n-2})} \tag{2-9}$$

例如，

$$n = 2 \Rightarrow x_2 = x_1 - \frac{f(x_1)(x_1 - x_0)}{f(x_1) - f(x_0)}$$

x_2 来自已知 x_0，$f(x_0)$ 与 x_1，$f(x_1)$ 两点的猜测值，式(2-9)是由牛顿法导出来，

唯一差别是不必先进行 $f'(x) = \dfrac{df(x)}{dx}$ ，但是，要事先猜测两个近似值：x_0 与 x_1。

除此之外，割线法与牛顿法完全相同。请参考下例。

◆ 例题2-6　若已知方程式如下：

$$f(x) = e^x + 2^{-x} + 2\cos x - 6 = 0$$

请用割线法，采用 $\varepsilon = 0.001$ ，找出 $f(x) = 0$ 的根。

➢ 解：

针对不同 x 值观察 $f(x)$ 的正负号的变化，发现

$$\begin{cases} f(1.8) = -0.1176 \\ f(2.0) = 0.8067 \end{cases} \Rightarrow f(1.0)f(2.0) < 0$$

位于 $(1.8, 2.0)$ 之间可能有一根，割线法需要预先猜测两个近似值 x_0 与 x_1 ，故设

$$x_0 = 1.8 \Rightarrow f(1.8) = -0.1176$$

$$x_1 = 2.0 \Rightarrow f(2.0) = 0.8067$$

① $x_2 = x_1 - \dfrac{f(x_1)(x_1 - x_0)}{f(x_1) - f(x_0)}$

$$\Rightarrow x_2 = 2.0 - \frac{0.8067(2.0 - 1.8)}{0.8067 - (-0.1176)} = 1.8255$$

$$\Rightarrow |x_2 - x_1| = |1.8255 - 2.0| = 0.1745 < \varepsilon$$

② $x_3 = x_2 - \dfrac{f(x_2)(x_2 - x_1)}{f(x_2) - f(x_1)}$

$$\Rightarrow x_3 = 1.8255 - \frac{(-0.01612)(1.8255 - 2.0)}{(-0.01612) - 0.8067} = 1.8289$$

$$\Rightarrow |x_3 - x_1| = |1.8289 - 1.8255| = 0.0034 > \varepsilon$$

③ $x_4 = x_3 - \dfrac{f(x_3)(x_3 - x_2)}{f(x_3) - f(x_2)}$

$$\Rightarrow x_4 = 1.8289 - \frac{(-0.00215)(1.8289 - 1.8255)}{(-0.00215) - (-0.01612)} = 1.8294$$

$$|x_4 - x_3| = |1.8294 - 1.8289| = 0.0005 < \varepsilon$$

故找到根　$x = 1.8294$

2.9　割线法的算法与C语言程序

割线法的算法与牛顿法几乎完全相同，唯一的差别在于牛顿法中的 $f'(x_{n-1})$ 被

$\dfrac{f(x_{n-2}) - f(x_{n-1})}{x_{n-2} - x_{n-1}}$ 取代，因此，割线法步骤的核心是：

$$x_n = x_{n-1} - \frac{f(x_{n-1})(x_{n-1} - x_{n-2})}{f(x_{n-1}) - f(x_{n-2})}$$

因为，$n = 2$ 算起 $\Rightarrow x_2 = x_1 - \dfrac{f(x_1)(x_1 - x_0)}{f(x_1) - f(x_0)}$，因此要先猜测 x_0 与 x_1 的值。

割线法的步骤流程图如图 2-10 所示。

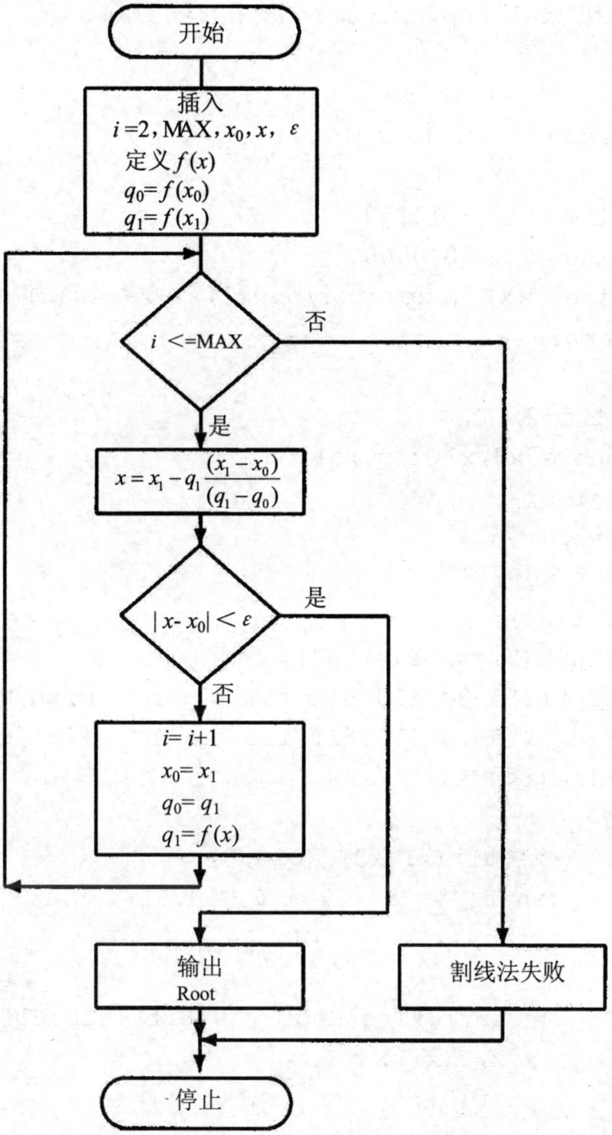

开始

插入
$i = 2, \text{MAX}, x_0, x, \varepsilon$
定义 $f(x)$
$q_0 = f(x_0)$
$q_1 = f(x_1)$

$i \le \text{MAX}$　　否

是

$x = x_1 - q_1 \dfrac{(x_1 - x_0)}{(q_1 - q_0)}$

$|x - x_0| < \varepsilon$　　是

否

$i = i + 1$
$x_0 = x_1$
$q_0 = q_1$
$q_1 = f(x)$

输出
Root

割线法失败

停止

图2-10 割线法流程图

69

◆ **例题2-7** 请依据割线法设计计算机程序，找出下面方程式：

$$f(x) = e^x + 2^{-x} + 2\cos x - 6 = 0$$

的根，取 $\varepsilon = 0.00001$。

➤ **解：**

C语言程序如下(先猜测 $x_0 = 1.8, x_1 = 2.0$)

```c
/* ex2-7.c Secant Method is similar to Newton-Raphson
 * Method used for find solutions to f(x)=0 given
 *  initial approximations x0 and x1.
 */
#include <stdio.h>
#include <math.h>
#define  MAX  50
#define  PI  3.14159
#define  TOL  0.00001
#define f(x)  (exp(x)+1/pow(2,x)+2*cos(x)-6)
void main()
{
    int i=2;
    double x0,x1,x,q0,q1;
    x0=1.8;
    x1=2.0;
    q0=f(x0);
    q1=f(x1);
    printf("i xi f(x)\n");
    printf("%-2d %10.6lf %10.6lf\n" ,0,x0,q0);
    printf("%-2d %10.6lf %10.6lf\n" ,1,x1,q1);
    while(i<=MAX)
    {
        x=x1-q1*(x1-x0)/(q1-q0);
        printf("%-2d %10.6lf %10.6lf\n",i,x,f(x));
        if(fabs(x-x1)< TOL)
        {
            printf("The Root=%10.6lff(%10.6lf)=%10.6lf\n",
            x,x,f(x));
            exit(0);
        }
        else
```

```
    {
        i++;
        x0=x1;
        q0=q1;
        x1=x;
        q1=f(x);
    }
}
if(i>MAX)
printf("Secant  Method  failed！！！\n");
 return;
}
```

输出结果：

i	x_i	$f(x)$
0	1.800000	-0.117582
1	2.000000	0.806762
2	1.825441	-0.016116
3	1.828860	-0.002147
4	1.829384	0.000007
5	1.829384	-0.000000

The Root $= 1.829384$ $f(1.829384) = -0.000000$

结论：割线法来自牛顿法，但是在收敛速度方面比牛顿法较快些。它的收敛过程也就是趋近真实根的过程，如下图 2-11 所示。

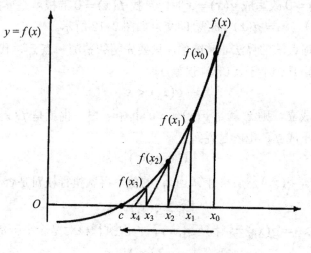

图2-11　收敛过程

2.10 逐次逼近法

如果任何一个非线性方程式 $f(x) = 0$ 能够改写成

$$g(x) = x \qquad (2\text{-}10)$$

寻找式(2-10)的根就是函数 $g(x)$ 的定点。事实上，解式(2-10)的情况就是解下面方程组：

$$设 \qquad y = x \qquad (2\text{-}11)$$
$$而且 \qquad y = g(x) \qquad (2\text{-}12)$$

方程式(2-11)与式(2-12)表现如图 2-12 所示。

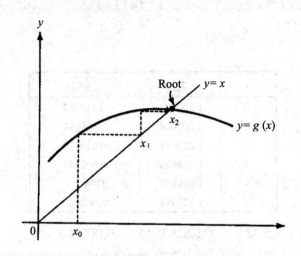

图2-12　$y = x$ 与 $y = g(x)$

因为，$f(x) = 0$ 改写成 $g(x) = x$ 时，寻找 $f(x) = 0$ 的根就是寻找 $y = x$（穿过原点的 45° 直线）与 $y = g(x)$（曲线）的交点如图 2-12 所示。

因此，逐次逼近法的算法非常简单，只要先明智猜测一点 x_0，代入 $g(x_0)$，然后比较两者的差距是否小于 ε（容许误差）即

$$|x_0 - g(x_0)| < \varepsilon \qquad (2\text{-}13)$$

若式(2-13)成立，则 x_0 就是 $g(x) = x$ 的其中一根，也就是 $f(x) = 0$ 的其中一根。若式(2-13)不成立，也就是说：

$$|x_0 - g(x_0)| > \varepsilon$$

因此，设 $x_1 = g(x_0)$ 然后再计算 $g(x_1)$ 的值，再次执行核对是否小于 ε

$$|x_1 - g(x_1)| < \varepsilon$$

若否，则设 $x_2 = g(x_1) \Rightarrow$ 计算 $g(x_2)$，再次执行核对是否小于 ε

$$|x_2 - g(x_2)| < \varepsilon$$

依此类推

直到设 $x_n = g(x_{n-1}) \Rightarrow |x_n - g(x_n)| < \varepsilon$ 成立为止。

◆ **例题2-8** 若已知 $f(x) = e^x - 3x^2 = 0$，请依据逐次逼近法的算法找出满足 $\varepsilon = 0.001$ 的根。

➤ **解：**

$f(x) = e^x - 3x^2 = 0$ 可改写成

$$x = g(x) = \pm \left(\frac{e^x}{3} \right)^{\frac{1}{2}}$$

也就是说，$f(x) = e^x - 3x^2 = 0$

变成两组方程组如下：

$$\begin{cases} y = \left(\dfrac{e^x}{3} \right)^{\frac{1}{2}} = g(x) \\ y = x \end{cases} \quad 与 \quad \begin{cases} y = -\left(\dfrac{e^x}{3} \right)^{\frac{1}{2}} = g(x) \\ y = x \end{cases}$$

(1)先解 $\begin{cases} y = \left(\dfrac{e^x}{3} \right)^{\frac{1}{2}} = g(x) \\ y = x \end{cases}$，设 $h_n = |x_n - g(x_n)|$

设 $x_0 = 0$

$\Rightarrow g(x) = 0.57735 \Rightarrow h_0 = |0 - 0.57735| = 0.57735 > \varepsilon$

$$\left[\left(\frac{e^0}{3} \right)^{\frac{1}{2}} = 0.57735 \right]$$

设 $\quad\quad\quad\quad x_1 = 0.57735 \quad [x_1 = g(x_0)]$

$\Rightarrow g(x_1) = 0.7706 \Rightarrow h_1 = |0.57735 - 0.7706| = 0.1932 > \varepsilon$

设 $\quad\quad\quad\quad x_2 = 0.7706 \quad [x_2 = g(x_1)]$

$\Rightarrow g(x_2) = 0.84874 \Rightarrow h_2 = |0.7706 - 0.84874| = 0.078136 > \varepsilon$

设 $\quad\quad\quad\quad x_3 = 0.84874 \quad [x_3 = g(x_2)]$

$\Rightarrow g(x_3) = 0.88256 \Rightarrow h_3 = |0.84874 - 0.88256| = 0.0338 > \varepsilon$

设 $\quad\quad\quad\quad x_4 = 0.88256 \Rightarrow g(x_4) = 0.89760 \Rightarrow h_4 = 0.01504 > \varepsilon$

设 $\quad\quad\quad\quad x_5 = 0.89760 \Rightarrow g(x_5) = 0.90438 \Rightarrow h_5 = 0.00678 > \varepsilon$

设 $\quad\quad\quad\quad x_6 = 0.90438 \Rightarrow g(x_6) = 0.90745 \Rightarrow h_6 = 0.00307 > \varepsilon$

设 $\quad\quad\quad\quad x_7 = 0.90745 \Rightarrow g(x_7) = 0.90884 \Rightarrow h_7 = 0.00139 > \varepsilon$

设 $\qquad x_8 = 0.90884 \Rightarrow g(x_8) = 0.90947 \Rightarrow h_8 = 0.00064 < \varepsilon$

经过第九次迭代计算 $h_8 = 0.00064 < \varepsilon = 0.001$

因此，$x = 0.90884$ 就是 $f(x) = 0$ 的其中一根。

(2)次解

$$\begin{cases} y = -\left(\dfrac{\mathrm{e}^x}{3}\right)^{\frac{1}{2}} = g(x) \\ y = x \end{cases}, \quad \text{设} \, h_n = |\, x_n - g(x_n) \,|$$

设 $\qquad x_0 = 0 \Rightarrow g(x_0) = -0.57735 \Rightarrow h_0 = 0.57735 > \varepsilon$

设 $\qquad x_1 = g(x_0) \Rightarrow g(x_1) = -0.43258 \Rightarrow h_1 = 0.14476 > \varepsilon$

设 $\qquad x_2 = g(x_1) \Rightarrow g(x_2) = -0.46506 \Rightarrow h_2 = 0.03248 > \varepsilon$

设 $\qquad x_3 = g(x_2) \Rightarrow g(x_3) = -0.45756 \Rightarrow h_3 = 0.00749 > \varepsilon$

设 $\qquad x_4 = g(x_3) \Rightarrow g(x_4) = -0.45928 \Rightarrow h_4 = 0.00172 > \varepsilon$

设 $\qquad x_5 = g(x_4) \Rightarrow g(x_5) = -0.45889 \Rightarrow h_5 = 0.00039 < \varepsilon$

经过第六次迭代计算 $h_5 = 0.00039 < \varepsilon = 0.001$

因此，$x = -0.45889$ 就是 $f(x) = 0$ 的其中一根。

2.11　逐次逼近法的算法与C语言程序

如图 2-13 所示，逐次逼近法的算法非常简单，因为原始的方程式 $f(x) = 0$ 改写成 $g(x) = x$ 时，简单地说，就是解下面的方程组(或两者的交点)：

$$\begin{cases} y = x \\ y = g(x) \end{cases}$$

先猜测其中一值 $x_0 \Rightarrow g(x_0)$，核算 $|\, x_0 - g(x_0) \,|$ 是否小于 ε

若否，则设 $x_1 = g(x_0) \Rightarrow g(x_1)$，核算 $|\, x_1 - g(x_1) \,|$ 是否小于 ε

$$\vdots$$

$\qquad x_n = g(x_{n-1}) \Rightarrow g(x_n)$，核算 $|\, x_n - g(x_\pi) \,| < \varepsilon$ 成立

$x = x_n$ 就是 $f(x) = 0$ 的根，也是 $g(x) - x = 0$ 的根。

◆ **例题2-9**　已知方程式 $f(x) = \dfrac{1}{5^x} - x = 0$，取 $\varepsilon = 0.0001$，使用逐次逼近法的算法设计计算机程序，求 $f(x) = 0$ 的根。

➤ **解：**

$f(x) = \dfrac{1}{5^x} - x = 0$ 改写成

$$g(x) = \frac{1}{5^x} \Rightarrow g(x) = x$$

观察不同 x 值的 $f(x)$ 值的正负号的变化，发现

$$\begin{cases} f(0.4) = 0.1253 \\ f(0.5) = -0.0527 \end{cases} \Rightarrow f(0.4)f(0.5) < 0$$

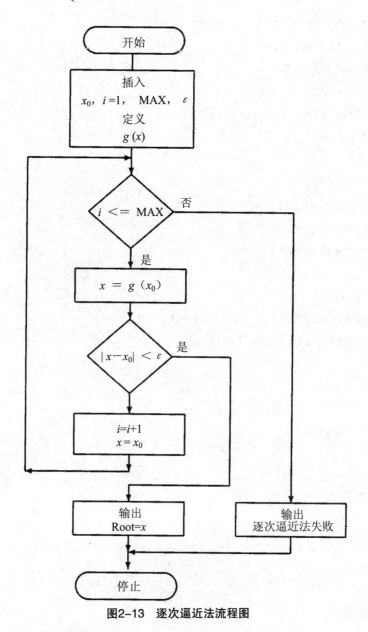

图2-13　逐次逼近法流程图

因此，取 $x_0 = 0.45$ 执行下面 C 语言程序。

```c
/* ex2-9.c is used for solving nonlinear equation
 * based on Fixed-Point Algorithm g(x)=x with initial
 * approximation P0.
 */
#include <stdio.h>
#include <math.h>
#define MAX  50
#define TOL 0.0001
#define g(x)  (1/pow(5,x))
void main()
{
   int i=1;
   double x0,x;
   x0=0.45;
   while(i<=MAX)
   {
     x=g(x0)
     printf("%-2d  %10.7lf\n",i-1,x0);
     if(fabs(x-x0)< TOL)
     {
        printf("The Root=%10.7lfx-x0=%10.7lf\n",
                x,fabs(x-x0));
        exit(0);
     }
     i++;
     x0=x;
   }
   printf("Fixed-point failed after %d iteration.\n",i);
   return;
}
```

输出结果：

i	x_i
0	0.4500000
1	0.4846894
2	0.4583705
3	0.4782035
4	0.4631803
5	0.4745160
6	0.4659374
7	0.4724151
8	0.4675155
9	0.4712167
10	0.4684181
11	0.4705327
12	0.4689340
13	0.4701421
14	0.4692289
15	0.4699191
16	0.4693974
17	0.4697917
18	0.4694936
19	0.4697189
20	0.4695486
21	0.4696773

The Root = 0.4695801　　$x - x_0 = 0.0000973$

经过 22 次迭代在 $\varepsilon = 0.0001$ 的条件下，找到根 $x = 0.4695801$ 。

2.12　逐次逼近法的收敛问题

逐次逼近法的优点有以下两个：

(1) $f(x) = 0$ 可以改写成不同形式的 $g(x) = x$ 。

(2) 逐次逼近法的算法非常简单，便于写成计算机程序找根。

逐次逼近法的缺点是，从 $f(x) = 0$ 改写成 $g(x) = x$ 时，随意选择 $g(x) = x$ ，有时候无法使迭代收敛。确保 $g(x)$ 的选择能使迭代收敛(即能找到根)的充分条件是

$$|g'(x)| < 1, \ b \leqslant x \leqslant a$$

也就是说，只要 $|g'(x)| < 1$ ，而且 $b \leqslant x \leqslant a$ 的条件成立，保证一定能在 $[a, b]$ 之间找到一个 x 值能满足 $g(x) = x$ 。然而 $|g'(x)| < 1$ 只是充分条件而已，并非必要条件，也就是说，若 $g(x)$ 的 $|g'(x)|$ 不能小于 1，并不能肯定寻根的迭代就一定不

会收敛。所谓必要条件是"无之则不然"，而充分条件是"有之则然"。由于
$$|g'(x)|<1 \Rightarrow -1<g'(x)<1$$
因此，有两种情况一定会使寻根的迭代收敛。

其一，$0<g'(x)<1$，其图示如图 2-14 所示(渐近式)。

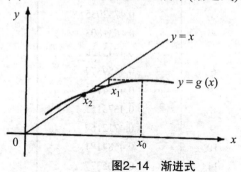

图2-14　渐进式

其二，$-1<g'(x)<0$，其图示如图 2-15 所示(摆动式)。

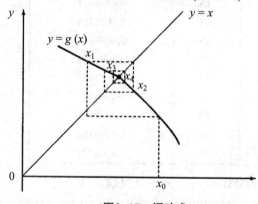

图2-15　摆动式

再者，无法保证能使寻根的迭代收敛而造成发散的情况也有两种，即
$$|g'(x)|>1 \Rightarrow g'(x)>1 \text{ 或 } g'(x)<-1$$
其一，$g'(x)>1$的图示如图 2-16 所示(发散)。

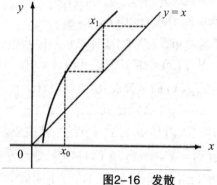

图2-16　发散

其二，$g'(x) < -1$ 的图示如图 2-17 所示(发散)：

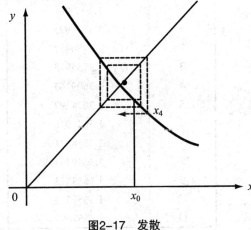

图2-17　发散

例如，若已知方程式如下：

$$f(x) = x^3 + 4x^2 - 10 = 0$$

以不同的 x 值观察 $f(x)$ 的正负号的变化情况时，发现

$$\begin{cases} f(1.3) = -1.043 \\ f(1.4) = 0.584 \end{cases} \Rightarrow f(1.3)f(1.4) < 0$$

因此，在 $(1.3, 1.4)$ 之间肯定有根存在。但是

(1)若把 $f(x) = x^3 + 4x^2 - 10 = 0$ 改写成

$$g(x) = x^3 + 4x^2 - 10 + x = x$$

将会发现无法在 $(1.3, 1.4)$ 之间找到一个能满足 $g(x) = x^3 + 4x^2 - 10 + x = x$ 的根，也就是说，定点迭代一定发散。可能的原因是，当 x 位于 $(1.3, 1.4)$ 之间时，即

$$|g'(x)| = |3x^2 + 8x + 1| > 1$$

虽然 $|g'(x)| > 1$，并没有保证定点迭代一定会发散，但是，若 $|g'(x)| < 1$，则能保证定点迭代一定会收敛于 $(1.3, 1.4)$ 之间。

(2)若把 $f(x) = x^3 + 4x^2 - 10 = 0$ 改写成

$$g(x) = \frac{1}{2}(10 - x^3)^{\frac{1}{2}} = x \quad 与 \quad g(x) = -\frac{1}{2}(10 - x^3)^{\frac{1}{2}} = x$$

前者 $g(x) = \frac{1}{2}(10 - x^3)^{\frac{1}{2}} = x$ 的定点迭代在 $(1.3, 1.4)$ 之间会收敛，其结果如下：

取 $x_0 = 1.3$ 与 $\varepsilon = 0.0001$ 的条件，在第 12 回可找到根 $x = 1.365209\check{}$，$h_{12} = 0.00006 < \varepsilon$，请观察它的收敛过程。

回数	x
0	1.3000000
1	1.3966925
2	1.3486477
3	1.3735912
4	1.3609163
5	1.3674297
6	1.3641016
7	1.3658071
8	1.3649344
9	1.3653813
10	1.3651525
11	1.3652697

The Root $= 1.3652097$ $x - x_0 = 0.0000600$

属于摆动式的收敛，因为

$$g(x) = \frac{1}{2}(10 - x^3)^{\frac{1}{2}} \Rightarrow g'(x) = -\frac{3}{4}\frac{x^2}{(10-x^3)^{\frac{1}{2}}}$$

当 x 位于 $(1.3,1.4)$ 之间 $\Rightarrow 1 < g'(x) < 0$，因此，定点迭代的收敛属于摆动式。再者，若采用

$$g(x) = -\frac{1}{2}(10 - x^3)^{\frac{1}{2}} = x \Rightarrow g'(x) = \frac{3}{4}\frac{x^2}{(10-x^3)^{\frac{1}{2}}}$$

当 x 位于 $(1.3,1.4)$ 之间 $\Rightarrow 1 > g'(x) > 0$，但是，因为，设

$$\begin{cases} y = -\frac{1}{2}(10 - x^3)^{\frac{1}{2}} \\ y = x \end{cases}$$

这两条线永远不会相交，也就是说，$g(x) = -\frac{1}{2}(10 - x^3)^{\frac{1}{2}} = x$，根本无解。因此，把 $f(x) = 0$ 改写成各种形式的 $g(x) = x$ 时，应该非常小心，否则会费力不讨好。

习　题

1.下面的非线性方程式

$$e^x - 3x^2 = 0$$

若已知-0.5～-0.4 之间有一个根存在，若取 $\varepsilon = 0.01$。

(a)请估计用二分法找根时，要经过几回？

(b)请依据二分法的算法，用笔算找到根。

2.请问 $f(x) = e^x - 3x^2 = 0$，而且 $-1.0 < x < 5.5$，总共有哪几个根存在，请编写程序输出每一个根的答案以及 $f(P_n)$ 的大小并注明所需的迭代次数(取 $\varepsilon = 0.0001$)。

3.美国 NACA 0012 飞机机翼的结构如图 2-18 所示。

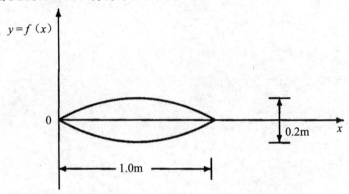

图2-18　结构示意图

机翼表面的轮廓依据

$$f(x) = \pm\left(0.2969\sqrt{x} - 0.126x - 0.3516x^2 + 0.2843x^3 - 0.1015x^4\right)$$

所建立起来，正负号分别代表上下翼的位置。请问，机翼的厚度为 0.1m 的位置的 x 为多少？设 $\varepsilon = 0.00001$，请用二分法求根 $x = ?$

4. 请用牛顿法找出下面各方程的根(取 $\varepsilon = 0.00001$)。

(a) $\cos(x) \times \cosh(x) + 1 = 0$

(b) $\sin x - x + 1 = 0$

(c) $\log_{10}(1+x) - x^2 = 0$

(d) $e^x - 3x^2 = 0$

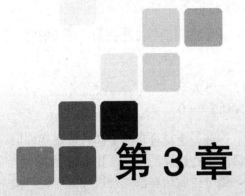

第 3 章

微分的数值解法

还没有介绍微分的数值解法之前，先复习一下微分的基本概念：

$$f'(x) = \lim_{\Delta x \to 0} \frac{f(x + \Delta x) - f(x)}{\Delta x}$$

$f'(x)$ 代表 $y = f(x)$ 曲线在坐标点 (x, y) 的切线斜率，因此，只要已知 x 的函数 $f(x)$，便可以推导出 $f'(x)$ 的结果，例如，若 $f(x) = x^2$，则

$$\Rightarrow f'(x) = \lim_{\Delta x \to 0} \frac{(x + \Delta x)^2 - x^2}{\Delta x} = \lim_{\Delta x \to 0} \frac{x^2 + 2x\Delta x + (\Delta x)^2 - x^2}{\Delta x}$$

$$\Rightarrow f'(x) = \lim_{\Delta x \to 0} \frac{2x\Delta x + (\Delta x)^2}{\Delta x} = \lim_{\Delta x \to 0}(2x + \Delta x)$$

$$\Rightarrow f'(x) = 2x \text{（此时，把 } \Delta x \to 0 \text{ 当做 } \Delta x = 0\text{）}$$

$f'(x) = 2x$ 代表已知点 $(x, f(x))$ 上的切线斜率的值。有微积分知识背景的读者

应该知道如何使用微分技巧直接对 $f(x) = x^2$ 进行微分，得到

$$\frac{\mathrm{d}f(x)}{\mathrm{d}x} = \frac{\mathrm{d}(x^2)}{\mathrm{d}x} = 2x$$

然而，当面对常微分方程式与偏微分方程式无法用手算方法找到合适的解时，如常微分方程式：

$$y = -0.27(y - 60)^{1.25}$$
$$y'' + 4(y')^2 + 0.6y = 0$$

根本无法用手算方式去解开而找到合适的解。因此，必须使用微分的数值解法，把微分项如 y''，y' 扩展开，依各种不同的演算法设计计算机程序，找出近似解，这部分是后面章节常微分方程式的问题。因此，微分的数值解法对常微分方程式与偏微分方程式的求解是不可缺的必要条件，这是本节的主题。

什么叫做微分的数值解法或数值微分法呢？请仔细观察下面这个微分的公式

$$f'(x) = \lim_{\Delta x \to 0} \frac{f(x + \Delta x) - f(x)}{\Delta x}$$

若用

$$f'(x) \approx \frac{f(x + h) - f(x)}{h}$$

来取代时，称 $f'(x) \approx \dfrac{f(x + h) - f(x)}{h}$ 叫做 $f'(x) = \lim\limits_{\Delta x \to 0} \dfrac{f(x + \Delta x) - f(x)}{\Delta x}$ 的近似法。

两者之间的差别在于真正的 $f'(x)$ 的定义是要求 $\lim\limits_{\Delta x \to 0}$，但是数值解法的公式则以 h 值取越小其结果 $f'(x)$ 越接近合适的值。

现在从坐标图上考虑三种数值微分的方法，已知 x 的函数为 $f(x)$ 如图 3-1 所示。

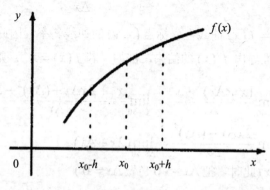

图3-1　函数 $f(x)$

若要计算 $f'(x_0)$，即为计算 $(x_0, f(x_0))$ 点的切线斜率或为计算 $f(x)$ 在 $x = x_0$ 的导数 $f'(x_0)$，共有下面三种近似式。

(1)向前差商的近似法：

$$f'(x_0) \approx \frac{f(x_0 + h) - f(x_0)}{h}$$

其图形如图 3-2 所示。

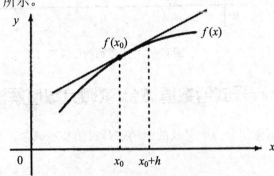

图3-2　向前差商的近似法

(2)向后差商的近似法：

$$f'(x_0) \approx \frac{f(x_0) - f(x_0 - h)}{h}$$

其图形如图 3-3 所示。

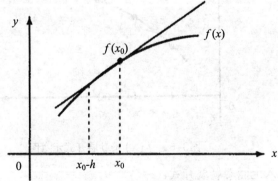

图3-3　向后差商的近似法

(3)中心差商的近似法：

$$f'(x_0) = \frac{f(x_0 + h) - f(x_0 - h)}{2h}$$

其图形如图 3-4 所示。

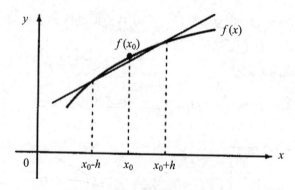

图3-4　中心差商的近似法

3.1 Taylor 展开式与数值微分(或微分数值解法)

首先复习一下微积分内所提及的泰勒展开式的基本概念。当使用系列来表达 x 的函数如下：

$$f(x) = f(a) + \frac{f'(a)}{1!}(x-a) + \frac{f''(a)}{2!}(x-a)^2 + \frac{f'''(a)}{3!}(x-a)^3 + \cdots$$

上面的方程式称为函数 f 以 a 为中心的泰勒展开式或系列。现在，用 x 坐标轴上的点来改写泰勒展开式，如图 3-5 所示。

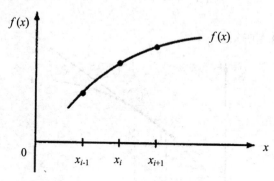

图3-5　$f(x)$ 泰勒展开式示意图

设 $a = x_i$ 代入上面泰勒展开式：

$$\Rightarrow f(x) = f(x_i) + \frac{f'(x_i)}{1!}(x-x_i) + \frac{f''(x_i)}{2!}(x-x_i)^2 + \frac{f'''(x_i)}{3!}(x-x_i)^3 + \cdots$$

上式是函数 f 以 x_i 为中心的泰勒展开式，此时：

(1)若设 $x = x_{i+1}$ 而且 $x_{i+1} - x_i = h$ 代入上式

$$\Rightarrow f(x_{i+1}) = f(x_i) + \frac{f'(x_i)}{1!}(x_{i+1} - x_i) + \frac{f''(x_i)}{2!}(x_{i+1} - x_i)^2 + \frac{f'''(x_i)}{3!}(x_{i+1} - x_i)^3 + \cdots$$

$$\Rightarrow f(x_{i+1}) = f(x_i) + h\frac{f'(x_i)}{1!} + h^2\frac{f''(x_i)}{2!} + h^3\frac{f'''(x_i)}{3!} + \cdots$$

设 $f(x_{i+1}) = f_{i+1}$，$f(x_i) = f_i$(用点的先后位置来表达)

$$\Rightarrow f_{i+1} = f_i + \frac{hf_i'}{1} + \frac{h^2}{2}f_i'' + \frac{h^3}{6}f_i''' + \cdots \tag{3-1}$$

$$\Rightarrow f_i' = \frac{f_{i+1} - f_i}{h} - \frac{1}{2}hf_i'' - \frac{h^2}{6}f_i''' - \cdots$$

若省略上面式子的等号右边第二项，则可改写为

$$f_i' = \frac{f_{i+1} - f_i}{h} + Q(h) \tag{3-2}$$

$$Q(h) = -\frac{1}{2}hf_i''$$

此处 $Q(h)$ 代表以 $-\dfrac{1}{2}hf_i''$ 引领的一系列的相加项，也就是所谓的省略误差。误差项 $Q(h)$ 表示误差的大小与格子大小(即 x 轴上前后点之间的距离)成近似正比关系。式(3-2)称做向前差商的近似公式。

(2)若设 $x = x_{i-1}$，而且 $x_i - x_{i-1} = h$ 代入以 x_i 为中心的泰勒展开式，得到

$$\Rightarrow f(x_{i-1}) = f(x_i) + \frac{f'(x_i)}{1!}(x_{i-1} - x_i) + \frac{f''(x_i)}{2!}(x_{i-1} - x_i)^2 + \frac{f'''(x_i)}{3!}(x_{i-1} - x_i)^3 + \cdots$$

$$\Rightarrow f(x_{i-1}) = f(x_i) - \frac{f'(x_i)}{1!}h + \frac{f''(x_i)}{2!}h^2 - \frac{f'''(x_i)}{3!}h^3 + \cdots$$

设 $f(x_{i-1}) = f_{i-1}$，$f(x_i) = f_i$ 代入上式

$$\Rightarrow f_{i-1} = f_i - f_i'h + \frac{f_i''}{2}h^2 - \frac{f_i'''}{6}h^3 + \cdots \tag{3-3}$$

$$\Rightarrow f_i' = \frac{f_i - f_{i-1}}{h} + \underbrace{\frac{f_i''}{2}h - \frac{f_i'''}{6}h^2 + \cdots}_{Q(h)}$$

$$\Rightarrow f_i' = \frac{f_i - f_{i-1}}{h} + Q(h) \tag{3-4}$$

此处的 $Q(h) = \dfrac{f_i''}{2}h$，式(3-4)称做向后差商的近似式。

(3) $f_{i+1} = f_i + hf_i' + \dfrac{h^2}{2}f_i'' + \dfrac{h^3}{6}f_i''' + \cdots$

$$f_{i-1} = f_i - hf_i' + \frac{h^2}{2} f_i'' - \frac{h^3}{6} f_i''' + \cdots$$

把式(3-1)减去式(3-3)，则得到

$$\Rightarrow f_{i+1} - f_{i-1} = 2hf_i' + \frac{1}{3} h^3 f_i''' + \cdots$$

$$\Rightarrow f_i' = \frac{f_{i+1} - f_{i-1}}{2h} - \frac{1}{6} h^2 f_i''' + \cdots$$

$$\Rightarrow f_i' = \frac{f_{i+1} - f_{i-1}}{2h} + Q(h) \tag{3-5}$$

此处的 $Q(h^2) = -\frac{1}{6} h^2 f_i'''$

式(3-5)称做中心差商的近似式。中心差商的省略误差项 $Q(h) = -\frac{1}{6} h^2 f_i'''$。因为减去了 f'' 项，所以 $Q(h)$ 与 h^2 成近似的正比关系，而向前差商省略误差项 $Q(h) = -\frac{1}{2} hf_i''$ 与向后差商的省略误差项 $Q(h) = \frac{1}{2} hf_i''$，两者都与 h 成近似正比关系，因此，当 h 越小时，中心差商的省略误差比其他两者小得更快，也就是说，中心差商的近似式比其他两者更接近真实的 f' 值，省略误差较小。

而且，无论是向前差商、向后差商或中心差商的近似式，一次微分的近似式至少一定要已知两点方能计算一次微分 $f'(x)$ 的近似值。依此类推，其他若欲计算 n 次微分的 $f^{(n)}(x)$，则至少要已知 $(n+1)$ 点。然而，使用点数越多，则向前差商、向后差商或中心差商的方程式越接近真实的函数的微分结果，准确度也越高，因此，省略误差项会变小。例如，一次微分 $f'(x)$ 的近似式应该至少要使用两点，但若使用三点，如图 3-6 所示。

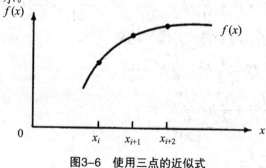

图3-6　使用三点的近似式

去推导 $f'(x_i) = f_i'$ 的一次微分的近似式，同样地，使用以 x_i 为中心的 f_{i+1} 与 f_{i+2} 的泰勒展开式如下：

$$f_{i+1} = f_i + hf' + \frac{h^2}{2} f_i'' + \frac{h^3}{6} f_i''' + \cdots \tag{3-6}$$

$$f_{i+2} = f_i + 2hf_i' + \frac{4h^2}{2}f_i'' + \frac{8h^3}{6}f_i''' + \cdots \tag{3-7}$$

为了消去 f_i'' 项，故用式(3-7)-4×式(3-6)，得到

$$f_{i+2} - 4f_{i+1} = -3f_i - 2hf_i' + \frac{4}{6}h^3 f_i''' + \cdots$$

$$\Rightarrow f_i' = \frac{-f_{i+2} + 4f_{i+1} - 3f_i}{2h} + \frac{1}{3}h^2 f_i'''$$

$$\Rightarrow f_i' = \frac{-f_{i+2} + 4f_{i+1} - 3f_i}{9h} + Q(h^2)$$

式中，$Q(h^2) = \frac{1}{3}h^2 f_i'''$ \qquad\qquad (3-8)

式(3-8)称做 f' 的三点向前差商的近似式(f_i')，其省略误差项 $Q(h^2)$ 与两点中心差商的近似式的省略误差项同次方。同理，若使用 x_{i-2}, x_{i-1} 与 x_i 去推导 $f'(x_i) = f_i'$ 的一次微分的近似式，则得到

$$f_i' = \frac{3f_i - 4f_{i-1} + f_{i-2}}{2h} + Q(h^2) \tag{3-9}$$

此处的 $Q(h^2) = \frac{1}{3}h^2 f_i'''$ 式(3-9)的推导过程留给读者练习。如果想得到 f' 的更准确的近似计算值，则可以使用五点的近似公式如下：

$$f_i' = \frac{1}{12h}(-25f_i + 48f_{i+1} - 36f_{i+2} + 16f_{i+3} - 3f_{i+4}) + Q(h^4)$$

此处 $Q(h^4) = \frac{h^4}{5}f_i^{(5)}$ \qquad\qquad (3-10)

公式(3-10)的推导过程留给读者练习。

◆ **例题3-1** 请分别使用下面三种微分的近似法。

(1) $f'(1) \approx \dfrac{f(1+h) - f(1)}{h}$ (向前差商)

(2) $f'(1) \approx \dfrac{f(1) - f(1-h)}{h}$ (向后差商)

(3) $f'(1) \approx \dfrac{f(1+h) - f(1-h)}{2h}$ (中心差商)

分别使用 $h = 0.001, 0.005, 0.01, 0.05, 0.1$ 与 0.5 计算 $f(x) = \sin x$ 的一次微分 $f'(1)$ 的值。

➢ **解：**

$$f(x) = \sin x \Rightarrow f'(x) = \cos x \Rightarrow f'(1) = \cos 1 = 0.540302$$

（误差 $= \dfrac{|f'(1) - \cos 1|}{\cos 1}$）

h	$\dfrac{f(1+h) - f(1)}{h}$	误差/(%)	$\dfrac{f(1) - f(1-h)}{h}$	误差/(%)
0.001	0.539882	0.0777	0.540723	0.0779
0.005	0.538196	0.3898	0.542740	0.4512
0.01	0.536086	0.7803	0.544501	0.7771
0.05	0.519045	3.9343	0.561110	3.8511
0.1	0.497364	7.9470	0.581441	7.6140

h	$\dfrac{f(1+h) - f(1-h)}{2h}$	误差/(%)
0.001	0.540302	0.0000
0.005	0.540300	0.0004
0.01	0.540293	0.0016
0.05	0.540077	0.0416
0.1	0.539402	0.1665

结论：向前差商近似法与向后差商近似法的误差的减小与 h 的减小成近似正比关系。而中心差商近似法的误差的减小与 h^2 成近似正比关系。很明显，使用两点去计算 $f'(x_i) = f_i'$ 的条件下中心差商近似法的误差比较小，而且误差变小的速度随着 h 的次方变大而加快。请注意，就 h 本身的大小而言，并不是一味使 h 越小误差就越小。数值微分是一种近似法，当取较小的 h 值时，有时候会因为计算机运算的四舍五入而导致误差，而使数值微分处于不稳定状态，也就是说，选择适当大小的 h 值是一件值得重视的事。

◆ **例题3-2** 使用式(3-8)、式(3-9)或式(3-5)的微分近似法完成下表中的 $f'(x)$ 的近似值。

x	$f(x)$	$f'(x)$
-0.3	-0.20431	
-0.1	-0.08993	
0.1	0.11007	
0.3	0.39569	

➢ **解：**

$$f_i' \cong \frac{-f_{i+2} + 4f_{i+1} - 3f_i}{2h}$$

$$\Rightarrow f'(-0.3) \cong \frac{-0.11007 + 4 \times (-0.08993) - 3 \times (-0.20431)}{2 \times 0.2} = 0.35785$$

$$f_i' \cong \frac{f_{i+1} - f_{i-1}}{2h}$$

$$\Rightarrow f'(-0.1) \cong \frac{0.11007 - (-0.20431)}{2 \times 0.2} = 0.78595$$

$$\Rightarrow f'(0.1) \cong \frac{0.39569 - (-0.08993)}{2 \times 0.2} = 1.2141$$

$$f_i' \cong \frac{3f_i - 4f_{i-1} + f_{i-2}}{2h}$$

$$\Rightarrow f'(0.3) \cong \frac{3 \times 0.39569 - 4 \times 0.11007 + (-0.08993)}{2 \times 0.2} = 1.6422$$

x	$f(x)$	$f'(x)$
-0.3	-0.20431	0.35785
-0.1	-0.08993	0.78595
0.1	0.11007	1.2141
0.3	0.39569	1.6422

3.2 二次微分近似值的公式

　　计算一次微分近似值至少需要用已知两点坐标值，二次微分近似值至少需要用已知的三点坐标值。推导二次微分近似值的公式，还是利用泰勒展开式经过运算安排设法消除一次微分项，然后重整成二次微分近似值的公式如下，根据前面推导的结果：

$$f_{i+1} = f_i + hf_i' + \frac{h^2}{2}f_i'' + \frac{h^3}{6}f_i''' + \frac{h^4}{24}f_i''''\cdots$$

$$f_{i-1} = f_i - hf_i' + \frac{h^2}{2}f_i'' - \frac{h^3}{6}f_i''' + \frac{h^4}{24}f_i''''\cdots$$

两式相加得

$$f_{i+1} + f_{i-1} = 2f_i + h^2 f_i'' + \frac{h^4}{12}f_i''' + \cdots$$

$$\Rightarrow f_i'' = \frac{f_{i+1} - 2f_i + f_{i-1}}{h^2} + Q(h^4) \tag{3-11}$$

此处的　　$Q(h^4) = -\frac{h^4}{12}f_i^{(4)}$

　　式(3-11)称做 f_i'' 的中心差商近似式，同理，可以使用向后的三点 x_i, x_{i-1}, x_{i-2}，推导出

$$f_i'' = \frac{f_{i-2} - 2f_{i-1} + f_i}{h^2} + Q(h) \tag{3-12}$$

此处 $\qquad\qquad\qquad\qquad\qquad Q(h) = hf_i'''$

式(3-12)称做 f_i'' 的向后差商近似式。

函数 $f(x)$ 的二次微分以上的近似公式，全部可以使用泰勒展开式，经过适当的线性合并之后推导出来。函数 $f(x)$ 的微分次数越高，推导过程越烦琐，下面摘录 $f(x)$ 的一次、二次与三次微分的近似公式供读者参考。

(1) $f(x)$ 的一次微分近似式：

① 向前差商近似式

$$f_i' = \frac{f_{i+1} - f_i}{h} + Q(h)，\quad Q(h) = -\frac{1}{2}hf_i''$$

$$f_i' = \frac{-f_{i+2} + 4f_{i+1} - 3f_i}{2h} + Q(h^2)，\quad Q(h^2) = \frac{1}{3}h^2 f_i'''$$

$$f_i' = \frac{2f_{i+3} - 9f_{i+2} + 18f_{i+1} - 11f_i}{6h} + Q(h^3)，\quad Q(h^3) = -\frac{1}{4}h^3 f_i^{(4)}$$

② 向后差商近似式

$$f_i' = \frac{f_i - f_{i-1}}{h} + Q(h)，\quad Q(h) = -\frac{1}{2}hf_i''$$

$$f_i' = \frac{3f_i - 4f_{i-1} + f_{i-2}}{2h} + Q(h^2)，\quad Q(h^2) = \frac{1}{3}h^2 f_i'''$$

$$f_i' = \frac{11f_i - 18f_{i-1} + 9f_{i-2} - 2f_{i-3}}{6h} + Q(h^3)，\quad Q(h^3) = \frac{1}{4}h^3 f_i^{(4)}$$

③ 中心差商近似式

$$f_i' = \frac{f_{i+1} - f_{i-1}}{2h} + Q(h^2)，\quad Q(h^2) = -\frac{1}{6}h^2 f_i'''$$

$$f_i' = \frac{-f_{i+2} + 8f_{i+1} - 8f_{i-1} + f_{i-2}}{12h} + Q(h^4)，\quad Q(h^4) = \frac{1}{30}h^4 f_i^{(5)}$$

(2) $f(x)$ 的二次微分近似式：

① 向前差商近似式

$$f_i'' = \frac{f_{i+2} - 2f_{i+1} + f_i}{h^2} + Q(h)，\quad Q(h) = -hf_i'''$$

$$f_i'' = \frac{-f_{i+3} + 4f_{i+2} - 5f_{i+1} + 2f_i}{h^2} + Q(h^2)，\quad Q(h^2) = \frac{11}{12}h^2 f_i^{(4)}$$

②向后差商近似式

$$f_i'' = \frac{f_i - 2f_{i-1} + f_{i-2}}{h^2} + Q(h) , \quad Q(h) = hf_i'''$$

$$f_i'' = \frac{2f_i - 5f_{i-1} + 4f_{i-2} - f_{i-3}}{h^2} + Q(h^2) , \quad Q(h^2) = \frac{11}{12}h^2 f_i^{(4)}$$

③中心差商近似式

$$f_i'' = \frac{f_{i+1} - 2f_i + f_{i-1}}{h^2} + Q(h^2) , \quad Q(h^2) = -\frac{1}{12}h^2 f_i^{(4)}$$

$$f_i'' = \frac{-f_{i+2} + 16f_{i+1} - 30f_i + 16f_{i-1} - f_{i-2}}{12h^2} + Q(h^4) , \quad Q(h^4) = \frac{1}{90}h^4 f_i^{(6)}$$

(3) $f(x)$ 的三次微分近似式：

①向前差商近似式

$$f_i''' = \frac{f_{i+3} - 3f_{i+2} + 3f_{i+1} - f_i}{h^3} + Q(h) , \quad Q(h) = -\frac{3}{2}hf_i^{(4)}$$

②向后差商近似式

$$f_i''' = \frac{f_i - 3f_{i-1} + 3f_{i-2} - f_{i-3}}{h^3} + Q(h) , \quad Q(h) = \frac{3}{2}hf_i^{(4)}$$

③中心差商近似式

$$f_i''' = \frac{f_{i+2} - 2f_{i+1} + 2f_{i-1} - f_{i-2}}{2h^3} + Q(h^2) , \quad Q(h^2) = -\frac{1}{4}h^2 f_i^{(5)}$$

3.3　不等距的函数 $f(x)$ 的微分近似式

前面的微分近似法的 h 是定值，也就是 x 轴上的点与点之间的距离都相等。但是，实验中由量具所量测而得的 x 值之间并不是等距离，因此，不能使用前面任何等距(h =定值)的近似公式。其解决的办法是，使用第 1 章所介绍的牛顿插值法来解决问题。现在以牛顿向前内插法的多项式为办法：

$$\begin{aligned} P_n(x) = & f_0 + f_{0,1}(x-x_0) + f_{0,1,2}(x-x_0)(x-x_1) + \\ & f_{0,1,2,3}(x-x_0)(x-x_1)(x-x_2) + \cdots + \\ & f_{0,1,2,3,\cdots,n}(x-x_0)(x-x_1)(x-x_2)(x-x_3)\cdots \\ & \cdots(x-x_{n-1}) \end{aligned} \tag{3-13}$$

式(3-13)多项式 $P_n(x)$ ，表示坐标点 $(x_0, f(x_0)), (x_1, f(x_1)), (x_2, f(x_2)),\cdots,$

$(x_{n-1}, f(x_{n-1}))$，共有 n 点位于 $P_n(x)$ 的曲线上。故

$$\frac{\mathrm{d}P_n(x)}{\mathrm{d}x} = P_n'(x)$$

$$= f_{0,1} + f_{0,1,2}[(x-x_1)+(x-x_0)]+$$

$$f_{0,1,2,3}[(x-x_1)(x-x_2)+(x-x_0)(x-x_2)+(x-x_0)(x-x_1)]+$$

$$\cdots + f_{0,1,2,3,\cdots,n}[(x-x_1)(x-x_2)\cdots(x-x_{n-1})+$$

$$(x-x_0)(x-x_2)\cdots(x-x_{n-1})]+\cdots+[(x-x_0)(x-x_1)\cdots(x-x_{n-2})]$$

依此类推，可计算 $P_n''(x)$。

◆ **例题3-3** 若已知下面的点数据，因 x 轴的点距并非完全相等，故需使用牛顿向前的插值多项式，分别选择一次微分的牛顿向前的插值法多项式中的第一项、前二项与前三项完成下表。

x	$f(x)$	第一项 $P_n'(x)$	前二项 $P_n'(x)$	前三项 $P_n'(x)$
0.5	0.4794	(0.8520)	(0.88133)	(0.87745)
0.6	0.5646	(0.8520)	(0.82267)	(0.82526)
0.8	0.7174	(0.8520)	(0.70534)	(0.69758)
1.05	0.8674	(0.8520)	(0.55867)	(0.49435)

➤ **解：**

x 轴坐标点与点之间的距离并不完全相同，所以只能使用牛顿(向前)插值多项式的一次微分来解题如下：

$$P_n'(x) = f_{0,1} + f_{0,1,2}[(x-x_1)+(x-x_0)]+$$

$$f_{0,1,2,3}[(x-x_1)(x-x_2)+(x-x_0)(x-x_2)+(x-x_0)(x-x_1)]+\cdots$$

使用第1章例1-9的程序，建立已知四点的数据文件，然后输入例1-9的程序先计算出 $f_{0,1}, f_{0,1,2}, f_{0,1,2,3}, \cdots$ 的系数，其结果如下：

i	x	f_0	$f_{0,1}$	$f_{0,1,2}$	$f_{0,1,2,3}$
0	0.5	0.4794	0.8520	-0.29333	-0.12929
1	0.6	0.5646	0.7640	-0.36444	
2	0.8	0.7174	0.6000		
3	1.05	0.8674			

故知 $f_{0,1} = 0.8520, f_{0,1,2} = -0.29333, f_{0,1,2,3} = -0.12929$

分别代入 $P_n'(x)$ 式中，得到

设　$x = x_0 = 0.5$

$$\Rightarrow \begin{cases} P_n'(0.5) = f_{0,1} = 0.8520 \,(第一项) \\ P_n'(0.5) = 0.8520 + (-0.29333) \times [(0.5-0.6) + (0.5-0.5)] \\ \qquad = 0.88133 \,(前二项) \\ P_n'(0.5) = 0.8520 + (-0.29333) \times [(0.5-0.6) + (0.5-0.5)] \\ \qquad\quad + (0.12929)(0.5-0.6)(0.5-0.8) \\ \qquad = 0.87745 \,(前三项) \end{cases}$$

同理，设　$x = x_1 = 0.6$

$$\Rightarrow \begin{cases} P_n'(0.6) = f_{0,1} = 0.8520 \,(第一项) \\ P_n'(0.6) = 0.8520 - 0.29333(0.6-0.5) = 0.82267 \,(前二项) \\ P_n'(0.6) = 0.8520 - 0.29333(0.6-0.5) - 0.12929(0.6-0.5)(0.6-0.8) \\ \qquad = 0.82526 \,(前三项) \end{cases}$$

同理，设　$x = x_2 = 0.8$

$$\Rightarrow \begin{cases} P_n'(0.8) = f_{0,1} = 0.8520 \,(第一项) \\ P_n'(0.8) = 0.8520 - 0.29333[(0.8-0.6)+(0.8-0.5)] = 0.70534 \,(前二项) \\ P_n'(0.8) = 0.8520 - 0.29333[(0.8-0.6)+(0.8-0.5)] - 0.12929(0.8-0.5)(0.8-0.6) \\ \qquad = 0.69758 \,(前三项) \end{cases}$$

同理，设　$x = x_3 = 1.05$

$$\Rightarrow \begin{cases} P_n'(1.05) = f_{0,1} = 0.8520 \,(第一项) \\ P_n'(1.05) = 0.8520 - 0.29333[(1.05-0.6)+(1.05-0.5)] = 0.55867 \,(前二项) \\ P_n'(1.05) = 0.8520 - 0.29333[(1.05-0.6)+(1.05-0.5)] - 0.12929[(1.05-0.6)(1.05-0.8) \\ \qquad\quad + (1.05-0.5)(1.05-0.8) + (1.05-0.5)(1.05-0.6)] = 0.49435 \,(前三项) \end{cases}$$

事实上，本例的 $f(x) = \sin x$，故 $f'(x) = \cos x$

$\Rightarrow f'(0.5) = 0.87758$　比较　$P_n'(0.5) = 0.87745$

$\Rightarrow f'(0.6) = 0.82534$　比较　$P_n'(0.6) = 0.82526$

$\Rightarrow f'(0.8) = 0.69671$　比较　$P_n'(0.8) = 0.69758$

$\Rightarrow f'(1.05) = 0.49757$　比较　$P_n'(1.05) = 0.49435$

两者之间的差距相当小。

习 题

1.请使用泰勒展开式推导

$$f_i' = \frac{3f_i - 4f_{i-1} + f_{i-2}}{2h} + Q(h^2), \quad Q(h^2) = \frac{1}{3}h^2 f_i'''$$

2.请使用泰勒展开式推导

$$f_i' = \frac{1}{12h}(f_{i-2} - 8f_{i-1} + f_{i+1} - f_{i+2}) + Q(h^2)$$

$$Q(h^4) = \frac{h^4}{30}f_i^{(5)}$$

3.请完成下表 $f(x)$ 的一次与二次微分的近似值。

x	$f(x)$	$f'(x)$	$f''(x)$
0.15	0.1761		
0.17	0.2304		
0.19	0.2788		
0.21	0.3222		

并且分别比较 $f(x) = 1 + \log x$ 的 $f'(x)$ 与 $f''(x)$ 的真实值。

4.下面的数据来自实验数据。

x	1.00	1.01	1.02
$f(x)$	1.27	1.32	1.38

(a)请使用中心差商近似法计算。

$f'(1.005)$ 与 $f'(1.015)$

(b)计算

$f''(1.01)$

5.电路学的基尔霍夫第一定律的公式如下：

$$E = L\frac{\mathrm{d}i}{\mathrm{d}t} + Ri$$

E =电压，L =电感，i =电流，R =电阻，t =时间。若已知，
$L = 0.98\,\mathrm{H}$，$R = 0.142\,\Omega$，电流与时间的关系如下表：

t	1.00	1.01	1.02	1.03	1.04
i	3.10	3.12	3.14	3.18	3.24

请使用适当的微分近似法计算。

$t = 1.00, 1.01, 1.02, 1.03, 1.04$ 时的电压=?

6.请选择适当的微分近似法完成下表：

x	0	2	3	5
$f(x)$	1	7	25	121
$f'(x)$	(-1)	(11)	(26)	(74)

第4章

积分近似法

微积分的另一重点是函数 $f(x)$ 的定积分，如下：

$$A = \int_a^b f(x)\mathrm{d}x$$

如果能够找到 $f(x)$ 的反导数，肯定可以计算 $A = \int_a^b f(x)\mathrm{d}x$ 的值，但是有两种情形无法计算定积分适当的真实值。

(1)由于 x 的函数 $f(x)$ 并不是某种特定的数学式，它由实验过程的测量结果的数据所组成。例如，下表是一部汽车的加速过程的记录(时间 t 与它的函数加速度 $a(t)$ 的关系)。

时间/s	0	1	2	3	4	5	6
加速度(英尺 / s^2)	0	0.5	4	10	13	9.5	0

如果要计算该车在 6s 内所增加的车速，则用

$$\Delta v = \int_0^6 a(t)\mathrm{d}t$$

但是 $a(t)$ 并不是数学式，因此，无法从 $\int_0^6 a(t)\mathrm{d}t$ 找到答案。

(2)有些积分式无法找到函数的反导数，统计学中的标准常态分配图如图 4-1 所示，其概率公式：

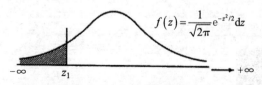

$$f(z) = \frac{1}{\sqrt{2\pi}} \mathrm{e}^{-z^2/2} \mathrm{d}z$$

图4-1　标准常态分配图

$$P(z < z_1) = A = \int_{-\infty}^{z_1} \frac{\mathrm{e}^{-z^2/2}}{\sqrt{2\pi}} \mathrm{d}z$$

或者 $\int_a^b \mathrm{e}^{x^2}\mathrm{d}x$

或者 $\int_a^b \sqrt{1+x^3}\,\mathrm{d}x$

因此，凡是遇到类似上面两种情形时，只好使用本节所要详谈的积分近似法去求近似值。积分近似法源自积分的基本观念，定积分的定义如下：

$$\int_a^b f(x)\mathrm{d}x = \lim_{n \to \infty} \sum_{i=1}^n f(x_i)\,\Delta x$$

求函数 $f(x)$ 曲线下 a 与 b 之间的面积，原本是把 a 与 b 之间分成 n 等份，n 越大计算出来的面积越准确，x_i^* 位于 $[x_{i-1}, x_i]$ 之间，如图 4-2 所示。因此，$\Delta x = \dfrac{b-a}{n}$

而且

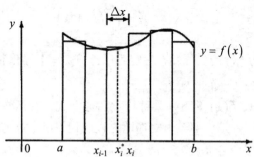

图4-2　$f(x)$ 曲线下 a 与 b 之间面积的和

$$\int_a^b f(x)\mathrm{d}x \cong \sum_{i=1}^n f(x_i^*)\Delta x \quad \text{(此式叫做 Rieman Sums)}$$

由于若取 $x_i^* = x_{i-1}$(取左端的点)，则

$$\int_a^b f(x)\mathrm{d}x \cong L_n = \sum_{i=1}^n f(x_{i-1})\Delta x \qquad (4\text{-}1)$$

L_n 称做左端积分近似值，如图 4-3 所示。

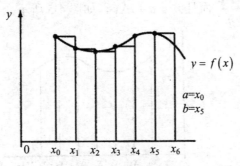

图4-3 左端积分近似值

若取 $x_i^* = x_i$(取右端的点)，则

$$\int_a^b f(x)\mathrm{d}x \cong R_n = \sum_{i=1}^n f(x_i)\Delta x$$

R_n 称做右端积分近似值，如图 4-4 所示。

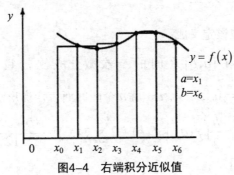

图4-4 右端积分近似值

4.1 梯形积分法

梯形积分法就是设 $T_n = (L_n + R_n)/2$(左端近似值加上右端近似值除以 2)。因此

$$\int_a^b f(x)\mathrm{d}x \cong (L_n + R_n)/2$$

$$= \frac{1}{2}[\sum_{i=1}^n f(x_{i-1})\Delta x + \sum_{i=1}^n f(x_i)\Delta x]$$

$$= \frac{\Delta x}{2}[(f(x_0) + f(x_1)) + (f(x_1) + f(x_2)) + \cdots + (f(x_{n-1}) + f(x_n))]$$

$$= \frac{\Delta x}{2}[f(x_0) + 2f(x_1) + 2f(x_2) + \cdots + 2f(x_{n-1}) + f(x_n)]$$

所以 $\int_a^b f(x)\mathrm{d}x \cong T_n = \frac{\Delta x}{2}[f(x_0) + 2f(x_1) + 2f(x_2) + \cdots + 2f(x_{n-1}) + f(x_n)]$

此处的 $\Delta x = \frac{b-a}{n}$ 而且 $x_i = a + i\Delta x$，如图 4-5 所示。

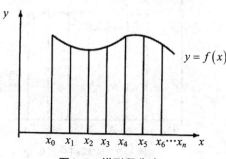

图4-5　梯形积分法

图 4-5 是由 n 个梯形面积之和所形成的 $f(x)$ 的曲线下的面积。因此，此法称做梯形法。

4.2　梯形法的误差

梯形法的法则应该定义成：

若函数 $f(x)$ 在 $[a,b]$ 之间的二次微分成立，设 $h = \Delta x = \frac{(b-a)}{n}$ 而且 $x_i = a + ih$，此时 $i = 0,1,2,\cdots,n$，就 n 个区间而言，梯形法则的定义为

$$\int_a^b f(x)\mathrm{d}x = \frac{h}{2}[f(a) + f(b) + 2\sum_{i=1}^{n-1} f(x_i)] - \frac{(b-a)h^2}{12}f''(\xi) \qquad (4\text{-}2)$$

式中，$\xi \in [a,b]$。

请注意 $T_n = L_n + R_n = \frac{h}{2}[f(a) + f(b) + 2\sum_{i=1}^{n-1} f(x_i)]$

误差 $= \frac{(b-a)}{12}h^2 f''(\xi) = \frac{(b-a)^3}{12n^2}f''(\xi)$

若 $f''(\xi) = 0$ 时，则 T_n 的值就是积分式 $\int_a^b f(x)\mathrm{d}x$ 适当的真实值。

式(4-2)的推导过程由第 1 章的 Lagrange 多项式插值法的公式下手。再者，若设 $\Rightarrow |f''(\xi)| \leqslant k$，此时，$a \leqslant \xi \leqslant b$，因此

$\Rightarrow |E_T| \leqslant \frac{k(b-a)^3}{12n^2}$ (梯形法的误差范围)。

◆ **例题4-1** 请用梯形积分法计算 $\int_0^1 e^x dx$ 的近似值，取 $n=10$ 并且估计其误差与比较真实误差 $|E_T|$。

➤ **解：**

$$b=1, a=0, h=\frac{b-a}{n}=\frac{1-0}{10}=0.1, f(x)=e^x$$

$$T_{10}=\frac{0.1}{2}[e^0+e^1+2(e^{0.1}+e^{0.2}+e^{0.3}+e^{0.4}+e^{0.5}+e^{0.6}+e^{0.7}+e^{0.8}+e^{0.9})]$$

$$\Rightarrow T_{10}=1.719715$$

所以 $f(x)=e^x \Rightarrow f'(x)=e^x \Rightarrow f''(x)=e^x$，因为，$0 \leqslant x \leqslant 1$

$\Rightarrow 1 \leqslant f''(x) \leqslant e$，取 $k=e$

$$\Rightarrow |E_T| \leqslant \frac{e \times (1-0)^3}{12 \times 10^2}=0.00227$$

因为 $\int_0^1 e^x dx = e^x \big|_0^1 = e^1-e^0 = 1.718282$

所以 $E_T = 1.718282 - T_{10} = 1.718282 - 1.719715 = -0.001433$

故吻合 $|E_T| = |-0.001433| < 0.00227$

◆ **例题4-2** 请用梯形积分法计算统计学的标准正态分布分配的概率。

$$P(-3.5 \leqslant z \leqslant -3)=\int_{-3.5}^{-3.0} \frac{e^{-\frac{z^2}{2}}}{\sqrt{2\pi}} dz = \frac{1}{\sqrt{2\pi}}\int_{-3.5}^{-3.0} e^{-\frac{z^2}{2}} dz$$

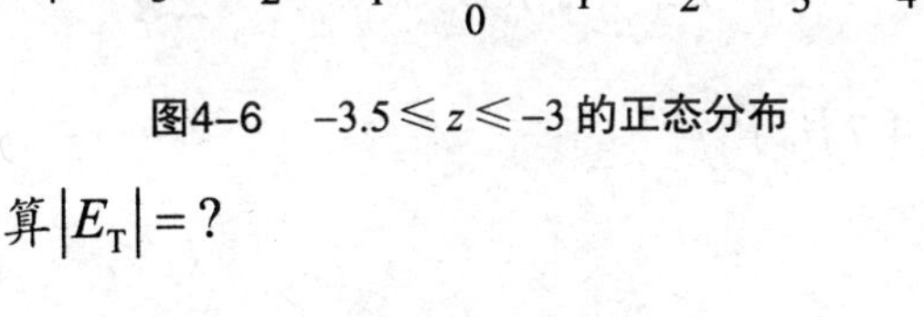

图4-6　$-3.5 \leqslant z \leqslant -3$ 的正态分布

取 $n=10$，并计算 $|E_T|=?$

➤ **解：**

$$b=-3, a=-3.5, h=\frac{b-a}{n}=\frac{-3.0+3.5}{10}=0.05$$

$$f(z) = e^{-z^2/2}$$

$$T_n = \frac{h}{2}[f(a) + f(b) + 2\sum_{i=1}^{n-1} f(z_i)]$$

$$T_{10} = \frac{1}{\sqrt{2\pi}} \times \frac{0.05}{2} \times [e^{\frac{(-3.5)^2}{2}} + e^{\frac{(-3.0)^2}{2}} +$$

$$2(e^{\frac{(-3.45)^2}{2}} + e^{\frac{-(3.40)^2}{2}} + \cdots + e^{\frac{(-3.10)^2}{2}} + e^{\frac{(-3.05)^2}{2}})]$$

$$\Rightarrow T_{10} = 0.0011185$$

$$f(z) = e^{\frac{z^2}{2}} \Rightarrow f'(z) = -z e^{\frac{z^2}{2}} \Rightarrow f''(z) = e^{\frac{z^2}{2}}(z^2 - 1)$$

因为 $a = -3.5 \Rightarrow [(-3.5)^2 - 1] \times e^{\frac{(-3.5)^2}{2}} = 0.02461$

$$b = -3.0 \Rightarrow [(-3.0)^2 - 1] \times e^{\frac{(-3.0)^2}{2}} = 0.08887$$

故取 $k = 0.08887$

$$\Rightarrow |E_T| \leqslant \frac{k(b-a)^2}{12n^3} = \frac{0.08887 \times (-3.0 + 3.5)^3}{12 \times 10^2}$$

$$\Rightarrow |E_T| \leqslant 0.0000093 \text{。}$$

4.3 梯形积分法的算法

梯形积分法的算法很简单，依下面的梯形法近似值的公式：

$$T_n = \frac{h}{2}[f(a) + f(b) + 2\sum_{i=1}^{n-1} f(x_i)]$$

其流程图如图 4-7 所示。

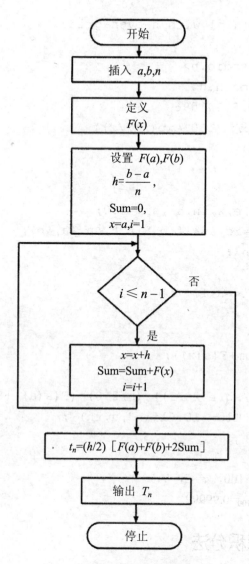

图4-7 梯形积分法流程图

◆ **例题4-3** 用梯形积分法的算法，设计计算机程序，计算标准常态分配下的面积(概率)。

$$T_n = \frac{1}{\sqrt{2\pi}} \int_{-5}^{5} e^{\frac{z^2}{2}} dz$$

➢ **解：**

C 语言程序

```
/* ex4-3.c based on Trapezoidol Rule is
 * used for computing definite integral with
```

```
 * domain [a,b] with n even-grids.
 */
#include <stdio.h>
#include <math.h>
#define PI 3.141596
#define F(x) (1.0/exp(x*x/2))
void main()
{
  int n,i;
  double a,b,x,tn,h ,sum=0.0;
  scanf("n=%d a=%lf b=%lf ",&n,&a,&b);
  h=(b-a)/n ;
  x=a;
  for(i=1;i<=n-1;i++)
  {
    x=x+h;
    sum=sum+F(s(x));
  }
  tn=(1.0/sqrt(2*PI))*(h/2.0)*(F(s(a))+F(s(b))+2.0*sum);
  printf("T%d=%10.6lf\n",n,tn) ;
  return;
}
```

输入数据：$n=100$，$a=-5$，$b=5$

输出结果：$T_{100}=0.99999$。

4.4 辛普森积分法

梯形法的基本原理是使用 n 个片段的直线去模拟函数 $f(x)$ 的曲线。18 世纪，英国有位无师自通的数学家名叫汤玛士·辛普森(Thomas Simpson)，他使用 n 个片段的抛物线去模拟曲线函数，其方法叫做辛普森积分法，其原理如下：

(1)先把 x 轴的 $[a,b]$ 分成 n 等份，因此

$$h = \frac{b-a}{n}$$

(2) n 一定要取偶数。

(3)若已知函数 $y = f(x) \geqslant 0$ 的曲线如图 4-8 所示，然后依 x 轴上的点 x_0, x_1, x_2

所对应的 $y_0 = f(x_0), y_1 = f(x_1), y_2 = f(x_2)$ 找出一个片段的抛物线，如虚线。

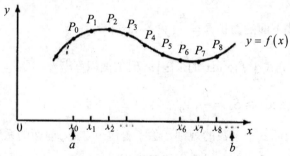

图4-8 辛普森积分法原理图

(4)为了简化起见，设 $x_0 = -h, x_1 = 0, x_2 = h$

因此，点 $P_0(-h, y_0), P_1(0, y_1), P_2(h, y_2)$ 的位置如图 4-9 所示：

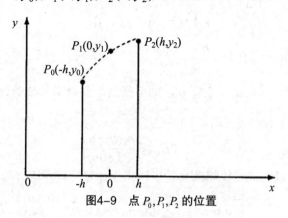

图4-9 点 P_0, P_1, P_2 的位置

通过此三点的抛物线的方程式是

$$y = Ax^2 + Bx + C$$

因此，计算虚线下面积的公式如下：

$$S = \int_{-h}^{h} (Ax^2 + Bx + C)\mathrm{d}x = \frac{2}{3}Ah^3 + 2Ch = \frac{h}{3}(2Ah^2 + 6C)$$

因为，抛物线 $y = Ax^2 + Bx + C$ 通过已知三点，故知

$$y_0 = A(-h)^2 - Bh + C = Ah^2 - Bh + C$$

$$y_1 = C$$

$$y_2 = Ah^2 + Bh + C$$

如果组合

$$y_0 + 4y_1 + y_2 = Ah^2 - Bh + C + 4C + Ah^2 + Bh + C$$

则 $y_0 + 4y_1 + y_2 = 2Ah^2 + 6C$ 恰好等于图 4-9 虚线下的面积大小的部分式，因

此，面积 $= \frac{h}{3}(y_0 + 4y_1 + y_2)$，这是辛普森积分法的原理。依此类推，可以算出

P_2, P_3, P_4 抛物线下面的面积 $S = \frac{h}{3}(y_2 + 4y_3 + y_4)$

这样，把积分式 $\int_a^b f(x)\mathrm{d}x$ 的范围 $[a,b]$ 的面积算出来。因此，S_n 代表辛普森积分

$$\int_a^b f(x)\mathrm{d}x \cong S_n = \frac{h}{3}(y_0 + 4y_1 + 2y_2 + 4y_3 + 2y_4 + \cdots + 4y_{n-1} + y_n)$$

请注意，上面式子系数的规则，除了首尾 y_0 与 y_n 前面的系数都是 1 之外，其余从 y_1 起，都以 $4,2,4,2,\cdots,4,2$ 方式延续下去。

(5)总结上面的推导过程与结果，辛普森积分法是：

$$\int_a^b f(x)\mathrm{d}x \cong S_n = \frac{h}{3}[f(x_0) + 4f(x_1) + 2f(x_2) + 4f(x_3) + 2f(x_4)$$
$$+ \cdots + 4f(x_{n-1}) + f(x_n)]$$

(4-3)

式中，n 是偶数而且 $h = \frac{b-a}{n}$。

若设 $|f^{(4)}(\xi)| \leqslant k, a \leqslant \xi \leqslant b$，则可找到辛普森积分法的误差值 E_S 的范围如下：

$$|E_S| \leqslant \frac{k(b-a)^5}{180n^4}$$

(6)式(4-3)可以写成比较简洁且易于转化成计算机程序语言的式子如下：

$$\int_a^b f(x)\mathrm{d}x = \frac{h}{3}[f(a) + 2\sum_{i=1}^{m-1} f(x_{2i}) + 4\sum_{i=1}^{m} f(x_{2i-1}) + f(b)] - \frac{(b-a)h^4}{180} f^{(4)}(\xi), a \leqslant \xi \leqslant b$$

此处的 $n = 2m, a = x_0 < x_1 < \cdots < x_{2m} = b, h = \frac{(b-a)}{2m}$

$$x_i = x_0 + ih, i = 0,1,2,\cdots,2m$$

◆ **例题4-4** 使用梯形积分法和辛普森积分法计算：

(1) $\int_1^2 \mathrm{e}^{\frac{1}{x}}\mathrm{d}x, n = 4$

(2) $\int_1^2 (\frac{1}{x})\mathrm{d}x, n = 10$

(3)若使用辛普森积分法计算 $\int_1^2 \frac{1}{x}\mathrm{d}x$，且保证准确度高达 0.0001 之内时，$n = ?$

若使用梯形积分法时，$n = ?$

➢ **解：**

(1) $\int_1^2 e^{\frac{1}{x}} dx, n=4, f(x) = e^{\frac{1}{x}}$

(a) $\Rightarrow h = \dfrac{2-1}{4} = 0.25$

$\Rightarrow T_4 = \dfrac{0.25}{2}[e^1 + e^{\frac{1}{2}} + 2(e^{\frac{1}{1.25}} + e^{\frac{1}{1.5}} + e^{\frac{1}{1.75}})]$

$\Rightarrow T_4 = 2.031893$

(b) $\int_1^2 e^{\frac{1}{x}} dx, n=4, f(x) = e^{\frac{1}{x}}, h = \dfrac{2-1}{4} = 0.25,$

$x_0 = 1, x_4 = 2$

$S_n = \dfrac{h}{3}[f(x_0) + 4f(x_1) + 2f(x_2) + 4f(x_3) + f(x_4)]$

$\Rightarrow S_n = \dfrac{0.25}{3}[e^1 + 4 \times e^{\frac{1}{1.25}} + 2 \times e^{\frac{1}{1.5}} + 4 \times e^{\frac{1}{1.75}} + e^{\frac{1}{2}}]$

$\Rightarrow S_n = 2.020651$

(2) $\int_1^2 \dfrac{1}{x} dx, n=10$

(a) $h = \dfrac{2-1}{10} = 0.1, f(x) = \dfrac{1}{x}$

$T_{10} = \dfrac{0.1}{2}[\dfrac{1}{1} + \dfrac{1}{2} + 2(\dfrac{1}{1.1} + \dfrac{1}{1.2} + \dfrac{1}{1.3} + \dfrac{1}{1.4} + \dfrac{1}{1.5} + \dfrac{1}{1.6}$

$+ \dfrac{1}{1.7} + \dfrac{1}{1.8} + \dfrac{1}{1.9})]$

$\Rightarrow T_{10} = 0.693771$

(b) $S_{10} = \dfrac{h}{3}[f(x_0) + 4f(x_1) + 2f(x_2) + \cdots + 4f(x_9) + f(x_{10})]$

$\Rightarrow S_{10} = \dfrac{0.1}{3}[1 + 4 \times \dfrac{1}{1.1} + 2 \times \dfrac{1}{1.2} + 4 \times \dfrac{1}{1.3} + 2 \times \dfrac{1}{1.4} + 4 \times \dfrac{1}{1.5} + 2 \times \dfrac{1}{1.6}$

$+ 4 \times \dfrac{1}{1.7} + 2 \times \dfrac{1}{1.8} + 4 \times \dfrac{1}{1.9} + \dfrac{1}{2.0}]$

$\Rightarrow S_{10} = 0.693150$

$\int_1^2 \dfrac{1}{x} dx$ 的真实值 $= \ln x\big|_1^2 = \ln 2 - \ln 1 = 0.693147$

比较 $T_{10} = 0.693771$ 与 $S_{10} = 0.693150$ 发现

$$S_{10} - 0.693147 = 0.000003$$

$$T_{10} - 0.693147 = 0.000621$$

辛普森积分法比梯形积分法更准确。其原因是梯形积分法的误差项

$$| E_T | \leqslant \frac{k(b-a)^3}{12n^2} = \frac{(b-a)}{12} h^2 f''(\xi)$$

但是，辛普森积分法的误差项

$$| E_S | \leqslant \frac{k(b-a)^5}{180n^4} = \frac{(b-a)}{180} h^4 f^{(4)}(\xi)$$

因此，$| E_S |$ 比 $| E_T |$ 小。

$(3) f(x) = \dfrac{1}{x} \Rightarrow f^{(4)}(x) = \dfrac{24}{x^5}$

当 $x = 1 \Rightarrow f^{(4)}(1) = 24$

当 $x = 2 \Rightarrow f^{(4)}(2) = \dfrac{24}{2^5} = 0.75$

$\Rightarrow 0.75 \leqslant f^{(4)}(x) \leqslant 24$，取 $k = 24$

因为 $| E_S | < 0.0001 \Rightarrow \dfrac{k(b-a)^5}{180n^4} < 0.0001$

$\Rightarrow \dfrac{180n^4}{k(b-a)^5} > \dfrac{1}{0.0001} \Rightarrow n^4 > \dfrac{24 \times (2-1)^5}{180 \times 0.0001}$

$\Rightarrow n > 6.04$，故 n 取 8，因为辛普森积分法规定 n 一定要取偶数。若用梯形积分法，则

$$| E_T | < 0.0001 \Rightarrow \frac{k(b-a)^3}{12n^2} < 0.0001 \Rightarrow \frac{12n^2}{k(2-1)^3} > \frac{1}{0.0001}$$

$$f(x) = \frac{1}{x} \Rightarrow f''(x) = \frac{2}{x^3}$$

当 $x = 1 \Rightarrow f''(1) = 2$，当 $x = 2 \Rightarrow f''(2) = \dfrac{1}{4}$

故 $\dfrac{1}{4} \leqslant f''(x) \leqslant 2$，取 $k = 2$ 代入上式

$\Rightarrow n > \sqrt{\dfrac{2}{12 \times 0.0001}} \cong 40.8$，故 n 取 41。

结论：欲达到相同的准确度 0.0001 之内，辛普森积分法只要取 $n = 8$，但是，梯形积分法则需要取 $n = 41$。

4.5 辛普森积分法的算法

辛普森积分法的算法应该使用下面的公式去拟定：

$$S_n = \frac{h}{3}[f(a) + 2\sum_{i=1}^{m-1}f(x_{2i}) + 4\sum_{i=1}^{m}f(x_{2i-1}) + f(b)]$$

此处的 $x_i = x_0 + ih, i = 0,1,2,\cdots,n, n = 2m$

而且 $a = x_0 < x_1 < \cdots < x_{2m} = b$。根据这些拟定，其算法如下：

(1)辛普森积分法的算法：

START

步骤1：输入：a,b 与正整数 n

步骤2：设：$h = (b-a)/n$，并且定义 $f(x)$

步骤3：设：Sum1 = 0.0

        Sum2 = 0.0

        $m = n/2$

步骤4：For $i = 1, \cdots, 2m-1$，Do 执行步骤4-1 与 4-2

  步骤4-1：设：$x = a + ih$

  步骤4-2：若 i 是偶数则设：Sum2 = Sum2 + $f(x)$

           否则设：Sum1 = Sum1 + $f(x)$

步骤5：设：$S_n = (h/3)(f(a) + f(b) + 2 \times \text{Sum2} + 4 \times \text{Sum1})$

步骤6：输出 S_n

STOP

◆ **例题4-5** 若已知下面的条件 $y = \sqrt[3]{1+x^3}$ 曲线，其范围为 $y = 0, x = 0$ 与 $x = 2$，若曲线 $y = \sqrt[3]{1+x^3}$ 以 x 轴为轴旋转一周，请依辛普森积分算法，计算该曲线旋转出来的体积(取 $n = 10$)如图4-10所示(请设计计算机程序解此题)。

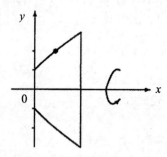

图4-10 曲线 $y = \sqrt[3]{1+x^3}$ 以 x 轴为轴旋转一周

➤ **解：**

$$V = 体积 = \int_0^2 \pi\, y^2 \mathrm{d}x = \int_0^2 \pi(1+x^3)^{2/3}\mathrm{d}x$$

C 语言程序

```
/* ex4-5.c based on Simpson's Rule to compute
```

```
 * definite integral with domain [a,b] and
 * n even-grid. n must be even.
 */
#include <stdio.h>
#include <math.h>
#define   F(x) pow(pow((1+pow(x,3)),1.0/3),2)
#define PI  3.14159
void main( )
{
  int i,m,n;
  double a,b,h,x,sum1=0.0, sum2=0.0,sn;
  scanf("a=%lf b=%lf n=%d",&a,&b,&n);
  m=n/2 ;
  h=(b-a)/n ;
  for(i=1;i<=2*m-1;i++)
  {
    x=a+i*h;
    if(i%2==0)
       sum2=sum2+F(x);
    else
       sum1=sum1+F(x);
  }
  sn=PI*(h/3.0)*(F(a)+F(b)+2.0*sum2+4.0*sum1);
  printf("S%d=%lf\n",n,sn) ;
  return;
}
```

输入数据：$a=0,b=2,n=10$

输出结果：$S_{10}=12.325068$

4.6 双重积分的近似法

两个变量的函数的定积分称做双重积分，这是微积分后半部的重要内容之一。例如，下面的积分式称做两个变数 x 与 y 的函数的双重积分：

$$\int_a^b \int_c^d f(x,y)\mathrm{d}y\mathrm{d}x \text{ 或者 } \int_c^d \int_a^b f(x,y)\mathrm{d}x\mathrm{d}y$$

此处为方便起见采用

$$\int_a^b \int_c^d f(x,y)\mathrm{d}y\mathrm{d}x$$

当进行双重积分的计算时，一定先积内层如下：

$$\int_a^b [\int_c^d f(x,y)\mathrm{d}y]\mathrm{d}x$$

先积 $\int_c^d f(x,y)\mathrm{d}y$ 时，把 x 当做常数项，因此 $G(x)=\int_c^b f(x,y)\mathrm{d}y$ ，再积 $\int_a^b G(x)\mathrm{d}x$ ，这是学过微积分的人都知道的基本常识。当遇到 x 与 y 的函数 $f(x,y)$ 所形成的双重积分无法找到反导数时，一如一重积分，可以先后使用二次梯形积分法或辛普森积分法或其他近似积分法计算双重积分法的近似值。这是本节的主要内容，请仔细详读例题 4-6。

◆　**例题4-6**　已知双重定积分如下：

$$\int_0^1 \int_1^2 x^2 y\,\mathrm{d}x\mathrm{d}y$$

请使用(a)梯形积分法取 $n=2$ ，(b)辛普森积分法取 $n=2$ ，求其近似值，并比较真实值。

➢　**解：**

把已知式改写成

(a) $\int_1^2 [\int_0^1 x^2 y\,\mathrm{d}y]\mathrm{d}x$ ， $f(x,y)=x^2 y$ ，取 $n=2$ 。

双重定积分的定义域及其范围如图 4-11 所示。

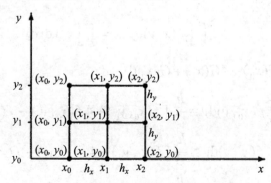

图4-11　双重定积分的定义域及其范围

设函数：

$$G(x)=\int_0^1 x^2 y\,\mathrm{d}y$$

$$\Rightarrow G(x_i)=\int_0^1 f(x_i,y)\mathrm{d}y, i=0,1,2$$

因为 $\quad h_x = \dfrac{2-1}{n} = \dfrac{2-1}{2} = 0.5 \Rightarrow x_0 = 1, x_1 = 1.5, x_2 = 2.0$

$$h_y = \dfrac{1-0}{n} = \dfrac{1}{2} = 0.5 \Rightarrow y_0 = 0, y_1 = 0.5, y_2 = 1.0$$

把 x 当做常数，先求 $G(x)$ 的梯形积分的近似值如下：

因此，$f(x, y) = x^2 y$

$$\int_1^2 \int_0^1 x^2 y \mathrm{d}y \mathrm{d}x \cong T_2 = \frac{h_x}{2}[G(x_0) + 2G(x_1) + G(x_2)]$$

$$G(x_0) = \int_0^1 f(x_0, y)\mathrm{d}y \cong \frac{h_y}{2}[f(x_0, y_0) + 2f(x_0, y_1) + f(x_0, y_2)]$$

$$G(x_1) = \int_0^1 f(x_1, y)\mathrm{d}y \cong \frac{h_y}{2}[f(x_1, y_0) + 2f(x_1, y_1) + f(x_1, y_2)]$$

$$G(x_2) = \int_0^1 f(x_2, y)\mathrm{d}y \cong \frac{h_y}{2}[f(x_2, y_0) + 2f(x_2, y_1) + f(x_2, y_2)]$$

$$\Rightarrow G(x_0) \cong \frac{0.5}{2}[1^2 \times 0 + 2 \times 1^2 \times (0.5) + 1^2 \times 1.0] = 0.5$$

$$\Rightarrow G(x_1) \cong \frac{0.5}{2}[(1.5)^2 \times 0 + 2 \times (1.5)^2 \times 0.5 + (1.5)^2 \times 1.0] = 1.125$$

$$\Rightarrow G(x_2) \cong \frac{0.5}{2}[(2.0)^2 \times 0 + 2 \times (2.0)^2 \times 0.5 + (2.0)^2 \times 1.0] = 2$$

所以 $\quad T_2 = \dfrac{0.5}{2} \times [0.5 + 2 \times 1.125 + 2] = 1.1875$

(b) 辛普森积分法

$$\int_1^2 \int_0^1 f(x, y)\mathrm{d}y\mathrm{d}x = \int_1^2 \int_0^1 x^2 y \mathrm{d}y\mathrm{d}x$$

$$\cong S_n = \frac{h_x}{3}[G(x_0) + 4G(x_1) + G(x_2)]$$

$$G(x_0) = \int_0^1 f(x_0, y)\mathrm{d}y \cong \frac{h_y}{3}[f(x_0, y_0) + 4f(x_0, y_1) + f(x_0, y_2)]$$

$$G(x_1) = \int_0^1 f(x_1, y)\mathrm{d}y \cong \frac{h_y}{3}[f(x_1, y_0) + 4f(x_1, y_1) + f(x_1, y_2)]$$

$$G(x_2) = \int_0^1 f(x_2, y)\mathrm{d}y \cong \frac{h_y}{3}[f(x_2, y_0) + 4f(x_2, y_1) + f(x_2, y_2)]$$

$$\Rightarrow G(x_0) \cong \frac{0.5}{3}(0 + 4 \times 0.5 + 1) = 0.5$$

$$\Rightarrow G(x_1) \cong \frac{0.5}{3}(0 + 4 \times 1.125 + 2.25) = 1.125$$

$$\Rightarrow G(x_2) \cong \frac{0.5}{3}(0 + 4 \times 2 + 4) = 2$$

所以 $S_2 = \dfrac{0.5}{3}(0.5 + 4 \times 1.125 + 2) = 1.16667$

$$\int_1^2 \int_0^1 x^2 y\mathrm{d}y\mathrm{d}x = \int_1^2 \frac{x^2}{2} y^2 \bigg|_0^1 \mathrm{d}x = \int_1^2 \frac{x^2}{2}\mathrm{d}x = \frac{x^3}{6}\bigg|_1^2 = \frac{8}{6} - \frac{1}{6} = \frac{7}{6} = 1.16667$$

$T_2 = 1.1875, S_2 = 1.16667$，显然辛普森积分法比较准确。若多取几点，如 $n = 10$，则 T_{10} 也会非常接近真实值。

由于例题 4-6 的双重积分式的定义域 R 是由正方形所形成，其范围 R 是由 $x = 1, x = 2$ 与 $y = 0, y = 1$ 所围成的区域。但是，此原理的双重积分式应该写成如下：

$$\int_a^b \int_{c(x)}^{d(x)} f(x, y)\mathrm{d}y\mathrm{d}x$$

其定义域 R 是由 $x = a, x = b$ 与 $y = c(x), y = d(x)$ 所形成，如图 4-12 所示。

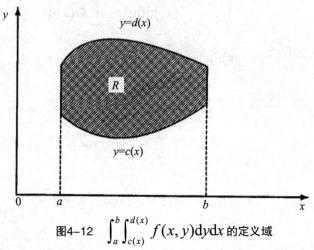

图4-12　$\int_a^b \int_{c(x)}^{d(x)} f(x, y)\mathrm{d}y\mathrm{d}x$ 的定义域

当对 $\int_a^b \int_{c(x)}^{d(x)} f(x, y)\mathrm{d}y\mathrm{d}x$ 执行近似积分时，先要决定格子的大小，即决定 h_x 与 $h_{y(i)}$ 的大小。

换言之，要决定格子数 n，为了易于说明，使用梯形积分法以及取 $n = 4$，其定义域 R 如图 4-13 所示。

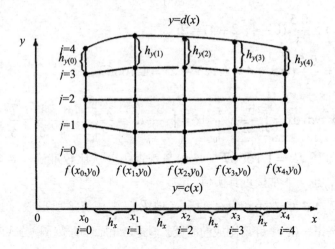

图4-13　梯形积分法时的定义域

设 $G(x) = \int_{c(x)}^{d(x)} f(x, y) \mathrm{d}y$ ，因此，

$$\int_a^b \int_{c(x)}^{d(x)} f(x, y) \mathrm{d}y\mathrm{d}x = \int_a^b G(x)\mathrm{d}x$$

先对 $G(x) = \int_{c(x)}^{d(x)} f(x, y)\mathrm{d}y$ 执行梯形积分近似法，取 $n = 4$ ，故

$$h_{y(i)} = \frac{d(x_i) - c(x_i)}{n}, i = 0, 1, 2, 3, 4 \text{ (参考图 4-13)}$$

故 $h_x = \dfrac{b - a}{n}$

因此 $G(x_i) = \int_{d(x_i)}^{d(x_i)} f(x_i, y)\mathrm{d}y$ ，用梯形积分法，则此处的

$$G(x_0) = \frac{h_{y(0)}}{2}[f(x_0, y_0) + 2f(x_0, y_1) + 2f(x_0, y_2) + 2f(x_0, y_3) + f(x_0, y_4)]$$

$$G(x_1) = \frac{h_{y(1)}}{2}[f(x_1, y_0) + 2f(x_1, y_1) + 2f(x_1, y_2) + 2f(x_1, y_3) + f(x_1, y_4)]$$

$$G(x_2) = \frac{h_{y(2)}}{2}[f(x_2, y_0) + 2f(x_2, y_1) + 2f(x_2, y_2) + 2f(x_2, y_3) + f(x_2, y_4)]$$

$$G(x_3) = \frac{h_{y(3)}}{2}[f(x_3, y_0) + 2f(x_3, y_1) + 2f(x_3, y_2) + 2f(x_3, y_3) + f(x_3, y_4)]$$

$$G(x_4) = \frac{h_{y(4)}}{2}[f(x_4, y_0) + 2f(x_4, y_1) + 2f(x_4, y_2) + 2f(x_4, y_3) + f(x_4, y_4)]$$

最后，

$$\int_a^b \int_{c(x)}^{d(x)} f(x, y)\mathrm{d}y\mathrm{d}x$$

$$\cong \int_a^b G(x)\mathrm{d}x$$

$$= \frac{h_x}{2}[G(x_0) + 2G(x_1) + 2G(x_2) + 2G(x_3) + G(x_4)] \tag{4-4}$$

请注意，$f(x_0, y_0), f(x_1, y_0), f(x_2, y_0), \cdots, f(x_4, y_4)$ 的位置所在(参考图 4-13)，例如

$$y[i][j] = c(x_i) + j \times h_y(i), j = 0,1,2,3,4, i = 0,1,2,3,4$$

$f(x_0, y_0)$ 指 $x = x_0, y_0 = y[i=0][j=0] = c(x_0) + 0 \times h_{y(0)}$

$f(x_0, y_1)$ 指 $x = x_0, y_1 = y[i=0][j=1] = c(x_0) + 1 \times h_{y(0)}$

$f(x_0, y_2)$ 指 $x = x_0, y_2 = y[i=0][j=2] = c(x_0) + 2 \times h_{y(0)}$

$$\vdots \qquad\qquad \vdots$$

$f(x_4, y_4)$ 指 $x = x_0, y_4 = y[i=4][j=4] = c(x_4) + 4 \times h_{y(4)}$

依此类推，若取 n 个相等的格子的梯形积分法，其公式如下：

$$\int_a^b \int_{c(x)}^{d(x)} f(x, y)\mathrm{d}y\mathrm{d}x$$

$$\cong \frac{h_x}{2}\{G(x_0) + G(x_n) + 2[G(x_1) + G(x_2) + \cdots + G(x_{n-1})]\}$$

$$G(x_0) = \frac{h_{y(0)}}{2}\{f(x_0, y_0) + f(x_0, y_n) + 2[f(x_0, y_1) + f(x_0, y_2) + \cdots + f(x_0, y_{n-1})]\}$$

$$G(x_1) = \frac{h_{y(1)}}{2}\{f(x_1, y_0) + f(x_1, y_n) + 2[f(x_1, y_1) + f(x_1, y_2) + \cdots + f(x_1, y_{n-1})]\}$$

$$\vdots$$

$$G(x_n) = \frac{h_{y(n)}}{2}\{f(x_n, y_0) + f(x_n, y_n) + 2[f(x_n, y_1) + f(x_n, y_2) + \cdots + f(x_n, y_{n-1})]\}$$

此处的 $h_{y(i)} = \dfrac{d(x_i) - c(x_i)}{n}, i - 0,1,2,\cdots,n$

$$h_x = \frac{b-a}{n}$$

◆ **例题4-7** 请使用梯形积分法与辛普森积分法分别计算下面双重定积分近

似值，取 $n=2$

$$\int_0^1 \int_0^x xe^y \mathrm{d}y\mathrm{d}x$$

并比较真实值。

➢ 解:

(1) $\int_0^1 \int_0^x xe^y \mathrm{d}y\mathrm{d}x \cong T_2 = \dfrac{h_x}{2}[G(x_0) + 2G(x_1) + G(x_2)]$

$$d(x_i) = x_i, c(x_i) = 0$$

$$h_x = \frac{b-a}{n} = \frac{1-0}{2} = 0.5$$

$\Rightarrow x_i = x_0 + ih_x \Rightarrow x_0 = 0, x_1 = 0.5, x_2 = 1.0$

$$h_{y(i)} = \frac{d(x_i) - c(x_i)}{2} = \frac{x_i - 0}{2}$$

$\Rightarrow h_{y(0)} = \dfrac{d(x_0) - c(x_0)}{2} = \dfrac{x_0 - 0}{2} = \dfrac{0-0}{2} = 0$

$\Rightarrow h_{y(1)} = \dfrac{d(x_1) - c(x_1)}{2} = \dfrac{x_1 - 0}{2} = \dfrac{0.5-0}{2} = 0.25$

$\Rightarrow h_{y(2)} = \dfrac{d(x_2) - c(x_2)}{2} = \dfrac{x_2 - 0}{2} = \dfrac{1.0-0}{2} = 0.5$

$y[i][j] = c(x_i) + jh_{y(i)}, i = 0,1,2,$ 而且 $j = 0,1,2$

$\Rightarrow y[0][0] = c(x_0) + 0 \times h_{y(0)} = 0 + 0 = 0$

$\Rightarrow y[0][1] = c(x_0) + 1 \times h_{y(0)} = 0$

$\Rightarrow y[0][2] = c(x_0) + 2 \times h_{y(0)} = 0$

$\Rightarrow y[1][0] = c(x_1) + 0 \times h_{y(1)} = 0 + 0 = 0$

$\Rightarrow y[1][1] = c(x_1) + 1 \times h_{y(1)} = 0 + 1 \times 0.25 = 0.25$

$\Rightarrow y[1][2] = c(x_1) + 2 \times h_{y(1)} = 0 + 2 \times 0.25 = 0.5$

$\Rightarrow y[2][0] = c(x_2) + 0 \times h_{y(2)} = 0 + 0 = 0$

$\Rightarrow y[2][1] = c(x_1) + 1 \times h_{y(2)} = 0 + 0.5 = 0.5$

$\Rightarrow y[2][2] = c(x_2) + 2 \times h_{y(2)} = 0 + 2 \times 0.5 = 1.0$

因为 $f(x,y) = xe^y$ $_0$

$\Rightarrow G(x_0) = \dfrac{h_{y(0)}}{2}[f(x_0, y[0][0]) + 2f(x_0, y[0][1]) + f(x_0, y[0][2]) = 0$

$$G(x_1) = \frac{h_{y(1)}}{2}[f(x_1, y[1][0]) + 2f(x_1, y[1][1]) + f(x_1, y[1][2])]$$

$$= \frac{0.25}{2}[0.5 \times e^0 + 2 \times 0.5 \times e^{0.25} + 0.5 \times e^{0.5}] = 0.3260$$

$$\Rightarrow G(x_2) = \frac{h_{y(2)}}{2}[f(x_2, y[2][0]) + 2f(x_2, y[2][1]) + f(x_2, y[2][2])]$$

$$= \frac{0.5}{2}[1.0 \times e^0 + 2 \times 1.0 \times e^{0.5} + 1.0 \times e^{1.0}] = 1.7539$$

$$\Rightarrow T_2 = \frac{h_x}{2}[G(x_0) + 2G(x_1) + G(x_2)] = \frac{0.5}{2}[0 + 2 \times 0.3260 + 1.7539] = 0.6015$$

真实值 $= \int_0^1 \int_0^x xe^y \mathrm{d}y\mathrm{d}x = \int_0^1 xe^y \Big|_0^x \mathrm{d}x = \int_0^1 [xe^x - xe^0]\mathrm{d}x$

$$= \int_0^1 [xe^x - x]\mathrm{d}x = \int_0^1 xe^x \mathrm{d}x - \int_0^1 x\mathrm{d}x = e^x(x-1) - \frac{1}{2}x^2 \Big|_0^1$$

$$= -\frac{1}{2} - [e^0(-1)] = e^0 - \frac{1}{2} = 1 - \frac{1}{2} = 0.5$$

因为只取 $n = 2$，故 $T_2 = 0.6015$ 比真实值 0.5 大 0.1015，若取较大的 n 时，应该可大大改善 T_4 与真实值之间的误差。

(2)辛普森积分法，取 $n = 2$

$$\int_0^1 \int_0^x xe^y \mathrm{d}y\mathrm{d}x \cong S_2 = \frac{h_x}{3}[G(x_0) + 4G(x_1) + G(x_2)]$$

$$G(x_0) = \frac{h_{y(0)}}{3}[f(x_0, y_0) + 4f(x_0, y_1) + f(x_0, y_2)] = 0$$

$$G(x_1) = \frac{h_{y(1)}}{3}[f(x_1, y_0) + 4f(x_1, y_1) + f(x_1, y_2)]$$

$$= \frac{0.25}{3}[0.5 + 4 \times 0.5 \times e^{0.25} + 0.5 \times e^{0.5}] = 0.3244$$

$$G(x_2) = \frac{h_{y(2)}}{3}[f(x_2, y_0) + 4f(x_2, y_1) + f(x_2, y_2)]$$

$$= \frac{0.5}{3}[1 + 4 \times 1.0 \times e^{0.5} + 1.0 \times e^{1.0}] = 1.7189$$

$$\Rightarrow S_2 = \frac{0.5}{3}[0 + 4 \times 0.3244 + 1.7189] = 0.503$$

$|S_2 - 真实值| = |0.503 - 0.5| = 0.003$，可见辛普森积分法比较准确。

结论如下：

(1)双重积分近似法的原理是，先以 y 方向计算单次积分近似值，然后再向 x 方向计算另一次单次积分近似值。也就是说，双重积分近似法是先后执行两次单次积分的近似法。

(2)除了梯形与辛普森积分法之外，任何其他积分近似法都可使用在双重积分上。

(3)n 取得越大，积分近似值越接近积分真实值。然而过大的 n，因为计算机运算的四舍五入，准确度也有极限，甚至劣化。

(4)梯形积分法的准确性虽然不如辛普森积分法，但是，当 n 取值相比较大时，梯形积分法的准确性也很高而且可被接受。辛普森积分法虽然准确性高，但却受限于 n 一定要取偶数，绝对不可取奇数。梯形积分法则不受此限制。

(5)现今个人计算机的运算速度越来越快，因此，需要较大的 n 的梯形积分法更方便于应用。

4.7 梯形积分法计算双重积分的算法

START

步骤 1：输入 n, a, b

步骤 2：定义 $f(x, y)$

定义 $c(x)$

定义 $d(x)$

$x \to x[i], y \to [i][j]$
$i = 0, 1, 2, \cdots, n$
$j = 0, 1, 2, \cdots, n$

步骤 3：设：$h_x = \dfrac{b-a}{n}$ 以及 Sum $= 0.0$

步骤 4：For $i = 0, 1, 2, \cdots, n$ 执行步骤 4-1 到步骤 4-3

步骤 4-1：$x[i] = a + ih_x$

步骤 4-2：$h_y(i) = (d(x[i]) - c(x[i]))/n$

步骤 4-3：For $j = 0, 1, 2, \cdots, n$ 执行步骤 4-3-1

步骤 4-3-1：$y[i][j] = c(x[i] + jh_y[i])$

步骤 5：设 Sum $1 = 0.0$

回路

回路

步骤 6：For $i=0$，1，2，$\cdots$，n 执行步骤 6-1 到 6-3

步骤 6-1：For $j=1$，2，3，$\cdots$，n 执行步骤 6-1-1

步骤 6-1-1：$\text{Sum} 1 = \text{Sum} 1 + f\left(x[i], y[i][j]\right)$

步骤 6-2：$g[i] = \left(h_y[i]/2.0\right)\left(f\left(x[i], y[i][0]\right) + f\left(x[i], y[i][n]\right) + 2\text{Sum} 1\right)$

步骤 6-3：$\text{Sum} 1 = 0.0$

步骤 7：For $i=1$，2，$\cdots$，$n-$ 执行步骤 7-1

步骤 7-1：$\text{Sum} - \text{Sum} + g[i]$

步骤 8：$t_s = \left(h_x/2.0\right)\left(g[0] + g[n] + 2\text{Sum}\right)$

步骤 9：输出 t_s

STOP

◆ **例题4-8** 请使用梯形积分法设计计算机程序计算下面双重积分的结果，取 $n=10$。

$$\int_0^1 \int_0^{1-x^2} 4xy \, dy \, dx \text{，并比较真实值} = \frac{1}{3}$$

➢ **解：**

```
/* ex4-8.c based on Trapezoidal Rule to
 * compute the double integral.
 */
#include <stdio.h>
#include <math.h>
#define F(x,y)  (4*x*y)
#define C(x)    (0)
#define D(x)    (1-pow(x,2))
void gy(int);
double x[50],y[50][50],gg[50],hy[50];
void main()
{
    int i,j,n;
    double a,b,hx,sum=0.0,ts;
    scanf("n=%d  a=%lf  b=%lf",&n,&a,&b);
    hx=(b-a)/n;
    for(i=0;i<=n;i++)
    {
        x[i]=a+i*hx;
        hy[i]=(D(x[i])-C(x[i]))/n;
```

```
        for(j=0;j<=n;j++)
            y[i][j]=C(x[i]+j*hy[i]);
    }
    gy(n);
    for(i=1;i<=n-1;i++)
        sum=sum+gg[i];
    ts=(hx/2.0)*(gg[0]+gg[n]+2*sum);
    printf("T%d=%.6lf\n",n,ts);
    return;
}
void gy(int n)
{
    int i,j;
    double sum=0.0;
    for(i=0;i<=n;i++)
    {
        for(j=1;j<=n-1;j++)
        {
            sum=sum+F(x[i],y[i][j]);
        }
        gg[i]=(hy[i]/2.0)*(F(x[i],y[i][0])+F(x[i],y[i][n])
                +2*sum);
        sum=0.0;
    }
    return;
}
```

输入数据：

$$n = 10, a = 0.0, b = 1.0$$

输出结果：

$$T_{10} = 0.331650$$

真实值 = 0.333333

$\Rightarrow |$ 真实值 $- T_{10}| = | 0.333333 - 0.331650 | = 0.001683$

习 题

1. 使用梯形积分法设计计算机程序计算 $\int_1^{3.2} y\mathrm{d}x$ 的值，已知 x 与 y 的关系如下：

x	y	x	y
1.0	4.9	2.2	7.3
1.2	5.4	2.4	7.5
1.4	5.8	2.6	8.0
1.6	6.2	2.8	8.2
1.8	6.7	3.0	8.3
2.0	7.0	3.2	8.3

2. 使用辛普森积分法的算法，利用下面的数据表设计计算机程序计算到第 5s 时车子所跑的距离。

t/s	v/(m/s)	$t(x)$	v/(m/s)
0	0	3.0	10.51
0.5	4.67	3.5	10.67
1.0	7.34	4.0	10.76
1.5	8.86	4.5	10.81
2.0	9.73	5.0	10.81
2.5	10.22		

3. 请分别用梯形积分法与辛普森积分法计算下面的积分。

(1) $\int_0^{1/2} \sin(e^{t/2})\mathrm{d}t, n = 8$

(2) $\int_0^1 x^5 e^x \mathrm{d}x, n = 10$

(3) $\int_0^3 \dfrac{1}{1+y^5}\mathrm{d}y, n = 6$

4. 所谓中间点的积分法的定义如下：

$$\int_a^b f(x)\mathrm{d}x \cong M_n = h[f(\overline{x}_1) + f(\overline{x}_2) + \cdots + f(\overline{x}_n)]$$

此处的 $h = \dfrac{b-a}{n}$，而且 $\overline{x}_i = \dfrac{1}{2}(x_{i-1} + x_i) = x_{i-1}$ 与 x_i 的中间位置。

请用中间点的积分法设计计算机程序重新计算习题三的每一小题。

5. 中间点的积分法的误差值如下：

$$|E_M| \leqslant \frac{k(b-a)^3}{24n^2}$$

若 $|f''(\xi)| \leqslant k$，而且 $a \leqslant \xi \leqslant b$ 时，请重新计算习题三的 $\int_0^1 x^5 e^x dx$ 的 $|E_M| = ?$

6. 请证明，若函数 $f(x)$ 是三次多项式时（如 $f(x) = Ax^3 + Bx^2 + Cx + D$），用辛普森积分法计算 $\int_a^b f(x)dx$ 一定会得到适当的真实值。

7. 请使用辛普森积分法推导出计算下面双重积分的公式（设 n 个等距的格子）。

$$\int_a^b \int_{c(x)}^{d(x)} f(x,y)dydx$$

8. 请分别使用梯形积分法和辛普森积分法设计计算机程序，分别计算下面双重积分（取 $n = 10$）。

(1) $\int_{-1}^2 \int_{x^2}^{x+2} (x+y)dydx$ （真实值 $= 9.45$）

(2) $\int_1^3 \int_{\ln x}^{3+e^{x/5}} \sin(x+y)dydx$

(3) $\int_0^1 \int_0^{1-x^2} 4xydydx$ （真实值 $= \frac{1}{3}$）

9. 请分别使用梯形积分法和辛普森积分法设计计算机程序，分别计算下面的双重积分（取 $n = 2$）。

(1) $\int_0^2 \int_0^2 x^2 ydydx$ （真实值 $= \frac{7}{6} \approx 1.6667$）

(2) $\int_0^1 \int_0^x xe^y dydx$ （真实值 $= \frac{1}{2}$）

第 5 章

常微分方程式的初值问题

常微分方程式简称 ODE，其求解问题可分成两类：①初值条件的问题；②边界条件的问题。本章主要讨论初值条件的问题，至于边界条件问题留待后面章节再详论。什么是初值条件问题的常微分方程式呢？相信学会解常微分方程式的读者都知道。例如，一阶常微分方程式如下：

$$y'(t) = f(y,t), y(t_0) = y_0(t = t_0) \text{（常微分方程式），（初值条件）}$$

式中，t 代表自变量（一般代表时间），而 y 是 t 的函数，也就是说，$y'(t) = f(y,t)$ 的解是以 $y = g(t)$ 为目标。如果一阶常微分方程式可以用笔算方法得到真实解，则根本不必使用数值近似法去求解答。也就是说，当依物理现象写下它的数学模式，却无法用手算的方法解开它的方程式时，唯一可能的解题办法是用数值近似法去找出近似解。例如：

$$y' = \sin t + e^{-t}, y(0) = 0$$

$$y' = -ty + \frac{4t}{y}, y(0) = 1$$

$$y' = -y^{1.5} + 1, y(0) = 10$$

类似这样的一阶常微分方程式是无法用手算的方法解开而得到真实解的。然而，有些常微分方程式原本就是无解，遇到无解的常微分方程式时，用手算固然不能求解，近似法的数值分析也一样不能找到解。例如：

$$y' = 2\sqrt{y}, y(0) = -1$$

若用手算，则 $\dfrac{\mathrm{d}y}{2\sqrt{y}} = \mathrm{d}t \Rightarrow \int \mathrm{d}\sqrt{y} = \int \mathrm{d}t + c$

$\Rightarrow \sqrt{y} = t + c$，用 $y(0) = -1$ 决定 c

$\Rightarrow \sqrt{-1} = 0 + c \Rightarrow c = \sqrt{-1}$ 为虚数，因此无解。

因此，想用数值分析的方法去找常微分方程式的解答时，首先应判断所谓初值问题解的存在性与唯一性，有关这部分请参考一般工程数学或微分方程式的求解方面的书。因此，本章所要求解的常微分方程式的初值问题一定有解。

5.1 Euler 方法

Euler 方法是最容易写成计算机程序的近似法，简言之，它的概念与数学推导过程及结论最简单。虽然 Euler 方法的准确性比起其他的方法(如 Runge-Kutta 等)较差，但是遇到要解联立微分方程组时，Euler 方法则显得重要，因此常为人引用。什么是 Euler 的方法呢？例如：

$$y' = f(y,t), y(t_0) = y_0$$

读者应该记得在第三章计算函数微分的近似值时所用的公式，如下：

$$y'(t) \cong \frac{f(t+h) - f(t)}{h} (\text{向前式})$$

因此，所谓向前的 Euler 方法就是

$$y_i' \cong \frac{y_{i+1} - y_i}{h}, i = 0,1,2,\cdots,n$$

这里的 $h = \dfrac{t_n - t_0}{n}$，基于此，把上面的一阶微分方程式改写成：

$$\frac{y_{i+1} - y_i}{h} = f(y_i, t_i)$$

$$\Rightarrow y_{i+1} = y_i + hf(y_i, t_i) \tag{5-1}$$

当 $i = 0$ 时，$y_1 = y_0 + hf(y_0, t_0)$ (已知 y_0 与 t_0 可算出 y_1)，

当 $i = 1$ 时，$y_2 = y_1 + hf(y_1, t_1)$ (此时 $t_1 = t_0 + h$)，

当 $i = 2$ 时，$y_3 = y_2 + hf(y_2, t_2)$（此时 $t_2 = t_0 + 2h$），

$\vdots$

当 $i = n - 1$ 时，$y_n = y_{n-1} + hf(y_{n-1}, t_{n-1})$（此时 $t_{n-1} = t_0 + (n-1)h$），

上面的递归过程就是向前的 Euler 方法的算法。请参考下面范例。

◆ **例题5-1**　请使用向前的Euler近似法找出下面一阶常微分方程式的初值问题的解。

$$y' = -y + t + 1, 0 \leqslant t \leqslant 1, y(0) = 1，取 h = 0.2$$

➤ **解：**

$$y' = f(y, t) \Rightarrow f(y, t) = -y + t + 1$$

一般而言，h 的值取得越小，答案的准确性越高。使用向前的 Euler 方法改写上面的一阶微分方程式如下：

$$y_{i+1} = y_i + h(-y_i + t_i + 1)$$

因为已知 $y_0 = 1, t_0 = 0$，而且 $h = 0.2$

故 $i = 0 \Rightarrow y_1 = y_0 + h(-y_0 + t_0 + 1)$

$\Rightarrow y_1 = 1 + 0.2 \times (-1 + 0 + 1) = 1, (t_1 = t_0 + h = 0.2)$

$i = 1 \Rightarrow y_2 = y_1 + h \times (-y_1 + t_1 + 1)$

$\Rightarrow y_2 = 1 + 0.2 \times (-1 + 0.2 + 1) = 1.04, (t_2 = t_0 + 2h = 0.4)$

$i = 2 \Rightarrow y_3 = y_2 + h(-y_2 + t_2 + 1)$

$y_3 = 1.04 + 0.2 \times (-1.04 + 0.4 + 1) = 1.112, (t_3 = t_0 + 3h = 0.6)$

$i = 3 \Rightarrow y_4 = y_3 + h(-y_3 + t_3 + 1)$

$\Rightarrow y_4 = 1.112 + 0.2 \times (-1.112 + 0.6 + 1) = 1.2096, (t_4 = 0.8)$

$i = 4 \Rightarrow y_5 = y_4 + h(-y_4 + t_4 + 1)$

$\Rightarrow y_5 = 1.2096 + 0.2 \times (-1.2096 + 0.8 + 1) = 1.3277，(t_5 = 1.0)$

已知 $y' = -y + t + 1, y(0) = 1$ 的真实解为 $y(t) = W(t) = e^{-t} + t$

因此，列表比较两者的差异如下：

近似解 $y(t)$	真实解 $W(t) = e^{-t} + t$	$\mid y(t) - W(t) \mid$
y(0)=1.0000	W(0)=1.0000	0
y(0.2)=1.0000	W(0.2)=1.0187	0.0187
y(0.4)=1.0400	W(0.4)=1.0703	0.0303
y(0.6)=1.1120	W(0.6)=1.1488	0.0368
y(0.8)=1.2096	W(0.8)=1.2493	0.0397
y(1.0)=1.3277	W(1.0)=1.3679	0.0402

5.2 向前的 Euler 方法的步骤

求解一阶常微分方程式的向前的 Euler 方法的步骤很简单，如下：

START

步骤 1：输入初值条件 t_0, y_0, h, n

步骤 2：定义函数 $f(y,t)$，设 $t = t_0, y = y_0$

步骤 3：For $i = 1, 2, 3, \cdots, n$ 执行步骤 3-1 到步骤 3-3

  步骤 3-1：$y = y + hf(y,t)$

  步骤 3-2：$t = t + h$

  步骤 3-3：输出 y

STOP

◆ **例题5-2** 请使用向前的Euler方法设计计算机程序，找到下面一阶常微分方程式的解：

$$y' - y = 2e^{4t}, y(0) = -3, 0 \leqslant t \leqslant 1$$

(a)取 $h = 0.01$，(b)取 $h = 0.001$，(c)取 $h = 0.0001$

并且比较真实解 $W(t) = \dfrac{2}{3}e^{4t} - \dfrac{11}{3}e^t$。

➤ **解：**

```
/* ex5-2.c Forward Euler Method is used for
 * solving y'=f(y,t) of first order
 * ordinary differential equation
 * with initial condition y(0)=y0
 * known.
 */
#include <stdio.h>
#include <math.h>
#define  F(y,t)   (y+2*exp(4*t))
#define  w(t)   ((2.0/3.0)*exp(4.0*t)-(11.0/3)*exp (t))
void main()
{
  int i,n=10000;
  double h=0.0001,y,t,y0=-3,t0=0;
  y=y0;
  t=t0;
  printf("t y(t)  w(t) error\n");
```

```
printf("======================================\n");
printf("%.2lf        %10.6lf        %10.6lf        %10.6lf
        \n",t,y,w(t),fabs(y-w(t)));
for(i=1;i<=n;i++)
{
        y=y+h*F(y,t);
        t=t+h;
        if(i%1000==0)
           printf("%.2lf        %10.6lf        %10.6lf        %10.6lf
                \n",t,y,w(t),fabs(y-w(t)));
}
    return;
}
```

请注意上面所显示的 C 语言程序是以 $h = 0.0001$ 为范例，因此，(a) $h = 0.01$，(b) $h = 0.001$，(c) $h = 0.0001$，读者宜更改程序的 h 部分与 $i\%1000 == 0$ 的部分。例如(b)若 $h = 0.001$，则 $i\%100 == 0$，(a)若 $h = 0.01$，则 $i\%10 == 0$。如此一来方能得到下面相同的解。

输出结果：

(a)

t	$y(t)$	$w(t)$	error
0.00	-3.000000	-3.000000	0.000000
0.10	-3.062524	-3.057744	0.004780
0.20	-3.007973	-2.994783	0.013190
0.30	-2.763301	-2.736071	0.027230
0.40	-2.217918	-2.168002	0.049915
0.50	-1.205054	-1.119274	0.085780
0.60	0.526053	0.667682	0.141629
0.70	3.351680	3.579338	0.227657
0.80	7.835576	8.194703	0.359127
0.90	14.821414	15.380278	0.558865
1.00	25.570747	26.431733	0.860987

(b)

t	y(t)	w(t)	error
0.00	-3.000000	-3.000000	0.000000
0.10	-3.058228	-3.057744	0.000484
0.20	-2.996118	-2.994783	0.001335
0.30	-2.738828	-2.736071	0.002757
0.40	-2.173055	-2.168002	0.005052
0.50	-1.127956	-1.119274	0.008682
0.60	0.653348	0.667682	0.014334
0.70	3.556298	3.579338	0.023040
0.80	8.158359	8.194703	0.036344
0.90	15.323721	15.380278	0.056557
1.00	26.344602	26.431733	0.087131

(c)

t	y(t)	w(t)	error
0.00	-3.000000	-3.000000	0.000000
0.10	-3.057792	-3.057744	0.000048
0.20	-2.994917	-2.994783	0.000134
0.30	-2.736347	-2.736071	0.000276
0.40	-2.168508	-2.168002	0.000506
0.50	-1.120143	-1.119274	0.000869
0.60	0.666247	0.667682	0.001435
0.70	3.577031	3.579338	0.002307
0.80	8.191065	8.194703	0.003639
0.90	15.374616	15.380278	0.005663
1.00	26.423010	26.431733	0.008724

　　比较上面(a)、(b)与(c)三组答案，很明显，(c)组答案的误差最小，这是因为 h 取最小值 0.0001 的原因。h 越小其准确性越高，但是，相对的 $n=10000$ 也一样要取大，以增加计算机 CPU 运算的时间。因此，向前的 Euler 方法虽然较少为人使用来解初值问题的常微分方程式，但是，它也扮演着非常重要的媒介角色。例如，最常用到的二阶 Runge-Kutta 方法的推导过程，需要 Euler 方法做媒介。由于向前的 Euler 方法的准确性较差，除非取较小的 h 值，但是，过小的 h 值，因计算机进行算术浮点运算时的四舍五入，有时会造成较大的误差，所以并非一味把 h 取小就是减少误差的好方法。因此，数学家又提出下节所要讨论的 Euler 的修正法。

5.3　Euler 的修正法

由于 Euler 方法的准确性并不高，因此，有所谓的 Euler 修正法。一阶常微分方程式如下：

$$y' = f(y,t), y(t_0) = y_0, a \leqslant t \leqslant b$$

可以使用 Euler 的修正法改写成

$$y_{i+1} = y_i + \frac{h}{2}[f(y_i,t_i) + f(y_i + hf(y_i,t_i),t_{i+1})] \tag{5-2}$$

此处的 $y(t_0) = y_0$ 已知，至于式(5-2)的推导过程略繁，为节省篇幅不详述。此处仅说明如何使用 Euler 的修正法去解初值问题的常微分方程式。为了简化式(5-2)，可以设

$$k_1 = hf(y_i,t_i)$$
$$k_2 = hf(y_i + k_1, t_{i+1})$$

把 k_1 与 k_2 代入式(5-2)，得到

$$y_{i+1} = y_i + \frac{1}{2}(k_1 + k_2) \tag{5-3}$$

5.4　Euler 修正法的步骤

Euler 修正法的步骤与 Euler 方法类似，如下：

START

步骤 1：输入初值条件

　　　　a, b, y_0, n

步骤 2：设 $h = (b-a)/n$

　　　　设 $t = a$

　　　　设 $y = y_0$

步骤 3：定义 $f(y,t)$

步骤 4：For $i = 1,2,3,\cdots,n$ 回路执行步骤 4-1 到步骤 4-5

　步骤 4-1：$k_1 = hf(y,t)$

　步骤 4-2：$k_2 = hf((y+k_1),(t+h))$

　步骤 4-3：$y = \frac{1}{2}(k_1 + k_2)$

　步骤 4-4：$t = a + i \times h$

　步骤 4-5：输出 y

STOP

◆ **例题5-3** 使用Euler修正法重解例5-2的一阶常微分方程式的初值问题：

$$y' = y + 2e^{4t}, y(0) = -3, 0 \leqslant t \leqslant 1$$

若取 $h = 0.01$，输出答案时比较真实解：

$$W(t) = \frac{2}{3}e^{4t} - \frac{11}{3}e^{t}$$

➢ **解：**

```c
/* ex5-3.c based on modified Euler
* Method to approximate the solution of the
* initial-value problem
* y'=f(y, t),   a<=t<=b,   y(a)=y0
* at (n+1) equally spaced numbers in the interval
* [a,b] : input a,b,n,and initial condition y0.
*/
#include <stdio.h>
#include <math.h>
#define F(y,t)   (y+2*exp(4*t))
#define W(t)   ((2.0/3.0)*exp(4.0*t)-(11.0/3)*exp (t))
void main()
{
  int i,n=100;
  double a=0.0 ,b=1.0,y0=-3.0 ,k1,k2,h,y,t;
  h=(b-a)/n;
  t=a;
  y=y0;
  printf("t y(t) w(t) error\n");
  printf("==============================\n");
  printf("%.2lf%10.6lf%10.6lf%10.6lf\n",t,y,W(t),fabs(y-
          W(t))) ;
  for(i=1; i<=n; i++)
  {
     k1=h*F(y,t);
     k2=h*F((y+k1),(t+h));
     y=y+(k1+k2)/2.0;
     t=a+i*h
     if (i%10==0)
         printf("%.2lf%10.6lf%10.6lf%10.6lf\n",t,y,
```

```
                    W(t),fabs(y-W(t)));
    }
    return;
}
```
输出结果：(dex5-3.c)

t	$y(t)$	$w(t)$	error
0.00	-3.000000	-3.000000	0.000000
0.10	-3.057725	-3.057744	0.000018
0.20	-2.994738	-2.994783	0.000045
0.30	-2.735987	-2.736071	0.000084
0.40	-2.167862	-2.168002	0.000140
0.50	-1.119051	-1.119274	0.000223
0.60	0.668025	0.667682	0.000343
0.70	3.579857	3.579338	0.000519
0.80	8.195482	8.194703	0.000779
0.90	15.381439	15.380278	0.001161
1.00	26.433458	26.431733	0.001725

结论：Euler 修正法取 $h = 0.01$ 比例 5-2 的 Euler 方法取 $h = 0.0001$ 的准确性还要高。事实上，Euler 修正法与下一节所要详谈的二阶 Runge-Kutta 法的准确性相仿。

5.5 Runge–Kutta 的方法

有两位德国数学家 Runge 与 Kutta，想出如何有效地找出常微分方程式的初值问题的近似解答。事实上，Euler 修正法的步骤就是二阶的 Runge-Kutta 方法的特例，这就是为什么说 Euler 修正法的准确性与二阶的 Runge-Kutta 的方法相仿。本节将介绍二阶与四阶的 Runge-Kutta 方法的解题步骤。事实上，二阶的 Runge-Kutta 方法的准确性已经很高，但是人们喜欢使用的是四阶的 Runge-Kutta 方法，因为其准确性更高。

5.5.1 二阶的 Runge-Kutta 方法

一般地，一次常微分方程式的初值问题如前面所述：

$$y' = f(y,t), y(t_0) = y_0, a \leqslant t \leqslant b \tag{5-4}$$

数值近似法的步骤是用已知初值条件 t_0 与 y_0 去计算 y_1，也就是说，用已知的 y_i 去计算 y_{i+1}，如此逐点计算。如此，若决定了自变量（一般指时间）t 的范围如 $a \leqslant t \leqslant b$，因此，若取 n 个时段，则

$$h = \frac{b-a}{n}$$

如此一来，$t_0 = a$

$\Rightarrow t_1 = t_0 + h$

$\quad\vdots$

$\Rightarrow t_i = t_{i-1} + h$

$\Rightarrow t_{i+1} = t_i + h$

把方程式(5-4)进行定积分如下：

$$\frac{\mathrm{d}y}{\mathrm{d}t} = f(y,t)$$

$$\Rightarrow \int_{y_i}^{y_{i+1}} \mathrm{d}y = \int_{t_i}^{t_{i+1}} f(y,t)\mathrm{d}t$$

$$\Rightarrow y_{i+1} - y_i = \int_{t_i}^{t_{i+1}} f(y,t)\mathrm{d}t$$

$$\Rightarrow y_{i+1} = y_i + \int_{t_i}^{t_{i+1}} f(y,t)\mathrm{d}t \tag{5-5}$$

读者应该记得第 4 章的梯形积分法的步骤，可以把

$$\int_{t_i}^{t_{i+1}} f(y,t)\mathrm{d}t \cong \frac{1}{2}h[f(y_i,t_i) + f(y_{i+1},t_{i+1})] \tag{5-6}$$

因为式(5-6)右边的 y_{i+1} 是未知，因此，可以用向前的 Euler 方法来取代它，如此一来，用 $\widetilde{y}_{i+1}$ 取代式(5-6)右边的 y_{i+1} 而且使用向前的 Euler 方法

$$\Rightarrow \widetilde{y}_{i+1} = y_i + hf(y_i,t_i) \tag{5-7}$$

所以式(5-5)可以改写成

$$y_{i+1} = y_i + \frac{1}{2}h[f(y_i,t_i) + f(\widetilde{y}_{i+1},t_{i+1})] \tag{5-8}$$

为了简化式(5-8)，可以设

$$k_1 = hf(y_i,t_i)$$

$$k_2 = hf(y_i + hf(y_i,t_i),t_{i+1}) = hf(y_i + k_1,t_{i+1})$$

$$\Rightarrow y_{i+1} = y_i + \frac{1}{2}(k_1 + k_2) \tag{5-9}$$

式(5-9)就是二阶的 Runge-Kutta 方法的标准式。为了使读者熟悉式(5-9)的递归步骤，请细读下面范例。

◆ **例题5-4** 已知一个常微分方程式及其初值条件如下：

$$y' = -y + t + 1, 0 \leqslant t \leqslant 1, y(0) = 1$$

若取 $h = 0.2$，请使用二阶的 Runge-Kutta 方法计算 $y(0 \leqslant t \leqslant 1)$ 的近似值，

并且分别比较真实解 $W(t) = e^{-t} + t$

> **解：**

$y' = f(y,t) = -y + t + 1$，而且 $t_0 = 0, h = 0.2, y_0 = 1$

所以 $k_1 = hf(y_i, t_i) = h(-y_i + t_i + 1)$

$k_2 = hf(y_i + k_1, t_{i+1}) = h[-(y_i + k_1) + t_{i+1} + 1]$

$y_{i+1} = y_i + \dfrac{1}{2}(k_1 + k_2)$

当 $i = 0 \Rightarrow$

$k_1 = h(-y_0 + t_0 + 1) = 0.2 \times (-1 + 0 + 1) = 0$

$k_2 = h[-(y_0 + k_1) + t_1 + 1] = 0.2[-(1 + 0) + 0.2 + 1] = 0.04$

(注意 $t_1 = 0.2$)

$y_1 = y_0 + \dfrac{1}{2}(k_1 + k_2) = 1 + \dfrac{1}{2}(0 + 0.04) = 1.02$

当 $i = 1 \Rightarrow$

$k_1 = h(-y_1 + t_1 + 1) = 0.2[-1.02 + 0.2 + 1] = 0.036$

$k_2 = h[-(y_1 + k_1) + t_2 + 1] = 0.2[-(1.02 + 0.036) + 0.4 + 1] = 0.0688$

(注意 $t_2 = 0.4$)

$y_2 = y_1 + \dfrac{1}{2}(k_1 + k_2) = 1.02 + \dfrac{1}{2}(0.036 + 0.0688) = 1.0724$

当 $i = 2 \Rightarrow$

$k_1 = h(-y_2 + t_2 + 1) = 0.2(-1.0724 + 0.4 + 1) = 0.0655$

$k_2 = h[-(y_2 + k_1) + t_3 + 1] = 0.2[-(1.0724 + 0.0655) + 0.6 + 1]$

$= 0.09242$

$y_3 = y_2 + \dfrac{1}{2}(k_1 + k_2) = 1.0724 + \dfrac{1}{2}(0.0655 + 0.09242) = 1.1514$

当 $i = 3 \Rightarrow$

$k_1 = h(-y_3 + t_3 + 1) = 0.2(-1.1514 + 0.6 + 1) = 0.08972$

$k_2 = h[-(y_3 + k_1) + t_4 + 1] = 0.2[-(1.1514 + 0.08972) + 0.8 + 1]$

$= 0.1118$

$y_4 = y_3 + \dfrac{1}{2}(k_1 + k_2) = 1.1514 + \dfrac{1}{2}(0.08972 + 0.1118) = 1.2522$

当 $i = 4 \Rightarrow$

$k_1 = h(-y_4 + t_4 + 1) = 0.2(-1.2522 + 0.8 + 1) = 0.1096$

$k_2 = h[-(y_4 + k_1) + t_5 + 1] = 0.2[-(1.2522 + 0.1096) + 1.0 + 1]$

$= 0.1276$

$$y_5 = y_4 + \frac{1}{2}(k_1 + k_2) = 1.2522 + \frac{1}{2}(0.1096 + 0.1276) = 1.3708$$

结论：

近似解 $y(t)$	真实解 $W(t) = \mathrm{e}^{-t} + t$	误差 $= \lvert y(t) - W(t) \rvert$
y(0)=1	W(0)=1	0
y(0.2)=1.02	W(0.2)=1.0187	0.00127
y(0.4)=1.0724	W(0.4)=1.0703	0.00208
y(0.6)=1.1514	W(0.6)=1.1488	0.00259
y(0.8)=1.2522	W(0.8)=1.2493	0.00287
y(1.0)=1.3708	W(1.0)=1.3679	0.00292

比较例 5-1 的向前的 Euler 方法的结果，会发现，在相同条件下(如 $h = 0.2$)，二阶的 Runge-Kutta 方法比向前的 Euler 方法的准确性高很多。

5.5.2　二阶的 Runge-Kutta 方法的步骤

START

步骤 1：输入 a, b, n, y_0

步骤 2：设 $h = (b - a) / n$

步骤 3：设 $y = y_0$

步骤 4：设 $t = a$

步骤 5：定义 $f(y, t)$

步骤 6：For $i = 1, 2, 3, \cdots, n$ 回路执行步骤 6-1 到步骤 6-5

　步骤 6-1：$k_1 = hf(y, t)$

　步骤 6-2：$k_2 = hf((y + k_1), (t + h))$

　步骤 6-3：$y = y + \frac{1}{2}(k_1 + k_2)$

　步骤 6-4：$t = t + h$

　步骤 6-5：输出 y

步骤 7：STOP

◆　**例题5-5**　已知一个常微分方程式及其初值条件如下：

$$y' = -y + t^2 + 1, 0 \leqslant t \leqslant 1, y(0) = 1$$

请使用二阶的 Runge-Kutta 方法设计计算机程序，找出它的近似解并与真实解 $W(t) = -2\mathrm{e}^{-t} + t^2 - 2t + 3$ 比较(取 $h = 0.01$)。

➢ 解：

```c
/* ex5-5.c Second Order Runge-Kutta Method is used
 * for solving Ordinary Differential Equation of
 * y'=f(y,t) with initial condition of y(t0)=y0.
 */
#include <stdio.h>
#include <math.h>
#define F(y, t) (-y+t*t+1)
#define W(t) (-2*(1.0/exp (t))+pow(t,2) -2*t+3)
void main ( )
{
    int i,n=100;
    double   h,a=0.0,b=1.0,t0,t,y0=1.0,y,k1,k2;
    h=(b-a)/n;
    y=y0;
    t0=a;
    t=t0;
    printf("t  y(t)  w(t)  error\n") ;
    printf("====================================\n");
    printf("%.2lf  %10.7lf  %10.7lf  %10.7lf\n",
            t,y,W(t) ,fabs(y-W(t))) ;
    for(i=1; i<=n; i++)
    {
        k1=h*F(y,t);
        k2= h*F((y+k1),(t+h));
        y=y+0.5*(k1+k2);
        t=t+h;
        if (i%10==0)
          printf("%.2lf%10.7lf%10.7lf%10.7lf\
                n",t,y,W(t) ,fabs(y-W(t)));
    }
    return;
}
```

输出结果：(dex5-5.c)

t	$y(t)$	$w(t)$	error
0.00	1.0000000	1.0000000	0.0000000
0.10	1.0003269	1.0003252	0.0000017
0.20	1.0025421	1.0025385	0.0000036
0.30	1.0083691	1.0083636	0.0000056
0.40	1.0193675	1.0193599	0.0000076
0.50	1.0369483	1.0369387	0.0000096
0.60	1.0623883	1.0623767	0.0000116
0.70	1.0968430	1.0968294	0.0000136
0.80	1.1413577	1.1413421	0.0000156
0.90	1.1968782	1.1968607	0.0000175
1.00	1.2642605	1.2642411	0.0000194

使用 C 语言写计算机程序的读者要小心，像上面的程序，函数 $f(y,t)$ 经过定义之后如下：

$$\text{\#define } F(y,t)(-y+t*t+1)$$
$$\vdots$$

在程序的本文内复制它时如下：

$$k_1 = hF(y,t)$$

$$k_2 = hF((y+k_1),(t+h))$$

不能省略两个小括号

若省略，则 $k_2 = hF(y+k_1, i+h)$ 与 $k_2 = hF(y,t)$ 相同。也就是说，k_1 与 h 被忽略了，答案一定是错误的！

5.5.3　四阶的 Runge-Kutta 方法

四阶的 Runge-Kutta 方法的公式的推导过程略为复杂，因此，为了节省篇幅，本小节着重讲述它的步骤的说明与应用。事实上，还有较少为人所用的三阶的 Runge-Kutta 方法，其原理是：

$$y' = f(y,t), y(t_0) = y_t$$

$$\Rightarrow y_{i+1} = y_i + \int_{t_i}^{t_{i+1}} f(y,t)\mathrm{d}t$$

使用辛普森 $\dfrac{1}{3}$ 法则的积分公式去取代 $\int_{t_i}^{t_{i+1}} f(y,t)\mathrm{d}t$ 的部分如下：

$$y_{i+1} = y_i + \frac{h}{6}[f(y_i, t_i) + 4f(\tilde{y}_{i+\frac{1}{2}}, t_{i+\frac{1}{2}}) + f(\tilde{y}_{i+1}, t_{i+1})]$$

由于 $\tilde{y}_{i+\frac{1}{2}}$ 未知，$\tilde{y}_{i+1}$ 未知，所以使用向前的 Euler 方法的公式取代如下：

$$\tilde{y}_{i+\frac{1}{2}} = y_i + \frac{h}{2}f(y_i, t_i)$$

$$\tilde{y}_{i+1} = y_i + hf(y_i, t_i)$$

四阶的 Runge-Kutta 方法的公式推导过程类似三阶的 Runge-Kutta 方法，除了使用前向的 Euler 方法为媒介之外，还使用辛普森的积分公式去取代 $\int_{t_i}^{t_{i+1}} f(y, t)\mathrm{d}t$ 的部分，最常为人所采用的四阶的 Runge-Kutta 方法的公式如下：

$$y' = f(y, t), y(t_0) = y_0$$

$$\Rightarrow y_{i+1} = y_i + \frac{1}{6}(k_1 + 2k_2 + 2k_3 + k_4) \tag{5-10}$$

$$k_1 = hf(y_i, t_i)$$

$$k_2 = hf((y_i + \frac{k_1}{2}), (t_i + \frac{h}{2}))$$

$$k_3 = hf((y_i + \frac{k_2}{2}), (t_i + \frac{h}{2}))$$

$$k_4 = hf((y_i + k_3), (t_i + h))$$

式(5-10)是使用辛普森 1/3 法则的积分公式为媒介所推导出来的结果。还有一种版本，那就是使用辛普森 3/8 法则的积分法为媒介所推导出来的四阶的 Runge-Kutta 方法，其公式如下：

$$y_{i+1} = y_i + \frac{1}{8}(k_1 + 3k_2 + 3k_3 + k_4) \tag{5-11}$$

$$k_1 = hf(y_i, t_i)$$

$$k_2 = hf((y_i + \frac{k_1}{3}), (t_i + \frac{h}{3}))$$

$$k_3 = hf((y_i + \frac{k_1}{3} + \frac{k_2}{3}), (t_i + \frac{2h}{3}))$$

$$k_4 = hf((y_i + k_1 - k_2 + k_3), (t_i + h))$$

本小节只着重式(5-10)的步骤的说明与应用。当读者熟悉式(5-10)的步骤之后，应该继续依式(5-11)编写计算机程序，解相同的常微分方程式，比较两者的准确性。

5.5.4 四阶的 Runge-Kutta 方法的步骤

已知条件如下：

$y' = f(y,t), a \leq t \leq b, y(t_0) = y_0$

START

步骤 1：输入 a, b, y_0, n

步骤 2：设 $h = (b-a)/n$

设 $t = a$

设 $y = y_0$

步骤 3：定义 $f(y,t)$

步骤 4：For $i = 1, 2, 3, \cdots, n$ 回路执行步骤 4-1 到步骤 4-6

步骤 4-1：$k_1 = hf(y,t)$

步骤 4-2：$k_2 = hf((y + \dfrac{1}{2}k_1), (t + \dfrac{h}{2}))$

步骤 4-3：$k_3 = hf((y + \dfrac{1}{2}k_2), (t + \dfrac{h}{2}))$

步骤 4-4：$k_4 = hf((y + k_3), (t + h))$

步骤 4-5：$y = y + \dfrac{1}{6}(k_1 + 2k_2 + 2k_3 + k_4)$

步骤 4-6：输出 y

步骤 5：STOP

◆ 例题5-6 使用四阶的Runge-Kutta方法求解下面的一阶常微分方程式的初值问题，

$$y' = -y + t^2 + 1, 0 \leq t \leq 1, y(0) = 1$$

设计计算机程序找到解答并与真实解

$$W(t) = -2e^{-t} + t^2 - 2t + 3$$

进行比较，并且输出两者的误差（取 $h = 0.01$）。

➢ 解：

已知 $a = 0, b = 1, h = 0.01$，所以取 $n = 100$

```
/* ex5-6.c based on Four-Order Runge-Kutta
 * Method to approximate the solution of the
 * initial-value problem
 * y'=f(y,t), a<=t<=b, y(a)=y0
 * at(n+1) equally spaced numbers in the interval
```

```
 * [a,b]: input a,b,n,and initial conclition y0.
 */
#include <stdio.h>
#include <math.h>
#define  F(y,t)   (-y+t*t+1)
#define  W(t)  (-2*(1/exp (t))+pow(t,2)-2*t+3)
void main( )
{
    int i,n=100;
    double a=0.0,b=1.0,y0=1.0,k1,k2,k3,k4,h,t,y,err ;
    h=(b-a)/n;
    t=a;
    y=y0;
    err=fabs(y-W(t)) ;
    printf("t  y(t)  w(t)  error\n") ;
    printf("==================================== \n");
    printf("%.2lf %10.7lf %10.7lf %10.7lf \n",t,y,W(t) ,err);
    for(i=1; i<=n; i++)
    {
        k1=h*F(y,t);
        k2=h*F((y+k1/2.0) , (t+h/2.0));
        k3=h*F((y+k2/2.0) ,(t+h/2.0));
        k4=h*F((y+k3) ,(t+h));
        y=y+(k1+2*k2+2*k3+k4)/6.0;
        t=a+i*h;
        err=fabs(y-W(t)) ;
        if (i%10==0)
            printf("%.2lf %10.7lf %10.7lf %10.7lf\n",t,y,W
                (t) ,err);
    }
    return;
}
```

输出结果：(dex5-6.c)

t	$y(t)$	$w(t)$	error
0.00	1.0000000	1.0000000	0.0000000
0.10	1.0003252	1.0003252	0.0000000
0.20	1.0025385	1.0025385	0.0000000
0.30	1.0083636	1.0083636	0.0000000
0.40	1.0193599	1.0193599	0.0000000
0.50	1.0369387	1.0369387	0.0000000
0.60	1.0623767	1.0623767	0.0000000
0.70	1.0968294	1.0968294	0.0000000
0.80	1.1413421	1.1413421	0.0000000
0.90	1.1968607	1.1968607	0.0000000
1.00	1.2642411	1.2642411	0.0000000

当取 $h = 0.01$ 时，取小数点后面第七位，发现近似值恰如真实值，请读者比较使用二阶的 Runge-Kutta 方法的例 5-5 的结果，应该会发现在相同条件下如 $h = 0.01$ 时，四阶比二阶的 Runge-Kutta 方法的效果又好很多。这就是为什么大多数的科技研究人员喜欢用四阶的 Runge-Kutta 方法去求解一阶的常微分方程式的初值问题的原因。

5.6 常微分方程组与高阶常微分方程式

一阶常微分方程式的初值问题在实用上常见有两个因变量以上的方程组，例如
$$y_1' = f_1(y_1, y_2, t), y_1(t_0) = y_{01} (初值条件)$$
$$y_2' = f_2(y_1, y_2, t), y_2(t_0) = y_{02} (初值条件)$$

自变量只有一个 t (代表时间)，因变量有两个分别为 $y_1 = y_1(t)$ 与 $y_2 = y_2(t)$。它们各自有初值条件以及共同的自变量的定义域，如 $a \leqslant t \leqslant b$。

一般的高等工程数学或微分方程式的书都有一定的手算求解方法。但是，有些微分方程组并不是手算就能找到它们的正确解，因此，需要依赖近似解的数值分析，这是本小节的主题。

5.6.1 联立微分方程式的解用二阶的 Runge-Kutta 方法

为了简化易懂，首先考虑两个联立的一阶常微分方程式的求解法。先使用二阶的 Runge-Kutta 方法，再使用推导过程较复杂但较准确的四阶的 Runge-Kutta 方法，供读者参考。

已知两个联立微分方程式如下：

$$y_1' = f_1(y_1, y_2, t), y_1(t_0) = y_{01} \tag{5-12}$$

$$y_2' = f_2(y_1, y_2, t), y_2(t_0) = y_{02} \tag{5-13}$$

自变量 t 的定义域为 $a \leqslant t \leqslant b$，设 $h = \dfrac{(b-a)}{n}$，n 为自变量 t 的区间的等距数目。因为式(5-12)

$$y_1' = \frac{dy_1}{dt} = f_1(y_1, y_2, t)$$

$$\Rightarrow \int_{y_{1(i+1)}}^{y_{1(i)}} dy = \int_{t_i}^{t_{i+1}} f_1(y_1, y_2, t) dt$$

$$\Rightarrow y_{1(i+1)} = y_{1(i)} + \int_{t_i}^{t_{i+1}} f_1(y_1, y_2, t) dt \tag{5-14}$$

式(5-14)右边的定积分，也就是以 $f_1(y_1, y_2, t)$ 为曲线下的面积的积分式，此处使用梯形积分法的公式找出近似解如下：

$$\int_{t_i}^{t_{i+1}} f_1(y_1, y_2, t) dt \cong \frac{1}{2} h[f_1(y_{1(i)}, y_{2(i)}, t_i) + f_1(y_{1(i+1)}, y_{2(i+1)}, t_{i+1})]$$

代入式(5-14)

$$\Rightarrow y_{1(i+1)} = y_{1(i)} + \frac{1}{2} h[f_1(y_{1(i)}, y_{2(i)}, t_i) + f_1(y_{1(i+1)}, y_{2(i+1)}, t_{i+1})] \tag{5-15}$$

请注意，式(5-15)的右边项 $y_{1(i+1)}$ 与 $y_{2(i+1)}$ 是未知的。例如，当 $i = 0$ 时，则

$$y_{1(1)} = y_{1(0)} + \frac{1}{2} h[f_1(y_{1(0)}, y_{2(0)}, t_0) + f_1(y_{1(1)}, y_{2(1)}, t_1)]$$

此时，$y_{1(0)} = y_1(t_0) = y_{01}$，已知的初值条件；$y_{2(0)} = y_2(t_0) = y_{02}$，已知的初值条件；$t_0 = a, t_1 = a + h$ 已知，但是，$y_{1(1)}$ 与 $y_{2(1)}$ 是未知，因此，需要使用向前的 Euler 方法去解决未知的 $y_{1(i+1)}$ 与 $y_{2(i+1)}$，故

$$\tilde{y}_{1(i+1)} = y_{1(i)} + hf_1(y_{1(i)}, y_{2(i)}, t_i) \tag{5-16}$$

为避免式(5-15)的符号混乱，因此使用

$$f_1(\tilde{y}_{1(i+1)}, \tilde{y}_{2(i+1)}, t_{i+1}) \text{取代} f_1(y_{1(i+1)}, y_{2(i+1)}, t_{i+1})$$

式(5-15)改写为

$$y_{1(i+1)} = y_{1(i)} + \frac{1}{2} h[f_1(y_{1(i)}, y_{2(i)}, t_i) + f_1(\tilde{y}_{1(i+1)}, \tilde{y}_{2(i+1)}, t_{i+1})] \tag{5-17}$$

而且 $\tilde{y}_{1(i+1)} = y_{1(i)} + hf_1(y_{1(i)}, y_{2(i)}, t_i)$

同理，$\quad y_2' = f_2(y_1, y_2, t) \Rightarrow \int_{y_{2(i)}}^{y_{2(i+1)}} dy = \int_{t_i}^{t_{i+1}} f_2(y_1, y_2, t) dt$

$$\vdots$$

$$\Rightarrow y_{2(i+1)} = y_{2(i)} + \frac{1}{2}h[f_2(y_{1(i)}, y_{2(i)}, t_i) + f_2(\tilde{y}_{1(i+1)}, \tilde{y}_{2(i+1)}, t_{i+1})] \tag{5-18}$$

而且 $\tilde{y}_{2(i+1)} = y_{2(i)} + hf_2(y_{1(i)}, y_{2(i)}, t_i)$

为了式(5-17)与式(5-18)的易读性，故设

$$k_{11} = hf_1(y_{(i)}, y_{2(i)}, t_i)$$

$$k_{12} = hf_2(y_{1(i)}, y_{2(i)}, t_i)$$

$$k_{21} = hf_1((y_{1(i)} + k_{11}), (y_{2(i)} + k_{12}), t_{i+1})$$

$$k_{22} = hf_2((y_{1(i)} + k_{11}), (y_{2(i)} + k_{12}), t_{i+1})$$

因此　　$\tilde{y}_{1(i+1)} = y_{1(i)} + hf_1(y_{1(i)}, y_{2(i)}, t_i) = y_{1(i)} + k_{11}$

$$\tilde{y}_{2(i+1)} = y_{2(i)} + hf_2(y_{1(i)}, y_{2(i)}, t_i) = y_{2(i)} + k_{12}$$

分别代入式(5-17)与式(5-18)

式(5-17)$\Rightarrow y_{1(i+1)} = y_{1(i)} + \frac{1}{2}[k_{11} + hf_1((y_{1(i)} + k_{11}), (y_{2(i)} + k_{12}), t_{i+1})]$

式(5-18)$\Rightarrow y_{2(i+1)} = y_{2(i)} + \frac{1}{2}[k_{12} + hf_2((y_{1(i)} + k_{11}), (y_{2(i)} + k_{12}), t_{i+1})]$

因为 $k_{21} = hf_1((y_{1(i)} + k_{11}), (y_{2(i)} + k_{12}), t_{i+1})$

$k_{22} = hf_2((y_{1(i)} + k_{11}), (y_{2(i)} + k_{12}), t_{i+1})$

分别代入上面两式，因此

$$\boxed{\begin{aligned} & y_{1(i+1)} = y_{1(i)} + \frac{1}{2}(k_{11} + k_{21}) \\ & y_{2(i+1)} = y_{2(i)} + \frac{1}{2}(k_{12} + k_{22}) \\ & \text{此处的} \\ & k_{11} = hf_1(y_{1(i)}, y_{2(i)}, t_i) \\ & k_{12} = hf_2(y_{1(i)}, y_{2(i)}, t_i) \\ & k_{21} = hf_1((y_{1(i)} + k_{11}), (y_{2(i)} + k_{12}), t_{i+1}) \\ & k_{22} = hf_2((y_{1(i)} + k_{11}), (y_{2(i)} + k_{12}), t_{i+1}) \\ & i = 0,1,2,\cdots,n-1, t_{i+1} = t_i + h, h = (b-a)/n \end{aligned}} \tag{5-19}$$

就是 $y_1' = f_1(y_1, y_2, t), y_1(t_0) = y_{01}$

$y_2' = f_2(y_1, y_2, t), y_2(t_0) = y_{02}$

的二阶 Runge-Kutta 方法应用的近似解。

◆　**例题5-7**　已知下面的二阶常微分方程式及其初值条件如下：

$$y'' + 4y' + 4y = 4\cos t + 3\sin t, y(0) = 1, y'(0) = 0$$

请用二阶的 Runge-Kutta 方法求

$$y(0.1), y'(0.1) \text{ 与 } y(0.2), y'(0.2)$$

> **解：**

学过高等工程数学或微分方程式的解的读者应该还有印象，二阶常微分方程式可以改写成联立的一阶微分方程式如下：

设 $z = y'$ 代入上面的二阶微分方程式：

$$\Rightarrow z' + 4z + 4y = 4\cos t + 3\sin t$$

$$\Rightarrow \begin{cases} z' = f_2(y, z, t) = -4y - 4z + 4\cos t + \sin t, z(0) = 0 \\ f' = f_1(y, z, t) = z, y(0) = 1 \end{cases}$$

很明显，已经把一个二阶常微分方程式及其初值条件改写成常微分方程组，若设 $y_1 = y, y_2 = z$，并且取 $h = 0.1$

$$\Rightarrow \begin{cases} y_1' = f_1(y_1, y_2, t) = y_2, y_1(0) = 1 \\ y_2' = f_2(y_1, y_2, t) = -4y_1 - 4y_2 + 4\cos t + 3\sin t, y_2(0) = 0 \end{cases}$$

套用式(5-19)，则先计算 $k_{11}, k_{12}, k_{21}, k_{22}$ 如下：

$$i = 0 \Rightarrow k_{11} = hf_1(y_{1(0)}, y_{2(0)}, t_0) = y_{2(0)} = 0$$

$$k_{12} = hf_2(y_{1(0)}, y_{2(0)}, t_0) = -4y_{1(0)} - 4y_{2(0)} + 4\cos t_0 + 3\sin t_0$$
$$= 0.1 \times [-4 \times 1 - 4 \times 0 + 4\cos 0 + 3\sin 0]$$
$$= -4 + 4 = 0$$

$$k_{21} = hf_1((y_{1(0)} + k_{11}), (y_{2(0)} + k_{12}), t_1)$$
$$= h(y_{2(0)} + k_{12}) = 0 + 0 = 0$$

$$k_{22} = hf_2((y_{1(0)} + k_{11}), (y_{2(0)} + k_{12}), t_1)$$
$$= h[-4(y_{1(0)} + k_{11}) - 4(y_{2(0)} + k_{12}) + 4\cos t_1 + 3\sin t_1]$$
$$= 0.1[-4(1 + 0) - 4(0 + 0) + 4\cos(0 + 0.1) + 3\sin(0 + 0.1)]$$
$$= 0.1 \times [-4 + 4 \times 0.9950042 + 3 \times 0.0998334]$$
$$= 0.1 \times 0.27951 = 0.02795$$

$$\Rightarrow y_{1(y)} = y_{1(0)} + \frac{1}{2}(k_{11} + k_{21}) = 1 + \frac{1}{2}(0 + 0) = 1$$

$$\Rightarrow y_{2(1)} = y_{2(0)} + \frac{1}{2}(k_{12} + k_{22}) = 0 + \frac{1}{2}(0 + 0.027951)$$
$$= 0.0139755$$

所以 $y_1(0.1) = 1, y_2(0.1) = 0.0139755$

$$i = 1 \Rightarrow k_{11} = hf_1(y_{1(1)}, y_{2(1)}, t_1) = h \times y_{2(1)}$$
$$= 0.1 \times 0.0139755 = 0.00139755$$

$$\Rightarrow k_{12} = hf_2(y_{1(1)}, y_{2(1)}, t_1), t_1 = 0.1$$

$$= h \times [4 \times y_{1(1)} - 4y_{2(1)} + 4\cos t_1 + 3\sin t_1]$$

$$= 0.1 \times [4 \times 1 - 4 \times 0.0139755 + 4\cos(0.1) + 3\sin(0.1)]$$

$$= 0.0223498$$

$$\Rightarrow k_{21} = hf_1((y_{1(1)} + k_{11}), (y_{2(1)} + k_{12}), t_2), t_2 = 0.2$$

$$= h \times (y_{2(1)} + k_{12}) = 0.1 \times (0.0139755 + 0.8223615)$$

$$= 0.0036325$$

$$\Rightarrow k_{22} = hf_2((y_{1(1)} + k_{11}), (y_{2(1)} + k_{12}), t_2)$$

$$= 0.1[-4(1 + 0.00139755) - 4(0.0139755 + 0.0223498)$$

$$+ 4 \times \cos(0.2) + 3 \times \sin(0.2)]$$

$$= 0.0365383$$

$$\Rightarrow y_{1(2)} = y_{1(1)} + \frac{1}{2}(k_{11} + k_{21})$$

$$= 1 + \frac{1}{2}(0.00139755 + 0.0036325)$$

$$= 1.002515$$

$$\Rightarrow y_{2(2)} = y_{2(1)} + \frac{1}{2}(k_{12} + k_{22})$$

$$= 0.0139755 + \frac{1}{2}(0.0223498 + 0.0365383)$$

$$= 0.0434196$$

所以 $y_1(0.2) = 1.002515, y_2(0.2) = 0.0434196$ 。

5.6.2 联立微分方程式用二阶的 Runge-Kutta 方法求解的步骤

已知 m 个一阶方程组如下：

$$y_1' = f_1'(y_1, y_2, y_3, \cdots, y_m, t), y_1(t_0) = y_{01}(\text{初值条件})$$

$$y_2' = f_2'(y_1, y_2, y_3, \cdots, y_m, t), y_2(t_0) = y_{02}$$

$$\vdots \qquad\qquad\qquad\qquad \vdots$$

$$y_m' = f_m'(y_1, y_2, y_3, \cdots, y_m, t), y_2(t_0) = y_{0m}$$

自变量 t 的定义域为

$$a \leqslant t \leqslant b$$

若把 $(b - a)$ 分成 n 等分的时段数，则

$$h = \frac{(b - a)}{n}$$

h 为时段，使用二阶的 Runge-Kutta 方法算出 $y_{1(t)}, y_{2(t)}, y_{3(t)}, \cdots, y_m(t)$ 的近似值

的步骤如下：

START

步骤 1：输入 a, b, n, m

步骤 2：

$$\text{设定} \quad h = (b-a)/n \text{（决定时段）}$$

$$t = a \qquad \text{（启动} t \text{的初值）}$$

$$y_1 = y_{01} \qquad \text{（启动} y \text{的初值条件）}$$

$$y_2 = y_{02}$$

$$\vdots$$

$$y_m = y_{0m}$$

步骤 3：For $i = 1,2,3,\cdots,n$ 回路执行步骤 3-1 到步骤 3-5

步骤 3-1：For $j = 1,2,3,\cdots,m$ 回路执行步骤 3-1-1

步骤 3-1-1：$k_{1j} = hf_j(y_1, y_2, y_3, \cdots, y_m, t)$

步骤 3-2：For $j = 1,2,3,\cdots,m$ 回路执行步骤 3-2-1

步骤 3-2-1：

$$k_{2j} = hf_j((y_1 + k_{11}), (y_2 + k_{12}), (y_3 + k_{13}), \cdots, (y_m + k_{1m}), (t+h))$$

步骤 3-3：For $j = 1,2,3,\cdots,m$ 回路执行步骤 3-3-1

步骤 3-3-1：$y_j = y_j + \dfrac{1}{2}(k_{1j} + k_{2j})$

步骤 3-4：$t = a + ih$

步骤 3-5：输出 $y_1, y_2, y_3, \cdots, y_m$

步骤 4：STOP

◆ **例题5-8**　请使用二阶的Runge-Kutta方法，设计计算机程序重做例5-7的问题，已知$(h = 0.1)$。

$$y_1' = f_1(y_1, y_2, t) = y_2, y_1(0) = 1$$
$$y_2' = f_2(y_1, y_2, t) = -4y_1 - 4y_2 + 4\cos t + 3\sin t, y_2(0) = 0$$

的真实解为

$$W_1(t) = (1+t)\mathrm{e}^{-2t} + \sin t$$
$$W_2(t) = \cos t - (2t+1)\mathrm{e}^{-2t}$$

输出时，分别印出

$$y_1(t), |y_1(t) - W_1(t)|$$
$$y_2(t), |y_2(t) - W_2(t)|$$

➤ **解**:

输出结果如下：(dex5-8.c)

t	y_1	$\lvert y_1 - w_1(t) \rvert$	y_2	$\lvert y_2 - w_2(t) \rvert$
0.00	1.0000000	0.0000000	0.0000000	0.0000000
0.10	1.0000000	0.0004372	0.0139758	0.0014486
0.20	1.0025157	0.0005377	0.0434233	0.0018048
0.30	1.0085206	0.0004548	0.0787379	0.0015000
0.40	1.0181887	0.0002902	0.1131026	0.0008337
0.50	1.0311357	0.0001090	0.1418326	0.0000089
0.60	1.0466026	0.0000494	0.1618678	0.0008405
0.70	1.0635963	0.0001638	0.1713791	0.0016304
0.80	1.0809948	0.0002250	0.1694648	0.0023110
0.90	1.0976266	0.0002318	0.1559163	0.0028568
1.00	1.1123295	0.0001879	0.1310380	0.0032585

C 语言程序(ex5-8.c)如下：

```
/* ex5-8.c based on Second-Order Runge-Kutta Method
 * to approximate the solution of the m order
 * system of first-order initial-value problem.
 *   y1=f1(y1, y2, …, ym, t)
 *   y2=f2(y1, y2, …, ym, t)
 *         .
 *         .
 *   ym=fm(y1, y2, …, ym, t)
 *   a<=t<=b,    y1(a)=y01, y2(a)=y02, …, ym(a)=y0m.
 * at (n+1) equally spaced numbers in the interval
 * [a, b].
 */
#include <stdio.h>
#include <math.h>
#define f1(y1,y2,t)    (y2)
#define  f2 (y1,y2,t) ((-4.0*y2-4.0*y1)+4*cos(t)+3*sin(t))
#define  w1(t)  ((1+t)*(1.0/exp(2*t))+sin(t))
#define  w2(t)  (cos(t)-(1.0/exp(2*t))*(2*t+1))
voicl main()
{
    long i,j,n=10,m=2;
```

```
double t,a=0.0,b=1.0,h, k1[10],k2[10],y[10],y0[10];
h=(b-a)/n;
t=a;
y0[1]=1.0;
y0[2]=0.0;
for(j=1;j<=m;j++)
    y[j]=y0[j];
printf("t  y1 |y1-w1(t)| y2 |y2-w2(t)|\n");
printf("======================================\n");
printf("%.2lf %10.7lf %10.7lf %10.7lf %10.7lf\n",t,y0[
        1],fabs(y0[1] -w1(t)),y0[2],fabs(y0[2]-w2(t)));
for(i=1; i<=n; i++)
{
    for(j=1; j<=m; j++)
    {
        if(j==1)
        k1[j]=h*f1(0,y[j+1],0);
   else  if (i==2)
      k1[j]=h*f2(y[j-1],y[j],t);
  }
 for(j=1; 1<=m: j++)
 {
   if(j==1)
     k2[j] =h*f1(0,(y [j+1] +k1[j+1]),0);
   else  if (j==2)
     k2[j]=h*f2((y[j-1]+k1[j-1]),(y[j]+k1[j]),(t+h));
  }
  for(j=1;j<an;j++)
    y[j]=y[j]+0.5*(k1[j]+k2[j]);
  t=a+i*h;
  if(i%1==0)
  printf("%.2lf %10.7lf %10.7lf %10.7lf %10.7lf\n",
  t,y[1],fabs (y[1]-w1(t)), y[2],fabs(y[2]-w2(t)));
}
return;
}
```

5.6.3 联立微分方程式的求解用四阶的 Runge-Kutta 方法

四阶的 Runge-Kutta 方法应用在求解 m 个联立微分方程式与二阶的 Runge-Kutta 方法类似，但是，四阶的方法的公式推导过程更加复杂，在此不再详谈。然而，四阶的 Runge-Kutta 方法的准确性高达泰勒展开式的第四项，因此，它的误差与时段 $(h)^5$ 成正比，所以四阶的 Runge-Kutta 方法比二阶的更受重视。为了方便说明，现在以两个联立微分方程式的求解来说明如何使用四阶的 Runge-Kutta 方法的公式。

例如，若已知两个方程组以及它们的已知初值条件如下：

$$y_1' = f_1(y_1, y_2, t), y_1(t_0) = y_{01}$$
$$y_2' = f_2(y_1, y_2, t), y_2(t_0) = y_{02}$$
$$a \leqslant t \leqslant b, \text{而且} h = \frac{b-a}{n}$$

针对上面这两个联立微分方程式，四阶的 Runge-Kutta 方法的公式的步骤如下：
(1)计算

$$k_{11} = hf_1(y_1, y_2, t)$$
$$k_{12} = hf_2(y_1, y_2, t)$$

(2)次计算

$$k_{21} = hf_1((y_1 + \frac{1}{2}k_{11}), (y_2 + \frac{1}{2}k_{12}), (t + \frac{1}{2}h))$$

$$k_{22} = hf_2((y_1 + \frac{1}{2}k_{11}), (y_2 + \frac{1}{2}k_{12}), (t + \frac{1}{2}h))$$

(3)再计算

$$k_{31} = hf_1((y_1 + \frac{1}{2}k_{21}), (y_2 + \frac{1}{2}k_{22}), (t + \frac{1}{2}h))$$

$$k_{32} = hf_2((y_1 + \frac{1}{2}k_{21}), (y_2 + \frac{1}{2}k_{22}), (t + \frac{1}{2}h))$$

(4)最后计算

$$k_{41} = hf_1((y_1 + k_{31}), (y_2 + k_{32}), (t + h))$$
$$k_{42} = hf_2((y_1 + k_{31}), (y_2 + k_{32}), (t + h))$$

一旦得到 $k_{11}, k_{12}, k_{21}, k_{22}, k_{31}, k_{32}, k_{41}, k_{42}$ 时，马上可以计算

$$y_1 = y_1 + \frac{1}{6}(k_{11} + 2k_{21} + 2k_{31} + k_{41})$$

$$y_2 = y_2 + \frac{1}{6}(k_{12} + 2k_{22} + 2k_{32} + k_{42})$$

5.6.4　联立微分方程式用四阶的 Runge-Kutta 方法求解的步骤

已知 m 个一阶方程组如下：

$$y_1' = f_1'(y_1, y_2, y_3, \cdots, y_m), y_1(t_0) = y_{01} \,(初值条件)$$
$$y_2' = f_2'(y_1, y_2, y_3, \cdots, y_m), y_2(t_0) = y_{02}$$
$$\vdots$$
$$y_m' = f_m'(y_1, y_2, y_3, \cdots, y_m), y_m(t_0) = y_{0m}$$

自变量 t 的定义域为 $a \leqslant t \leqslant b$

若把 $(b-a)$ 分成 n 等分的时段数，则

$$h = \frac{(b-a)}{n}$$

h 为时段，使用四阶的 Runge-Kutta 方法算出 $y_1(t), y_2(t), y_3(t), \cdots, y_m(t)$ 的近似值的步骤如下：

START

步骤 1：输入 a, b, n, m

步骤 2：　设定 $h = (b-a)/n$ （决定时段）

$$t = a \,(启动 t 的初值)$$
$$y_1 = y_{01} \,(启动 y 的初值)$$
$$y_2 = y_{02}$$
$$\vdots$$
$$y_m = y_{0m}$$

步骤 3：For $i = 1, 2, 3, \cdots, n$ 回路执行步骤 3-1 到步骤 3-7

　步骤 3-1：For $j = 1, 2, 3, \cdots, m$ 回路执行步骤 3-1-1

　　步骤 3-1-1：$k_{1j} = hf_j(y_1, y_2, y_3, \cdots, y_m, t_j)$

　步骤 3-2：For $j = 1, 2, 3, \cdots, m$ 回路执行步骤 3-2-1

　　步骤 3-2-1：

$$k_{2j} = hf_j((y_1 + \frac{1}{2}k_{11}), (y_2 + \frac{1}{2}k_{12}), (y_3 + \frac{1}{2}k_{13}), \cdots, (y_m + \frac{1}{2}k_{1m}), (t + \frac{1}{2}h))$$

　步骤 3-3：For $j = 1, 2, 3, \cdots, m$ 回路执行步骤 3-3-1

　　步骤 3-3-1：

$$k_{3j} = hf_j((y_1 + \frac{1}{2}k_{21}), (y_2 + \frac{1}{2}k_{22}), (y_3 + \frac{1}{2}k_{23}), \cdots, (y_m + \frac{1}{2}k_{2m}), (t + \frac{1}{2}h))$$

　步骤 3-4：For $j = 1, 2, 3, \cdots, m$ 回路执行步骤 3-4-1

　　步骤 3-4-1：

$$k_{4j} = hf_j((y_1 + k_{31}), (y_2 + k_{32}), (y_3 + k_{33}), \cdots, (y_m + k_{3m}), (t + h))$$

步骤 3-5：For $j = 1, 2, 3, \cdots, m$ 回路执行步骤 3-5-1

步骤 3-5-1：$y_j = y_j + \dfrac{1}{6}(k_{1j} + 2k_{2j} + 2k_{3j} + k_{4j})$

步骤 3-6：$t = a + ih$

步骤 3-7：输出 $t, y_1, y_2, y_3, \cdots, y_m$

步骤 4：STOP

◆ **例题5-9** 请使用四阶的Runge-Kutta方法的公式重做例5-8并比较二阶与四阶的结果 $(h = 0.1)$。

➤ **解：**

下面是 (dex5-9.c) 四阶的 Runge-Kutta 方法的公式的近似解。

t	y_1	$\mid y_1 - w_1(t) \mid$	y_2	$\mid y_2 - w_2(t) \mid$
0.00	1.0000000	0.0000000	0.0000000	0.0000000
0.10	1.0004348	0.0000024	0.0125336	0.0000063
0.20	1.0030501	0.0000032	0.0416271	0.0000086
0.30	1.0089723	0.0000030	0.0772460	0.0000082
0.40	1.0184767	0.0000022	0.1122749	0.0000061
0.50	1.0312436	0.0000011	0.1418267	0.0000031
0.60	1.0465534	0.0000002	0.1627080	0.0000004
0.70	1.0634340	0.0000015	0.1730056	0.0000039
0.80	1.0807725	0.0000027	0.1717685	0.0000073
0.90	1.0973986	0.0000038	0.1587628	0.0000103
1.00	1.1121462	0.0000047	0.1342835	0.0000130

C 语言程序如下：

```
/* ex5-9.c based on Fourth-Order Runge-Kutta Method
 * to approximate the solution of the m order
 * system of first-order initial-value problem.
 *   y1=f1(y1, y2, …, ym, t)
 *   y2=f2(y1, y2, …, ym, t)
 *        .
 *        .
 *   ym=fm(y1, y2,…, ym, t)
 *   a<=t<=b, y1(a)=y01, y2(a)=y02, …, ym(a)=y0m.
 * at (n+1) equally spaced numbers in the interval
 * [a, b]
 */
```

```
#include <stdio.h>
#include <math.h>
#define  f1(y1,y2,t)    (y2)
#define  f2 (y1,y2,t) ((-4.0*y2-4.0*y1)+4*cos(t)+3*sin(t))
#define  w1(t)  ((1+t)*(1.0/exp (2*t))+sin(t))
#define  w2(t)  (cos(t)-(1.0/exp(2*t))*(2*t+1))
void main()
{
    long  i,j,n=10,m=2;
    double t,a=0.0,b=1.0,h,
          k1[10],k2[10],k3[10],k4[10],
          y[10],y0[10];
    h=(b-a)/n;
    t=a;
    y0[1]=1.0;
    y0[2]=0.0;
    for(j=1;j<=m;j++)
       y[j]=y0[j];
    printf ("t  y1  |y1-w1(t)|  y2  |y2-w2(t)|\n")
printf("======================================== \ n");
printf("%.2lf %10.7lf %10.7lf %10.7lf %10.7lf\n",t,y0[1],
       fabs(y0[1]-w1(t)),y0[2],fabs(y0[2]-w2(t))) ;
for(i=1;i<=n;i++)
{
   for(j=1;j<=m;j++)
   {
   if(j==1)
      k1[j]=h*f1(y[j],y[j+1],t) ;
   else if (j==2)
      k1[j]=h*f2(y[j-1],y[j],t) ;
}
for(j=1;j<=m;j++)
{
   if(j==1)
      k2[j]=h*f1((y[j]+0.5*k1[j]) , (y[j+1]+0.5*k1[j+1]) ,
            (t+0.5*h));
   else if(j==2)
```

153

```
        k2[j]=h*f2((y[j-1]+0.5*k1[j-1]), (y[j]+0.5*k1[j]),
(t+0.5*h));
    }
    for(j=1;j<=m;j++)
    {
        if(j==1)
            k3[j]=h*f1((y[j]+0.5*k2[j]) , (y[j+1]+0.5*k2[j+1]) ,
                (t+0.5*h));
        else if(j==2)
            k3[j]=h*f2((y[j-1]+0.5*k2[j-1]),(y[j]+0.5*k2
                [j]),(t+0.5*h));
    }
    for(j=1;j<an;j++)
    {
        if(j==1)
            k4[j]=h*f1((y[j]+k3[j]),(y[j+1]+k3[j+1]),(t+h));
        else if(j==2)
            k4[j]=h*f2((y[j-1]+k3[j-1]), (y[j]+k3[j]),(t+h));
    }
    for(j=1;j<=m;j++)
        y[j]=y[j]+((k1[j]+2.0*k2[j]+2.0*k3 [j]+k4[j])/6.0);
    t=a+i*h:
    if(i%1==0)
        printf("%.2lf %10.7lf %10.7lf %10.7lf %10.7lf\n",t,y[1],
            fabs(y[1]-w1(t)),y[2],fabs(y[2]-w2(t)));
    }
    return;
}
```

◆ **例题5-10** 已知下面三个联立的常微分方程式以及初值条件如下：

$$y_1' = y_2 - y_3 + t, y_1(0) = 1$$

$$y_2' = 3t^2, y_2(0) = 1 \qquad 而且 0 \leqslant t \leqslant 1$$

$$y_3' = y_2 + e^{-t}, y_3(0) = -1$$

已知 y_1, y_2, y_3 的真实解分别为

$$W_1(t) = -0.05t^5 + 0.25t^4 + t + 2 - e^{-t}$$

$$W_2(t) = t^3 + 1$$
$$W_3(t) = 0.25t^4 + t - e^{-t}$$

请使用四阶的 Runge-Kutta 方法在 $0 \leqslant t \leqslant 1$ 的范围内计算 $y_1(x), y_2(x)$ 及 $y_3(t)$，并且分别与真实解比较。

(a)设 $h = 0.1$。 (b)设 $h = 0.01$。

➤ 解：

(a) $h = 0.1$(d1ex5-10.c)

t	y_1	$|y_1 - w_1(t)|$	y_2	$|y_2 - w_2(t)|$	y_3	$|y_3 - w_3(t)|$
0.00	1.0000000	0.0000000	1.0000000	0.0000000	-1.0000000	0.0000000
0.10	1.1951869	0.0000001	1.0010000	0.0000000	-0.8048124	0.0000000
0.20	1.3816530	0.0000003	1.0080000	0.0000000	-0.6183307	0.0000000
0.30	1.5610849	0.0000004	1.0270000	0.0000000	-0.4387932	0.0000000
0.40	1.7355674	0.0000005	1.0640000	0.0000000	-0.2639200	0.0000000
0.50	1.9075312	0.0000007	1.1250000	0.0000000	-0.0909056	0.0000000
0.60	2.0796995	0.0000008	1.2160000	0.0000000	0.0835884	0.0000000
0.70	2.2550352	0.0000010	1.3430000	0.0000000	0.2634397	0.0000000
0.80	2.4366860	0.0000011	1.5120000	0.0000000	0.4530711	0.0000000
0.90	2.6279296	0.0000012	1.7290000	0.0000000	0.6574554	0.0000000
1.00	2.8321192	0.0000014	2.0000000	0.0000000	0.8821206	0.0000000

(b) $h = 0.01$(d2ex5-10.c)

t	y_1	$|y_1 - w_1(t)|$	y_2	$|y_2 - w_2(t)|$	y_3	$|y_3 - w_3(t)|$
0.00	1.0000000	0.0000000	1.0000000	0.0000000	-1.0000000	0.0000000
0.10	1.1951871	0.0000000	1.0010000	0.0000000	-0.8048124	0.0000000
0.20	1.3816532	0.0000000	1.0080000	0.0000000	-0.6183308	0.0000000
0.30	1.5610853	0.0000000	1.0270000	0.0000000	-0.4387932	0.0000000
0.40	1.7355680	0.0000000	1.0640000	0.0000000	-0.2639200	0.0000000
0.50	1.9075318	0.0000000	1.1250000	0.0000000	-0.0909057	0.0000000
0.60	2.0797004	0.0000000	1.2160000	0.0000000	0.0835884	0.0000000
0.70	2.2550362	0.0000000	1.3430000	0.0000000	0.2634397	0.0000000
0.80	2.4366870	0.0000000	1.5120000	0.0000000	0.4530710	0.0000000
0.90	2.6279308	0.0000000	1.7290000	0.0000000	0.6574553	0.0000000
1.00	2.8321206	0.0000000	2.0000000	0.0000000	0.8821206	0.0000000

当 $h = 0.01$ 时， $y_1(t)$、 $y_2(t)$ 与 $y_3(t)$ 的准确度高达小数点后面第七位。然后，求解三个联立方程式时的 k 值如下：

$$k_{11} = hf_1(y_1, y_2, y_3, t)$$
$$k_{12} = hf_2(y_1, y_2, y_3, t)$$
$$k_{13} = hf_3(y_1, y_2, y_3, t)$$

$$k_{21} = hf_1((y_1 + \frac{1}{2}k_{11}), (y_2 + \frac{1}{2}k_{12}), (y_3 + \frac{1}{2}k_{13}), (t + \frac{1}{2}h))$$

$$k_{22} = hf_2((y_1 + \frac{1}{2}k_{11}), (y_2 + \frac{1}{2}k_{12}), (y_3 + \frac{1}{2}k_{13}), (t + \frac{1}{2}h))$$

$$k_{23} = hf_3((y_1 + \frac{1}{2}k_{11}), (y_2 + \frac{1}{2}k_{12}), (y_3 + \frac{1}{2}k_{13}), (t + \frac{1}{2}h))$$

$$k_{31} = hf_1((y_1 + \frac{1}{2}k_{21}), (y_2 + \frac{1}{2}k_{22}), (y_3 + \frac{1}{2}k_{23}), (t + \frac{1}{2}h))$$

$$k_{32} = hf_2((y_1 + \frac{1}{2}k_{21}), (y_2 + \frac{1}{2}k_{22}), (y_3 + \frac{1}{2}k_{23}), (t + \frac{1}{2}h))$$

$$k_{33} = hf_3((y_1 + \frac{1}{2}k_{21}), (y_2 + \frac{1}{2}k_{22}), (y_3 + \frac{1}{2}k_{23}), (t + \frac{1}{2}h))$$

$$k_{41} = hf_1((y_1 + k_{31}), (y_2 + k_{32}), (y_3 + k_{33}), (t + h))$$

$$k_{42} = hf_2((y_1 + k_{31}), (y_2 + k_{32}), (y_3 + k_{33}), (t + h))$$

$$k_{43} = hf_3((y_1 + k_{31}), (y_2 + k_{32}), (y_3 + k_{33}), (t + h))$$

最后

$$y_{1(i+1)} = y_{1(i)} + \frac{1}{6}(k_{11} + \frac{1}{2}k_{21} + \frac{1}{2}k_{31} + k_{41})$$

$$y_{2(i+1)} = y_{2(i)} + \frac{1}{6}(k_{12} + \frac{1}{2}k_{22} + \frac{1}{2}k_{32} + k_{42})$$

$$y_{3(i+1)} = y_{3(i)} + \frac{1}{6}(k_{13} + \frac{1}{2}k_{23} + \frac{1}{2}k_{33} + k_{43})$$

依此类推，其他 m 个方程组的解。

下面是 C 语言的程序(ex5-10.c)

```
/* ex5-10.c based on Fourth-Order Runge-Kutta Method
 * to approximate the solution of the m=3 Order
 * system of first-order initial-value problem.
 *   y1=f1(y1, y2, …, ym, t)
 *   y2=f2(y1, y2, …, ym, t)
 *   .
 *   .
 *   ym=fm(y1, y2, …, ym, t)
 *   a<=t<=b,  y1(a)=y01,y2(a)=y02, …, ym(a)=y0m.
 * at (n+1) equally spaced numbers in the interval
 * [a,b].
 */
#include <stdio.h>
#include <math.h>
```

```
#define    f1(y1,y2,y3,t)    (y2-y3+t)
#define    f2 (y1,y2,y3,t)    (3*pow(t,2))
#define    f3 (y1,y2,y3,t)    (y2+(1.0/exp(t)))
#define    w1(t)   (-0.05*pow(t,5)+0.25*pow(t,4)+t+2.0-
                    (1.0/exp(t)))
#define    w2(t)    (pow(t,3)+1.0)
#define    w3(t)    (0.25*pow(t,4)+t-(1.0/exp(t)))
void main()
{
  long  i,j ,n=100,m=3;
  double t,a=0.0,b=1.0,h,
     k1[10],k2[10],k3[10],k4[10],
     y[10],y0[10];
  h=(b-a)/n;
  t=a;
  y0[1]=1.0;
  y0[2]=1.0;
  y0[3]=-1.0;
  for(j=1; j<=m; j++)
    y[j]=y0[j];
printf ("t y1  |y1-w1(t)|  y2  |y2-w2(t)|y3") ;
printf ("  |y3-w3(t)|\n") ;
printf(" =============================================");
printf("============================\n");
printf("%.2lf %10.7lf %10.7lf %10.7lf %10.7lf %10.7lf %1
      0.7lf\n" t,y0[1] ,fabs(y0 [1]-w1(t)) ,y0[2],fabs(y0[2]
      -w2(t)), y0[3],fabs(y0[3]-w3(t)));
for(i=1; i<=n; i++)
{
   for(j=1; j<=m; j++)
   {
      if(j==1)
        k1[j]=h*f1((y[j]),(y[j+1]),(y[j+2]),t);
      else if(j==2)
        k1[j]=h*f2((y[j -1]),(y[j]),(y[j+1]),t);
      else if (j==3)
      k1[j]=h*f3((y[j—2],(y[j-1]) , (y[j]),t);
   }
```

```
    for(j=1; j<=m; j++)
    {
        if(j==1)
            k2[j]=h*f1((y[j]+0.5*k1[j])(y[j+1]+0.5*k1[j+1]),
                    (y[j+2]+0.5*k1[j+2]), (t+0.5*h));
        else if(j==2)
            k2[j]=h*f2((y[j-1]+0.5*k1[j-1]), (y[j]+0.5*k1[j]),
                    (y[j+1]+0.5*k1[j+1]), (t+0.5*h));
        else if(j==3)
            k2[j]=h*f3((y[j-2]+0.5*k1[j-2]),(y[j-1]+0.5*k1[j-
                    1]),(y[j]+0.5*k1[j]), (t+0.5*h));
    }
    for(j=1; j<=m; j++)
    {
        if(j==1)
         k3[j]=h*f1((y[j]+0.5*k2[j]),
                 (y[j+1]+0.5*k2[j+1]),(y[j+2]+0.5*k2[j+2]),
                 (t+0.5*h));
    else if(j==2)
        k3[j]=h*f2((y[j-1]+0.5*k2[j-1]), (y[j]+0.5*k2[j]),
                (y[j+1]+0.5*k2[j+1]), (t+0.5*h));
    else if(j==3)
        k3[j]=h*f3((y[j-2]+0.5*k2[j-2]), (y[j-1]+0.5*k2[j
                -1]),(y[j]+0.5*k2[j]), (t+0.5*h));
}
for(j=1; j<=m; j++)
{
    if(j==1)
        k4[j]=h*f1((y[j]+k3[j]), (y[j+1]+k3[j+1]),
                (y[j+2]+k3[j+2]), (t+h));
    else if(j==2)
        k4[j]=h*f2((y[j-1]+k3[j-1]), (y[j]+k3[j]),
                (y[j+1]+k3[j+1]), (t+h));
    else if(j==3)
        k4[j]=h*f3((y[j-2]+k3[j-2]), (y[j-1]+k3[j -1]),
                (y[j]+k3[j])(t+h));
}
for(j=1;j<=m;j++)
```

```
    y[j]=y[j]+((k1[j]+2.0*k2[j]+2.0*k3 [j]+k4[j])/6.0);
t=a+i*h;
if(i%10==0)
    printf("%.2lf %10.7lf %10.7lf %10.7lf %10.7lf\n",t,y[1
        ],fabs(y[1]-w1(t)),y[2],fabs(y[2]-w2(t)),y[3],f
        abs(y[3]-w3(t)));
}
return;
}
```

m 阶常微分方程式可以转换成 m 个方程组，因此，求解 m 阶常微分方程式就是求解 m 个联立的一阶常微分方程式。例如，

$$y''' + Ay'' + by' = G(y,t)$$

以及，已知的

$$y''(t_0) = \alpha, y'(t_0) = \beta, y(t_0) = \gamma$$

可以设 $y_1 = y, y_2 = y_1', y_3 = y_2'$ 代入上式

$$\Rightarrow y_3' + Ay_3 + By_2 = G(y_1,t)$$

$$\Rightarrow y_3' = G(y_1,t) - Ay_3 - By_2$$

设 $f_3(y_1, y_2, y_3, t) = G(y_1,t) - Ay_3 - By_2$

$$\Rightarrow y_3' = f_3(y_1, y_2, y_3, t) = G(y_1,t) - Ay_3 - By_2, 同理$$

$$\Rightarrow y_2' = f_2(y_1, y_2, y_3, t) = y_3$$

$$\Rightarrow y_1' = f_1(y_1, y_2, y_3, t) = y_2$$

它们的初值条件分别为

$$y_1(t_0) = \gamma, y_2(t_0) = \beta, y_3(t_0) = \alpha$$

也就是说，三阶常微分方程式可以转换成三个联立的一阶常微分方程式，因此，m 阶常微分方程式可以转换成 m 个联立的一阶常微分方程式。

5.7　刚性常微分方程式

什么是刚性常微分方程式？例如，下面一种可能是刚性常微分方程式：

$$y(t) = -\alpha y + g(t), y(0) = y_0$$

当 $\alpha > 0$ 时，而且 $g(t) = 0$，则可以直接用手与笔找到真实解如下：

$$y(t) = y_0 e^{-\alpha t} \tag{5-20}$$

若 $g(t) \neq 0$ 时，则

$$y(t) = y_0 \mathrm{e}^{-\alpha t} + \mathrm{e}^{-\alpha t} \int_0^t g(\xi) \mathrm{e}^{\alpha \xi} \mathrm{d}\xi \tag{5-21}$$

无论是式(5-20)或式(5-21)都受到 $\dfrac{1}{|\alpha|}$ 的影响，$\dfrac{1}{|\alpha|}$ 称做时间常数，因此，遇到刚性常微分方程式时，标准的 Runge-Kutta 方法求其解有时困难，有时甚至不可能。以四阶的 Runge-Kutta 方法为例，若要获得稳定的计算，一定要满足下面的条件：

$$h < \frac{2.785}{|\alpha|} \, (h \text{ 为等时距})$$

因此，当 h 取得不够小时，可能造成没解的现象，反过来说，遇到刚性常微分方程式，唯一的方法便是尽量把 h 取小。这种刚性常微分方程式也一样存在于方程组中。因此，若取 $h = 0.1$ 时，发现答案溢出或不合理，再取 $h = 0.01$ 或者取 $h = 0.001$。如果，还不能解决问题，则应另寻他法。例如，下面的方程式：

$$y' = \left(\frac{50}{y}\right) - 50y, 0 \leqslant t \leqslant 1, y(0) = \sqrt{2}$$

$$\Rightarrow y' = -50y + \frac{50}{y}$$

它的真实解是 $W(t) = \sqrt{1 + \mathrm{e}^{-100t}}$，很明显，它属于刚性常微分方程式，因此，若使用四阶的 Runge-Kutta 方法，则

$$h < \frac{2.785}{|50|} = 0.0557$$

也就是说，h 一定要取小于 0.0557 的值，例如，$h = 0.05$ 能找到合理的近似解。请参考下面两个范例。

◆ **例题5-11** 使用四阶的Runge-Kutta方法求解下面的刚性常微分方程式：

$$y' = \frac{50}{y} - 50y, 0 \leqslant t \leqslant 1, y(0) = \sqrt{2}$$

(a)取 $h = 0.1$，(b) $h = 0.05$，(c) $h = 0.01$，(d) $h = 0.001$。

若已知真实解为 $W(t) = \sqrt{1 + \mathrm{e}^{-100t}}$，请输出时一并印出两者之间的误差。

➢ **解**：
 (a) 取 $h = 0.1$

(d1ex5-11.c)

t	$y(t)$	$w(t)$	error
0.00	1.4142136	1.4142136	0.0000000
0.10	- 15.8525966	1.0000227	16.8526193
0.20	- 215.7458639	1.0000000	216.7458639
0.30	- 2957.4012711	1.0000000	2958.4012711
0.40	- 40514.0340389	1.0000000	40542.0340389
0.50	- 555750.0076712	1.0000000	555751.0076712
0.60	- 7618406.3551152	1.0000000	7618407.3551152
0.70	- 104435653.7847015	1.0000000	104435654.7847015
0.80	- 1431638753.9652832	1.0000000	1431638754.9652832
0.90	- 19625381252.2740898	1.0000000	19625381253.2740898
1.00	-269031267999.9240420	1.0000000	269031268000.9240420

很明显，因为 $h = 0.1 > \dfrac{2.785}{|\alpha|} = 0.0557$，所以无合理答案。

(b)取 $h = 0.05 < 0.0557$，则
(d2ex5-11.c)

t	$y(t)$	$w(t)$	error
0.00	1.4142136	1.4142136	0.0000000
0.10	31.3406218	1.0000227	30.3405991
0.20	12.7757104	1.0000000	11.7757104
0.30	4.2971794	1.0000000	3.2971794
0.40	1.2416323	1.0000000	0.2416323
0.50	1.9840741	1.0000000	0.9840741
0.60	5.1231349	1.0000000	4.1231349
0.70	8.9870723	1.0000000	7.9870723
0.80	2.0245028	1.0000000	1.0245028
0.90	6.3456369	1.0000000	5.3456369
1.00	-1.9624638	1.0000000	2.9624638

虽然计算已趋于稳定，但是，答案还是不合理。

(c)取 $h = 0.01 < 0.0557$，则
(d3ex5-11.c)

t	$y(t)$	$w(t)$	error
0.00	1.4142136	1.4142136	0.0000000
0.10	1.0000227	1.0000227	0.0000043
0.20	1.0000000	1.0000000	0.0000000
0.30	1.0000000	1.0000000	0.0000000
0.40	1.0000000	1.0000000	0.0000000
0.50	1.0000000	1.0000000	0.0000000
0.60	1.0000000	1.0000000	0.0000000
0.70	1.0000000	1.0000000	0.0000000
0.80	1.0000000	1.0000000	0.0000000
0.90	1.0000000	1.0000000	0.0000000
1.00	1.0000000	1.0000000	0.0000000

(d) 取 $h = 0.001$

(d4ex5-11.c)

t	$y(t)$	$w(t)$	error
0.00	1.4142136	1.4142136	0.0000000
0.10	1.0000227	1.0000227	0.0000000
0.20	1.0000000	1.0000000	0.0000000
0.30	1.0000000	1.0000000	0.0000000
0.40	1.0000000	1.0000000	0.0000000
0.50	1.0000000	1.0000000	0.0000000
0.60	1.0000000	1.0000000	0.0000000
0.70	1.0000000	1.0000000	0.0000000
0.80	1.0000000	1.0000000	0.0000000
0.90	1.0000000	1.0000000	0.0000000
1.00	1.0000000	1.0000000	0.0000000

很明显，当 h 取 0.001 时，已经得到合理的近似解，若取 $h = 0.001$ 则其准确度高达小数点后第七位。

附录四阶的 Runge-Kutta 方法的 C 语言程序如下：

(ex5-11.c)

```
/* ex5-11.c based on Four-Order Runge-Kutta
 * Method to approximate the solution of the
 * initial-value problem
```

```
 *  y'=f(y,t),a<=t<=b,y(a)=y0
 *  at (n+1) equally spaced numbers in the interval
 *  [a,b]: input a,b,n,and initial condition y0.
 */
#include <stdio.h>
#include <math.h>
#define    F(y,t)  ((50.0/y) -50*y)
#define    W(t)    (sqrt(1+(1.0/exp (100*t))))
void main()
{
  int i,n=1000;
  double a=0.0,b=1.0,y0=sqrt(2),k1,k2,k3,k4,h,t,y,err;
  h=(b-a)/n;
  t=a;
  y=y0;
  err=fabs(y-W(t));
  printf("t y(t) w(t) error\n");
  printf("========================================\n");
  printf("%.2lf %10.7lf %10.7lf %10.7lf\n", t, y, W(t), err);
  for(i=1; i<=n;i++)
  {
      k1=h*F(y,t);
      k2=h*F((y+k1/2.0),(t+h/2.0));
      k3=h*F((y+k2/2.0),(t+h/2.0));
      k4=h*F((y+k3),(t+h));
      y=y+(k1+2*k2+2*k3+k4)/6.0;
      err=fabs(y-W(t));
      if (i%100==0)
          printf("%.2lf %10.7lf %10.7lf %10.7lf\n", t, y, W(t), err);
  }
  return;
}
```

◆ **例题5-12**　已知两个刚性方程组如下：

$$y_1' = 32y_1 + 66y_2 + \frac{2}{3}t + \frac{2}{3}, 0 \leqslant t \leqslant 1, y_1(0) = \frac{1}{3}$$

$$y_2' = -66y_1 - 133y_2 - \frac{1}{3}t - \frac{1}{3}, 0 \leqslant t \leqslant 1, y_2(0) = \frac{1}{3}$$

若分别取(a) $h = 0.1$，(b) $h = 0.01$，使用四阶的 Runge-Kutta 方法求解。已知真实解为

$$W_1(t) = \frac{2}{3}t + \frac{2}{3}e^{-t} - \frac{1}{3}e^{-100t}$$

$$W_2(t) = -\frac{1}{3}t - \frac{1}{3}e^{-t} + \frac{2}{3}e^{-100t}$$

请比较真实解之后，同时印出两者的误差。

➢ **解：**

(a) $h = 0.1$

答案不合理，因此无解

(b) $h = 0.01$，则得到

(dex5-12.c)

t	y_1	$|y_1 - w_1(t)|$	y_2	$|y_2 - w_2(t)|$
0.00	0.3333333	0.0000000	0.3333333	0.0000000
0.10	0.6698733	0.0000032	-0.3349091	0.0000064
0,20	0.6791538	0.0000000	-0.3395769	0.0000000
0.30	0.6938788	0.0000000	-0.3469394	0.0000000
0.40	0.7135467	0.0000000	-0.3567733	0.0000000
0.50	0.7376871	0.0000000	-0.3688436	0.0000000
0.60	0.7658744	0.0000000	-0.3829372	0.0000000
0.70	0.7977235	0.0000000	-0.3988618	0.0000000
0.80	0.8328860	0.0000000	-0.4164430	0.0000000
0.90	0.8710464	0.0000000	-0.4355232	0.0000000
1.00	0.9119196	0.0000000	-0.4559598	0.0000000

附录四阶的 Runge-Kutta 方法的 C 语言程序：

(ex5-12.c)

```
/* ex5-12.c.c based on Fourth-Order Runge-Kutta Method
 * to approximate the solution of the m order
 * system of first-order initial-value problem.
 *    y1=f1(y1,y2,…,ym,t)
 *    y2=f2(y1,y2,…,ym,t)
 *    .
 *    .
 *    ym=fm(y1,y2, …, ym,t)
```

```
 *      a<=t<=b,  y1(a)=y01,y2(a)=y02, …, ym(a)=y0m.
 * at (n+1) equally spaced numbers in the interval
 * [a, b].
 */
#include <stdio.h>
#include <math.h>
#define f1(y1,y2,t)  (32*y1+66*y2+(2.0/3)*t+(2.0/3))
#define f2(y1,y2,t)  (-66*y1-133*y2-(1.0/3)*t-(1.0/3))
#define w1(t)  ((2.0/3)*t+(2.0/3)*(1.0/exp(t))-(1.0/3)*
               (1.0/exp(100*t)))
#define w2(t)  (-(1.0/3)*t-(1.0/3)*(1.0/exp(t))+(2.0/3)*
               (1.0/exp(100*t)))
void main( )
{
    long  i,j,n=1000,m=2;
    double t,a=0.0,b=1.0,h,k1[10],k2[10],k3[10],k4[10],
           y[10],y0[10];
    h=(b-a)/n;
    t=a;
    y0[1]=1.0/3.0;
    y0[2]=1.0/3.0;
    for(j=1; j<=m; j++)
        y[j]=y0[j];
printf("t  y1  |y1-w1(t)|y2    |y2-w2(t)|\n");
printf("============================================\n");
printf("%.2lf %10.7lf   %10.7lf  %10.7lf   %10.7lf\n" ,t ,
        y0[1] ,fabs(y0[1]-w1(t)),y0[2],fabs(y0[2]-w2(t)));
for(i=1; i<=n; i++)
{
    for(j=1; j<=m; j++)
    {
    if(j==1)
        k1[j]=h*f1(y[j],y[j+1],t);
    else if (i==2)
        k1[j]=h*f2(y[j-1],y[j], t);
    }
    for(j=1; j<=m; j++)
```

```
{
    if(j==1)
        k2[j]=h*f1((y[j]+0.5*k1[j]),(y[j+1]+0.5*k1[j+1])  ,
                (t+0.5*h));
    else if(j==2)
        k2[j]=h*f2((y[j-1]+0.5*k1[j-1]),  (y[j]+0.5*k1[j]),
                (t+0.5*h));
}
for(j=1; j<=m; j++)
{
    if(j==1)
        k3[j]=h*f1((y[j]+0.5*k2[j]),(y[j+1]+0.5*k2[j+1]),
                (t+0.5*h));
    else if(j==2)
        k3[j]=h*f2((y[j-1]+0.5*k2[j-1]),  (y[j]+0.5*k2[j]),
                (t+0.5*h));
}
for(j=1; j<=m; j++)
{
    if(j==1)
        k4[j]=h*f1((y[j]+k3[j]),(y[j+1]+k3[j+1]),(t+h));
    else if(j==2)
        k4[j]=h*f2((y[j-1]+k3[j-1]),  (y[j]+k3[j]), (t+h)); }
    for(j=1; j<=m; j++)
        y[j]=y[j]+((k1[j]+2.0*k2[j]+2.0*k3[j]+k4[j])/6.0);
    t=a+i*h;
    if(%100==0)
        printf("%.2lf  %10.7lf  %10.7lf  %10.7lf  %10.7lf\n",
                t,y[1],fabs(y[1]-w1(t)),y[2],fabs(y[2]-w2(t
                )));
    }
    return;
}
```

习 题

1. 请使用向前的 Euler 方法找出一阶常微分方程式的解答：
$$y' = -y + t + 1, 0 \leqslant t \leqslant 1, y(0) = 1$$

分别取 $h = 0.1$ 与 $h = 0.05$ 之后完成下表：

t	$h = 0.2$ $f(t)$	$h = 0.1$ $f(t)$	$h = 0.05$ $f(t)$	真实解 $W(t) = \mathrm{e}^{-t} + t$
0	1.0000			1.0000
0.2	1.0000			1.0187
0.4	1.0400			1.0703
0.6	1.1120			1.1488
0.8	1.2096			1.2493
1.0	1.3277			1.3679

2. 已知
$$y' = \frac{2}{t} y + t^2 \mathrm{e}^t, y(1) = 0, 1 \leqslant t \leqslant 2$$

请使用（$h = 0.01$）：

(a)向前的 Euler 方法求解。

(b)修正的 Euler 方法求解。

(c)二阶的 Runge-Kutta 方法求解。

(d)四阶的 Runge-Kutta 方法求解。

（并且分别比较真实解 $W(t) = t^2 (\mathrm{e}^t - \mathrm{e})$）

3. 已知
$$y' = \frac{5t}{y} - ty, y(0) = 2, 0 \leqslant t \leqslant 1$$

请使用（$h = 0.01$）：

(a)向前的 Euler 方法求解。

(b)修正的 Euler 方法求解。

(c)二阶的 Runge-Kutta 方法求解。

(d)四阶的 Runge-Kutta 方法求解。

（并且分别比较真实解 $W(t) = \sqrt{5 - \mathrm{e}^{-t^2}}$）

4. 已知二阶的常微分方程式及其初值条件如下：

$$y'' - 2y' + 2y = e^{2t}\sin t, y(0) = -0.4, y'(0) = -0.6, 0 \leqslant t \leqslant 1$$

请使用（$h = 0.1$）：

(a)二阶的 Runge-Kutta 方法求解。

(b)四阶的 Runge-Kutta 方法求解。

（并且分别比较真实解 $W(t) = 0.2e^{2t}(\sin t - 2\cos t)$）

5．已知二阶的常微分方程式及其初值条件如下：

$$t^2 y'' - 2ty' + 2y = t^3 \ln t, y(1) = 1, y'(1) = 0, 1 \leqslant t \leqslant 2$$

请使用（$h = 0.01$）：

(a)二阶的 Runge-Kutta 方法求解。

(b)四阶的 Runge-Kutta 方法求解。

（并且分别比较真实解 $W(t) = \dfrac{7}{4}t + \dfrac{t^3}{2}\ln t - \dfrac{3}{4}t^3$）

6．已知三阶的常微分方程式及其初值条件如下：

$$y''' = -6y^4, y(1) = -1, y'(1) = -1, y''(1) = -2, 1 \leqslant t \leqslant 1.9$$

请使用（$h = 0.01$）：

(a)二阶的 Runge-Kutta 方法求解。

(b)四阶的 Runge-Kutta 方法求解。

（并且分别比较真实解 $W(t) = (t - 2)^{-1}$）

7．已知三个一阶常微分方程组如下：

$$y_1' = y_2, y_1(0) = 3, 0 \leqslant t \leqslant 1$$

$$y_2' = -y_1 + 2e^{-t} + 1, y_2(0) = 0, 0 \leqslant t \leqslant 1$$

$$y_3' = -y_1 + e^{-t} + 1, y_3(0) = 0, 0 \leqslant t \leqslant 1$$

请使用（$h = 0.1$）：

(a)二阶的 Runge-Kutta 方法求解。

(b)四阶的 Runge-Kutta 方法求解。

并且分别比较真实解

$$W_1(t) = \cos t + \sin t + e^{-t} + 1$$

$$W_2(t) = -\sin t + \cos t - e^{-t}$$

$$W_3(t) = -\sin t + \cos t$$

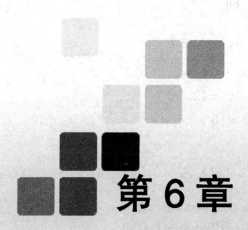

第6章

线性代数的数值方法

线性代数的主题之一是多元一次方程组的求解，例如下面是一组三元一次的方程组：

$$E_1 : -x_1 + x_2 + 2x_3 = 2$$
$$E_2 : 3x_1 - x_2 + x_3 = 6$$
$$E_3 : -x_1 + 3x_2 + 4x_3 = 4$$

如果要寻找 x_1, x_2 与 x_3 满足上面方程式的解，若使用高斯消去法，它的方法如下：

步骤1：先从 E_2 与 E_3 方程式消去 x_1 那一项，因此

$$E_1\left(\frac{3}{-1}\right) - E_2 = E_2 : 2x_2 + 7x_3 = 12$$

$$E_1\left(\frac{-1}{-1}\right) - E_3 = E_3 : 2x_2 + 2x_3 = 2$$

$$\Rightarrow E_1 : -x_1 + x_2 + 2x_3 = 2$$

$$E_2 : 2x_2 + 7x_3 = 12$$

$$E_3 : x_2 + x_3 = 1$$

步骤2：再从 E_3 方程式消去 x_2 那一项，因此

$$E_2\left(\frac{1}{2}\right) - E_3 = E_3 : \frac{5}{2}x_3 = 5$$

$$\Rightarrow E_1 : -x_1 + x_2 + 2x_3 = 2$$

$$E_2 : 2x_2 + 7x_3 = 12$$

$$E_3 : 5x_3 = 10$$

步骤3：向后倒退代入

$$E_3 : x_3 = \frac{10}{5} = 2 \text{ 代入 } E_2$$

$$E_2 : 2x_2 + 7 \times 2 = 12 \Rightarrow x_2 = -1 \text{ 代入 } E_1$$

$$E_1 : -x_1 - 1 + 2 \times 2 = 2 \Rightarrow x_1 = 1$$

最后得到 $x_1 = 1, x_2 = -1, x_3 = 2$ 的唯一解。

上面这组三元一次方程组有唯一的解，但是并非任意的多元方程组都有解。有些方程组根本无解或者它们的解并非只有一种。如何判定一组方程组是否有解的问题涉及方程组的解的存在与唯一性的问题，有关这部分请读者参考一般的高等工程数学或线性代数方面的书，本章不打算详述这方面的条件问题。本章所要详谈的是，假定已经测试过待解的方程组有唯一解之后，使用数值方法如高斯消去法、高斯-乔丹法等方法的步骤设计计算机程序去找到它们的解。

6.1 高斯消去法

先观察下面 n 个方程式有 n 个未知数 x，$a_{11}, a_{12}, \cdots, a_{nn}$ 是 x 的系数而 $b_1, b_2, \cdots, b_n$ 是方程式等号右边的常数。

$$E_1 : a_{11}x_1 + a_{12}x_2 + \cdots + a_{1n}x_n = b_1$$

$$E_2 : a_{21}x_1 + a_{22}x_2 + \cdots + a_{2n}x_n = b_2$$

$$\vdots \quad \vdots \quad \vdots \qquad \vdots \qquad \qquad \vdots \quad \vdots$$

$$E_n : a_{n1}x_1 + a_{n2}x_2 + \cdots + a_{nn}x_n = b_n$$

上面是 n 元一次方程组有 n 个未知数 x，可以用矩阵的符号改写成：

$$
\begin{matrix}
E_1 : \\
E_2 : \\
\vdots \\
E_n :
\end{matrix}
\begin{pmatrix}
a_{11} & a_{12} & \cdots & a_{1n} \\
a_{21} & a_{22} & \cdots & a_{2n} \\
\vdots & \vdots & \vdots & \vdots \\
a_{n1} & a_{n2} & \cdots & a_{nn}
\end{pmatrix}
\begin{pmatrix}
x_1 \\
x_2 \\
\vdots \\
x_n
\end{pmatrix}
=
\begin{pmatrix}
b_1 \\
b_2 \\
\vdots \\
b_n
\end{pmatrix}
$$

高斯消去法所要处理的对象是系数 a 与常数 b，因此，在整个运算过程未知数 x

始终如一，唯有系数 a 与常数 b 逐级改变，其步骤如下：

步骤 1：

$$E_1 \times \frac{a_{21}}{a_{11}} - E_2 = E_2' \ (用 \frac{a_{21}}{a_{11}} \times E_1 减去 E_2 得到新的 E_2)$$

$$(此时 a_{11} \neq 0 方成立)$$

$$E_1 \times \frac{a_{31}}{a_{11}} - E_3 = E_3' \ \ (用 \frac{a_{31}}{a_{11}} \times E_1 减去 E_3 得到新的 E_3)$$

$$\vdots \qquad\qquad\qquad \vdots$$

$$E_1 \times \frac{a_{n1}}{a_{11}} - E_n = E_n' \ (用 \frac{a_{n1}}{a_{11}} \times E_1 减去取 E_n 得到新的 E_n)$$

因此，

$$
\begin{matrix}
E_1': \\
E_2': \\
E_3': \\
\vdots \\
E_n':
\end{matrix}
\begin{pmatrix}
a_{11} & a_{12} & \cdots & a_{1n} \\
0 & a_{22}' & \cdots & a_{2n}' \\
0 & a_{32}' & \cdots & a_{3n}' \\
\vdots & \vdots & & \vdots \\
0 & a_{n2}' & \cdots & a_{nn}'
\end{pmatrix}
\begin{pmatrix}
x_1 \\
x_2 \\
x_3 \\
\vdots \\
x_n
\end{pmatrix}
=
\begin{pmatrix}
b_1 \\
b_2' \\
b_3' \\
\vdots \\
b_n'
\end{pmatrix}
$$

步骤 2：

$$E_2' \times \frac{a_{32}'}{a_{22}'} - E_3 = E_3''$$

$$E_2' \times \frac{a_{42}'}{a_{22}'} - E_4' = E_4''$$

$$E_2' \times \frac{a_{n2}'}{a_{22}'} - E_n' = E_n''$$

因此，

$$
\begin{matrix}
E_1: \\
E_2': \\
E_3'': \\
\vdots \\
\vdots \\
E_n'':
\end{matrix}
\begin{pmatrix}
a_{11} & a_{12} & a_{13} & \cdots & a_{1n} \\
0 & a_{22}' & a_{23}' & \cdots & a_{2n}' \\
0 & 0 & a_{33}'' & \cdots & a_{3n}'' \\
0 & 0 & a_{43}'' & \cdots & a_{4n}'' \\
\vdots & \vdots & \vdots & & \vdots \\
0 & 0 & a_{n3}'' & \cdots & a_{nn}''
\end{pmatrix}
\begin{pmatrix}
x_1 \\
x_2 \\
x_3 \\
\vdots \\
\vdots \\
x_n
\end{pmatrix}
=
\begin{pmatrix}
b_1 \\
b_2' \\
b_3'' \\
\vdots \\
\vdots \\
b_n''
\end{pmatrix}
$$

$$\vdots$$

步骤 $n-1$：（n 个方程组要经过 $n-1$ 个步骤）

$$\begin{pmatrix} a_{11} & a_{12} & a_{13} & \cdots & a_{1n} \\ & a'_{22} & a'_{23} & \cdots & a'_{2n} \\ & & a''_{33} & \cdots & a''_{3n} \\ & & & & \vdots \\ & & & & a_{nn}^{(n-1)} \end{pmatrix} \begin{pmatrix} x_1 \\ x_2 \\ x_3 \\ \vdots \\ x_n \end{pmatrix} = \begin{pmatrix} b_1 \\ b'_2 \\ b''_3 \\ \vdots \\ b_n^{(n-1)} \end{pmatrix}$$

展开成原本样式如下：

$$a_{11}x_1 + a_{12}x_2 + a_{13}x_3 + \cdots + a_{1n}x_n = b_1$$
$$a'_{22}x_2 + a'_{23}x_3 + \cdots + a'_{2n}x_n = b'_2$$
$$a''_{33}x_3 + \cdots + a''_{3n}x_n = b''_3$$
$$\vdots$$
$$+ a_{nn}^{(n-1)}x_n = b_n^{(n-1)}$$

然后，从最后一个方程式逆推代入，因此，

$$x_n = \frac{b_n^{(n-1)}}{a_{nn}^{(n-1)}}$$

$$x_{n-1} = [b_{n-1}^{(n-2)} - a_{(n-1)(n)}^{(n-2)}x_n] / a_{(n-1)(n-1)}^{(n-2)}$$

$$x_1 = [b_1 - \sum_{j=2}^{n} a_{1j}x_j] / a_{11}$$

这样，完成高斯消去法，得到 $x_1, x_2, \cdots, x_n$ 的解。高斯消去法的执行步骤所要处理的对象是 x 的系数 a 属于计算机语言中的二维数组如 C 语言的 $a[i][j], i = 1, 2, \cdots, n$，$j = 1, 2, \cdots, n$，方程式等号右边的常数 b 可以用 $a[i][n+1]$ 来代表。

就是说，在设计计算机程序时，用 $a[i][n+1] = b_i$。

6.2 高斯消去法的步骤

求解 n 元方程组如下：

$$E_1 : a_{11}x_1 + a_{12}x_2 + \cdots + a_{1n}x_n = b_1$$
$$E_2 : a_{21}x_1 + a_{22}x_2 + \cdots + a_{2n}x_n = b_2$$
$$\vdots$$
$$E_n : a_{n1}x_1 + a_{n2}x_2 + \cdots + a_{nn}x_n = b_n$$

步骤 1:输入 n 与二维数组的系数 a_{ij}，$1 \leqslant i \leqslant n$，$1 \leqslant j \leqslant n+1$，$(a_{i(n+1)})$ 部分代表 b_i。

步骤 2：For $k = 1, 2, \cdots, n-1$ 循环执行步骤 2-1 到步骤 2-2。

步骤 2-1：若发现 $a_{kk} = 0$ 则把方程式 E_k 与 E_{k+1} 互换，因此

```
if(a[k][k]==0)
 {
    for(m=1;m<=n+1;m++)
    {
       temp=a[k][m];
       a[k][m]=a[k+1][m];
       a[k+1][m]=temp,
     }
 }
```

步骤 2-2：把 A 矩阵化成上三角的矩阵，因此

```
for  (i=k;i=n-1;i++)
{
   bb=a[i+1][k]/a[k][k];
   for(j=k; j<=n+1; j++)
        a[i+1][j]=a[i+1][j]-bb*a[k][j];
}
```

步骤 3：查核是否有唯一解。

$$\mathtt{if}\,|\,a[n][n]\,|= 0.0$$

输出 NO UNIQUE SOLUTION，然后中止执行程序

步骤 4：进行倒退代入计算 $x_n, x_{n-1}, \cdots, x_2, x_1$

$$x[n] = a[n][n+1] / a[n][n]$$

for $i = n-1, n-2, \cdots, 1$ 循环执行步骤 4-1 到步骤 4-2

步骤 4-1：$cc = 0.0$

步骤 4-2：for $j = i+1, i+2, \cdots, n$ 循环执行 4-2-1

步骤 4-2-1：$cc = cc + a[i][j] * x[j]$；

步骤 4-3：$x[i] = (a[i][n+1] - cc) / a[i][k]$；

步骤 5：STOP

◆ **例题6-1**　根据上面高斯消去法的步骤，把步骤2到步骤4的部分写成函数 gaussh( )转回一维数组的 x (解答)，然后由主函数印出解答。计算机程序设计完成后，求解下面诸问题。

(a) $-x_1 + x_2 + 2x_3 = 2$　　　　(b) $2x_1 - 1.5x_2 + 3x_3 = 1$

$\quad\quad 3x_1 - x_2 + x_3 = 6$　　　　　　$-x_1 + 0 + 2x_3 = 3$

$\quad\quad -x_1 + 3x_2 + 4x_3 = 4$　　　　$4x_1 - 4.5x_2 + 5x_3 = 1$

(c) $2x_1 = 3$

$\quad\quad x_1 + 1.5x_2 = 4.5$

$\quad\quad -3x_2 + 0.5x_3 = -6.6$

$\quad\quad 2x_1 - 2x_2 + x_3 + x_4 = 0.8$

(d) $4.01x_1 + 1.23x_2 + 1.43x_3 - 0.73x_4 = 5.94$

$\quad\quad 1.23x_1 + 7.41x_2 + 2.41x_3 + 3.02x_4 = 14.07$

$\quad\quad 1.43x_1 + 2.41x_2 + 5.79x_3 - 1.11x_4 = 8.52$

$\quad\quad -0.73x_1 + 3.02x_2 - 1.11x_3 + 6.41x_4 = 7.59$

(e) $x_1 + x_2 + 0 + x_4 = 2$

$\quad\quad 2x_1 + x_2 - x_3 + x_4 = 1$

$\quad\quad 4x_1 - x_2 - 2x_3 + 2x_4 = 0$

$\quad\quad 3x_1 - x_2 - x_3 + 2x_4 = -3$

➤ 解：

(a)输入数据(d1ex6-1.c)

```
 3
-1.0    1.0    2.0    2.0
 3.0   -1.0    1.0    6.0
-1.0    3.0    4.0    4.0
```

输出结果：(d01ex6-1.c)

```
-1.000     1.000   2.000   2.000
 3.000    -1.000   1.000   6.000
-1.000     3.000   4.000   4.000
```

$x_1 = 1.000$

$x_2 = -1.000$

$x_3 = 2.000$

(b)输入数据(d2ex6-1.c)

```
 3
 2.0   -1.5    3.0    1.0
-1.0    0.0    2.0    3.0
 4.0   -4.5    5.0    1.0
```

输出结果：(d02ex6-1.c)

```
 2.000    -1.500    3.000    1.000
-1.000     0.000    2.000    3.000
 4.000    -4.500    5.000    1.000
```

$x_1 = -1.000$

$x_2 = -0.000$

$x_3 = 1.000$

(c)输入数据(d3ex6-1.c)

```
4
2.0    0.0    0.0    0.0    3.0
1.0    1.5    0.0    0.0    4.5
0.0   -3.0    0.5    0.0    6.6
2.0   -2.0    1.0    1.0    0.8
```

输出结果：(d03ex6-1.c)

```
2.000    0.000    0.000    0.000    3.000
1.000    1.500    0.000    0.000    4.500
0.000   -3.000    0.500    0.000   -6.600
2.000   -2.000    1.000    1.000    0.800
```

$x_1 = 1.500$

$x_2 = 2.000$

$x_3 = -1.200$

$x_4 = 3.000$

(d)输入数据(d4ex6-1.c)

```
4
 4.01    1.23    1.43   -0.73    5.94
 1.23    7.41    2.41    3.02    14.07
 1.43    2.41    5.79   -1.11    8.52
-0.73    3.02   -1.11    6.41    7.59
```

输出结果：(d04ex6-1.c)

```
 4.010    1.230    1.430   -0.730    5.940
 1.230    7.410    2.410    3.020   14.070
 1.430    2.410    5.790   -1.110    8.520
-0.730    3.020   -1.110    6.410    7.590
```

$x_1 = 1.000$

$x_2 = 1.000$

$x_3 = 1.000$

$x_4 = 1.000$

(e)输入数据(d5ex6-1.c)

4

1.0　1.0　　0.0　1.0　　2.0

2.0　1.0　-1.0　1.0　　1.0

4.0　-1.0　-2.0　2.0　　0.0

3.0　-1.0　-1.0　2.0　-3.0

输出结果：(d05ex6-1.c)

1.000　　1.000　　0.000　　1.000　　2.000

2.000　　1.000　-1.000　　1.000　　1.000

4.000　-1.000　-2.000　　2.000　　0.000

3.000　-1.000　-1.000　　2.000　-3.000

NO UNIQUE SOLUTION!!!

以下附录高斯消去法的 C 语言程序。

```
/* ex6-1.c based on Gaussian Elimination method
 * for solving the n x n linear algebra system
 * a11  x1+a12  x2+. . .+a1n  xn=b1
 * a21  x1+a22  x2+. . .+a2n  xn=b2
 * .
 * .
 * an1  x1+an2  x2+. . .+ann  xn=bn
 * Input number of unknowns and equations n
 * with coefficent a11,a12,...,ann and b1,b2,
 * . . ..bn.  Output  solution  x1,x2,x3,. . . ,xn.
 */
#include <stdio.h>
#include <math.h>
#define MAX 20
void gaussh(int,double [ ][ ] ,double [ ]);
void main( )
{
  int i,j,k,m,n;
  double a[MAX][MAX] ,x[MAX];
  scanf ("%d" ,&n);
  for(i=1;i<=n;i++)
  {
    for(j=1;j<=n+1;j++)
    {
```

```
      scanf("%lf",&a[i][j]) ;
      printf("%6.3lf ",a[i][j]) ;
    }
    printf ("\n") ;
  }
  gaussh(n,a,x); /* call the function gaussh( ) */
  for(i=1;i<=n;i++)
    printf ("x%d=%6.3lf\n" ,i,x [i] ) ;
  return ;
}
void gaussh(int n,double a[MAX][MAX] ,double x[ ])
{
    int i,j,k,m;
    double temp,bb,cc;
    for (k=1 ; k<=n-1 ; k++)
    {
      /* check if a[k][k]=0 is true then interchange */
      /* E(k) and E(k+1) . . . . . . . . . . . .*/
      if (a[k][k]==0)
      {
        for(m=1;m<=n+1;m++)
        {
          temp=a[k][m] ;
          a [k][m]=a[k+1][m] ;
          a[k+1][m]=temp ;
        }
      }
      /* To reduce the matrix to triangular form */
      for(i=k;i<=n-1;i++)
      {
        bb=a[i+1][k]/a[k][k];
        for(j=k;j<=n+1;j++)
          a[i+1][j]=a[i+1][j]-bb*a[k][j];
      }
    }
if(fabs(a[n][n])==0.0)
{
```

```
    printf("NO  UNIQUE  SOLUTION ！！！\n") ;
    exit (1) ;
}
    /* To start backward substitution */
x[n]=a[n][n+1]/a[n][n];
for(i=n-1;i>=1;i--)
{
    cc=0.0;
    for(j=i+1;j<=n;j++)
      cc=cc+a[i][j]*x[j] ;
      x[i]=(a[i][n+1]-cc)/a[i][i];
}
    return ;
}
```

6.3 高斯–乔丹法

求解下面的方程组

$$a_{11}x_1 + a_{12}x_2 + \cdots a_{1n}x_n = b_1$$
$$a_{21}x_1 + a_{22}x_2 + \cdots a_{2n}x_n = b_2$$
$$\vdots \qquad \vdots \qquad \qquad \vdots \qquad \vdots$$
$$a_{n1}x_1 + a_{n2}x_2 + \cdots a_{nn}x_n = b_n$$

如前面所谈及的高斯（向前）消去法，把方程组简化成：

$$\begin{pmatrix} a_{11} & a_{12} & a_{13} & \cdots & a_{1n} \\ 0 & a'_{22} & a'_{23} & \cdots & a'_{2n} \\ 0 & 0 & a''_{33} & \cdots & a''_{3n} \\ & & \ddots & \ddots & \vdots \\ 0 & \cdots & \cdots & 0 & a_{nn}^{(n-1)} \end{pmatrix} \begin{pmatrix} x_1 \\ x_2 \\ x_3 \\ \vdots \\ x_n \end{pmatrix} = \begin{pmatrix} b_1 \\ b'_2 \\ b''_3 \\ \vdots \\ b_n^{(n-1)} \end{pmatrix}$$

然后，再使用高斯向后消去法，把上面的方程组，再简化成：

$$\begin{pmatrix} \bar{a}_{11} & 0 & \cdots & 0 \\ 0 & \bar{a}_{22} & \ddots & \vdots \\ \vdots & \ddots & \ddots & 0 \\ 0 & \cdots & 0 & \bar{a}_{nn} \end{pmatrix} \begin{pmatrix} x_1 \\ x_2 \\ \vdots \\ x_n \end{pmatrix} = \begin{pmatrix} \bar{b}_1 \\ \bar{b}_2 \\ \vdots \\ \bar{b}_n \end{pmatrix}$$

系数 a 分布在对角线上，其余的上下三角部分都是 0。像这样，先后使用高斯向前与向后消去法把原始的多元一次方程组的系数部分 a，简化成对角矩阵的方法叫做高斯-乔丹法，请参考下面范例。

◆ **例题6-2** 下面是前面提及的三个方程组

$$-x_1 + x_2 + 2x_3 = 2$$
$$3x_1 - x_2 + x_3 = 6$$
$$-x_1 + 3x_2 + 4x_3 = 4$$

请使用高斯-乔丹法找到它们的解。

➢ **解：**

如本章一开始的说明，先用高斯向前消去法，得到

$$E_1 : -x_1 + x_2 + 2x_3 = 2$$
$$E_2 : 0 + 2x_2 + 7x_3 = 12$$
$$E_3 : 0 + 0 + 5x_3 = 10$$

然后使用高斯向后消去法如下：

$$E_3 \times (\frac{7}{5}) - E_2 \Rightarrow E_2 : 0 - 2x_2 + 0 = \frac{70}{5} - 12 = 2$$
$$E_3 \times (\frac{2}{5}) - E_1 \Rightarrow E_1 : x_1 - x_2 + 0 = \frac{20}{5} - 2 = 2$$

因此，得到

$$E_1 : x_1 - x_2 + 0 = 2$$
$$E_2 : 0 - 2x_2 + 0 = 2$$
$$E_3 : 0 + 0 + 5x_3 = 10$$

然后，

$$E_2 \times (\frac{-1}{-2}) - E_1 \Rightarrow E_1 : -x_1 + 0 + 0 = -1$$

最后得到：

$$E_1 : -x_1 + 0 + 0 = -1$$
$$E_2 : 0 - 2x_2 + 0 = 2$$
$$E_3 : 0 + 0 + 5x_3 = 10$$

因此，

$$\begin{pmatrix} 1 & 0 & 0 \\ 0 & 2 & 0 \\ 0 & 0 & 5 \end{pmatrix} \begin{pmatrix} x_1 \\ x_2 \\ x_3 \end{pmatrix} = \begin{pmatrix} 3 \\ 2 \\ 10 \end{pmatrix}$$

故得到答案如下：

$$x_1 = \frac{-1}{-1} = 1$$

$$x_2 = \frac{2}{-2} = -1$$

$$x_3 = \frac{10}{5} = 2$$

6.4 高斯–乔丹法的步骤

求解一组 n 元一次方程组如下：

$$\begin{pmatrix} a_{11} & a_{12} & a_{13} & \cdots & a_{1n} \\ a_{21} & a_{22} & a_{23} & \cdots & a_{2n} \\ \vdots & \vdots & \vdots & & \vdots \\ a_{n1} & a_{n2} & a_{n3} & \cdots & a_{nn} \end{pmatrix} \begin{pmatrix} x_1 \\ x_2 \\ \vdots \\ x_n \end{pmatrix} = \begin{pmatrix} b_1 \\ b_2 \\ \vdots \\ b_n \end{pmatrix}$$

经过高斯向前消去之后，马上接着进行高斯向后消去，最后得到对角矩阵的系数 $[a]$ 如下：

$$\begin{pmatrix} \bar{a}_{11} & 0 & \cdots & 0 \\ 0 & \bar{a}_{22} & \ddots & \vdots \\ \vdots & \ddots & \ddots & 0 \\ 0 & \cdots & 0 & \bar{a}_{nn} \end{pmatrix} \begin{pmatrix} x_1 \\ x_2 \\ \vdots \\ x_n \end{pmatrix} = \begin{pmatrix} \bar{b}_1 \\ \bar{b}_2 \\ \vdots \\ \bar{b}_n \end{pmatrix}$$

因此，消去下三角的步骤与前面例 6-2 的高斯向前消去法的步骤完全相同，采用高斯向后消去法形成上三角阵的 0 阵。因此，高斯-乔丹法的步骤如下：

步骤 1：输入 n 与二维数组的系数 a_{ij}，$1 \leqslant i \leqslant n$，$1 \leqslant j \leqslant n+1$，

请注意 a_{ij} 的 $j = n+1$ 时，代表 b_i。

步骤 2：For $k = 1,2,3,\cdots,n-1$ 循环执行步骤 2-1 到 2-2

步骤 2-1：若 $a_{kk} = 0$，则把方程式 E_k 与 E_{k+1} 互换，因此，

```c
if (a[k][k]==0)
{
  for (m=1; m<=n+1; m++)
  {
    temp=a[k][m] ;
    a[k][m]=a[k+1][m];
    a[k+1][m]=temp;
  }
```

```
    }
```

步骤 2-2：把矩阵 a　(包括常数 b_i)化成上三角的矩阵(把下三角的元素变成 0)

```
for (i=k;i=n-1;i++)
{
    bb=a[i+1][i]/a[k][k] ;
    for(j=k;j<=n+1;j+1)
        a[i+1][j]=a[i+1][j]-bb*a[k][j] ;
}
```

步骤 3：查核是否有唯一解

if $|a[n][n]|=0.0$,则

输出 NO UNIQUE SOLUTION EXISTS，然后中止执行程序。

步骤 4：用高斯向后消去法把上三角部分的 a 系数变成 0，因此

for $k=n, n-1, n-2, \cdots, 2$ 循环执行步骤 4-1。

步骤 4-1：

```
for (i=k-1;i>=1;i--)
{
    jj=a[i][k]/a[k][k];
    for(j=n+1;j>=k;j--)
        a[i][j]=a[i][j]-jj*a[k][j] ;
}
```

步骤 5：计算 x_1，$x_2 \cdots$，x_n 的答案，因此，

```
for(i=1;i<=n;i++)
    x[i1=a[i][n+1]/a[i][i]
```

步骤 6：输出 x_1，$x_2 \cdots$，x_n

步骤 7：STOP

◆ **例题6-3**　请用高斯-乔丹方法的步骤设计计算机程序求解下面的多元一次联立方程组。

(a) $-x_1 + x_2 + 2x_3 = 2$

　$3x_1 - x_2 + x_3 = 6$

　$-x_1 + 3x_2 + 4x_3 = 4$

(b) $2x_2 + x_4 = 0$

　$2x_1 + 2x_2 + 3x_3 + 2x_4 = -2$

　$4x_1 - 3x_2 + x_4 = -7$

　$6x_1 + x_2 - 6x_3 - 5x_4 = 6$

➢ 解：

(a)输入数据(d1ex6-3.c)

```
 3
-1   1   2   2
 3  -1   1   6
-1   3   4   4
```

输出结果：(d01ex6-3.c)

```
-1.000   0.000   -0.000    -1.000
 0.000   2.000    0.000    -2.000
 0.000   0.000   -5.000   -10.000
```

$x_1 = 1.000$

$x_2 = -1.000$

$x_3 = 2.000$

(b)输入数据(d2ex6-3.c)

```
4
0   2    0    1    0
2   2    3    2   -2
4  -3    0    1   -7
6   1   -6   -5    6
```

输出结果：(d02ex6-3.c)

```
2.000   0.000    0.000    0.000   -1.000
0.000   2.000    0.000    0.000    2.000
0.000   0.000   -6.000    0.000   -2.000
0.000   0.000    0.000   -9.750   19.500
```

$x_1 = -0.500$

$x_2 = 1.000$

$x_3 = 0.333$

$x_4 = -2.000$

以下附录为 C 语言程序：

```c
/* ex6-3.c based on Gauss-Jordan Method to
 * solve n x n system of linear algebraic
 * equations.
 */
#include <stdio.h>
#include <math.h>
#define MAX 20
```

```
void gaussjd(int,double [ ][ ] ,double [ ] ) ;
void main( )
{
    int i,j,k,m,n;
    double a[MAX][MAX] ,x[MAX] ;
    scanf ( "%d" ,&n) ;
    for(i-1;i<=n;i++)
       for(j=1;j<=n+1;j++)
           scanf("%lf",&a[i][j]);
    gaussjd(n,a,x);  /* call function gaussjd( ) */
    for (i=1;i<=n; i++)
    {
       for(j=1;j<=n+1;j++)
           printf("%6.3lf ",a[i][j]);
       printf ("\n") ;
    }
    for (i=1;i<=n;i++)
        printf ("x%d=%6.3lf\n" ,i,x[i]) ;
    return;
}
void gaussjd(int n,double a[MAX][MAX] ,double x[ ])
{
int i,j,k,m;
double temp,bb,cc,jj;
for(k=1;k<=n-1;k++)
{
   /* check if a[k][k]=0 is true, then *
    * interchange E(k) and E(k+1)......*/
   if(a[k][k]==0)
   {
      for (m=1 ; m<=n+1 ; m++)
      {
         temp=a[k][m] ;
         a[k][m]=a[k+1][m] ;
         a[k+1][m]=temp;
      }
   }
```

```
        /* to reduce the matrix to triangular form */
    for (i=k ; i<=n-1 ; i++)
    {
        bb=a[i+1][k] /a [k][k] ;
            for (j=k; j <=n+1; j++)
                a[i+1][j] =a[i+1][j]-bb*a[k][j] ;
    }
}
if(fabs(a[n][n])==0.0)
{
  printf ("NO UNIQUE SOLUTION EXISTS ! ! ! \n") ;
  exit (1) ;
 }
 for(k=n;k>1;k--)
 {
    for(i=k-1;i>=1;i--)
    {
      jj=a[i][k]/a[k][k] ;
      for(j=n+1;j>=k;j--)
        a[i][j]=a[i][j]-jj*a[k][j] ;
    }
  }
    /* starting to collect the solutions. */
    for(i=1;i<=n;i++)
     x [i] =a [i][n+1] /a [i][i] ;
    return;
}
```

6.5 矩阵 A 的 LU 分解法

矩阵 A 可以分解成一个下三角矩阵与上三角矩阵的乘积如下：

$$A=LU$$

若矩阵 A 为 3×3 的正方形矩阵如下，

$$\begin{pmatrix} a_{11} & a_{12} & a_{13} \\ a_{21} & a_{22} & a_{23} \\ a_{31} & a_{32} & a_{33} \end{pmatrix} = \begin{pmatrix} 1 & 0 & 0 \\ l_{21} & 1 & 0 \\ l_{31} & l_{32} & 1 \end{pmatrix} \begin{pmatrix} u_{11} & u_{12} & u_{13} \\ 0 & u_{22} & u_{23} \\ 0 & 0 & u_{33} \end{pmatrix}$$

下三角矩阵 L 的对角线的元素都是 1。至于如何确定 L 矩阵与 U 矩阵内的每一个元素，其办法很简单，上式的等号右边的 L 与 U 直接依矩阵相乘法则进行相乘，然后把相乘结果与 A 矩阵的每一元素比较，马上可以确定 L 矩阵与 U 矩阵内的每一元素。例如，以 3×3 的 A 矩阵的分解过程来说：

$$\begin{pmatrix} a_{11} & a_{12} & a_{13} \\ a_{21} & a_{22} & a_{23} \\ u_{31} & a_{32} & a_{33} \end{pmatrix} = \begin{pmatrix} u_{11} & u_{12} & u_{13} \\ l_{21}u_{11} & l_{21}u_{12}+u_{22} & l_{21}u_{13}+u_{23} \\ l_{31}u_{11} & l_{31}u_{12}+l_{32}u_{22} & l_{31}u_{13}+l_{32}u_{23}+u_{33} \end{pmatrix}$$

因此：先执行

(a) U 矩阵第一列的元素

$$u_{11} = a_{11}$$
$$u_{12} = a_{12}$$
$$u_{13} = a_{13}，再执行$$

(b) L 矩阵第一行的元素

$$l_{11} = 1.0$$
$$l_{21} = a_{21}/u_{11} \qquad (a_{21} = l_{21}u_{11} \Rightarrow l_{21} = a_{21}/u_{11})$$
$$l_{31} = a_{31}/u_{11}，再执行 (a_{31} = l_{31}u_{11} \Rightarrow l_{31} = a_{31}/u_{11})$$

(c) U 矩阵第二列的元素

$$u_{21} = 0.0$$
$$u_{22} = a_{22} - l_{21}u_{12}(a_{22} = l_{21}u_{12}+u_{22} \Rightarrow u_{22} = a_{22}-l_{21}u_{12})$$
$$u_{23} = a_{23} - l_{21}u_{13}(a_{23} = l_{21}u_{13}+u_{23} \Rightarrow u_{23} = a_{23}-l_{21}u_{13})$$

再执行

(d) L 矩阵第二行的元素

$$l_{12} = 0.0$$
$$l_{22} = 1.0$$
$$l_{32} = (a_{32} - l_{31}u_{12})/u_{22}$$
$$(a_{32} = l_{31}u_{12} + l_{32}u_{22} \Rightarrow l_{32} = (a_{32}-l_{31}u_{12})/u_{22})$$

再执行

(e) U 矩阵第三列的元素

$$u_{31} = 0.0$$
$$u_{32} = 0.0$$
$$u_{33} = a_{33} - l_{31}u_{13} - l_{32}u_{23}$$
$$(a_{33} = l_{31}u_{13} + l_{32}u_{23} + u_{33} \Rightarrow u_{33} = a_{33}-l_{31}u_{13}-l_{32}u_{23})$$

请注意：矩阵 A 分解成 L 矩阵与 U 矩阵的过程的先后次序一定要按上面的顺序，

因为，未知的 L 与 U 的元素需要依序从已知的矩阵 A 的元素计算而得。

◆ 例题6-4 把下面的矩阵：

$$A = \begin{pmatrix} -6 & 14 & 2 \\ 4 & 4 & 9 \\ -3 & 2 & 13 \end{pmatrix}$$

分解成 L 与 U。

➤ 解：

依照前面(a)(b)(c)(d)与(e)所推导出的结果，因此，

$$u_{11} = a_{11} = -6 , \quad u_{12} = a_{12} = 14 , \quad u_{13} = a_{13} = 2$$

$$l_{11} = 1.0$$

$$l_{21} = \frac{a_{21}}{u_{11}} = \frac{4}{-6} = -0.6667$$

$$l_{31} = \frac{a_{31}}{u_{11}} = \frac{-3}{-6} = 0.5$$

$$u_{21} = 0.0$$

$$u_{22} = a_{22} - l_{21}u_{12} = 4 - (-0.6667) \times 14 = 13.3338$$

$$u_{23} = a_{23} - l_{21}u_{13} = +9 - (-0.6667) \times 2 = 10.3334$$

$$l_{12} = 0.0, l_{22} = 1.0, l_{13} = 0.0$$

$$l_{32} = (a_{32} - l_{31}u_{12}) / u_{22} = (2 - 0.5 \times 14)/13.3338 = -0.3750$$

$$u_{31} = 0.0, u_{32} = 0.0$$

$$u_{33} = a_{33} - l_{31}u_{13} - l_{32}u_{23}$$

$$= 13 - 0.5 \times 2 - (-0.3750) \times (10.3334)$$

$$= 15.8750$$

整理上面的 L 元素与 U 元素得到

L 矩阵：

$$\begin{pmatrix} 1.0 & 0.0 & 0.0 \\ -0.6667 & 1.0 & 0.0 \\ 0.5 & -0.3750 & 1.0 \end{pmatrix}$$

U 矩阵：

$$\begin{pmatrix} -6 & 14 & 2 \\ 0.0 & 13.3338 & 10.3334 \\ 0.0 & 0.0 & 15.8750 \end{pmatrix}$$

6.5.1　矩阵 L 与 U 建立的步骤

若原始的 A 矩阵属 $nn \times nn$ 的矩阵，分解成 L 矩阵与 U 矩阵的步骤如下：

(1) 在 $j = n$ 到 nn 的循环条件下执行：

$$u_{nj} = a_{nj} - \sum_{k=1}^{n-1} l_{nk} u_{kj}, \quad j = n \text{ 到 } nn$$

(2) 在 $i = n+1$ 到 nn 的循环条件下执行：

$$l_{in} = (a_{in} - \sum_{k=1}^{n-1} l_{ik} u_{kn}) / u_{nn}, \quad i = n+1 \text{ 到 } nn$$

步骤的执行顺序为 $n = 1$（从 1 开始）先执行(1)再执行(2)，然后当 $n = 2$，则先执行(1)再执行(2)，依此类推。因此，设计计算机程序时，一定要有三层迭代循环共两组。详细情形请参考下一节，矩阵 A 分解成矩阵 L 与矩阵 U 的步骤。（请注意：上面的步骤公式(2)并没有计算 L 矩阵的对角线的元素即 l_{ii}，因为 $l_{ii} = 1.0$ 所以要另行设定）

6.5.2 矩阵 A 分解成矩阵 L 与矩阵 U 的步骤

已知方形矩阵 $A_{N \times N}$，设 $nn = N$，如下：

$$\begin{pmatrix} a_{11} & a_{12} & a_{13} & \cdots & a_{1N} \\ a_{21} & a_{22} & a_{23} & \cdots & a_{2N} \\ \vdots & \vdots & \vdots & & \vdots \\ a_{N1} & a_{N2} & a_{N3} & \cdots & a_{NN} \end{pmatrix} \text{分解成 } L \text{ 与 } U \text{ 如下：}$$

$$L = \begin{pmatrix} 1 & 0 & 0 & \cdots & 0 \\ l_{21} & 1 & 0 & \cdots & 0 \\ l_{31} & l_{32} & 1 & \cdots & 0 \\ \vdots & \vdots & \vdots & \ddots & \vdots \\ l_{N1} & l_{N2} & l_{N3} & \cdots & 1 \end{pmatrix}, U = \begin{pmatrix} u_{11} & u_{12} & u_{13} & \cdots & u_{1N} \\ 0 & u_{22} & u_{23} & \cdots & u_{2N} \\ 0 & 0 & u_{33} & \cdots & u_{3N} \\ \vdots & \vdots & \vdots & \ddots & \vdots \\ 0 & 0 & 0 & \cdots & u_{NN} \end{pmatrix}$$

START

步骤 1：读入 nn 与二维数组 a

步骤 2：For $i = 1, 2, \cdots, nn$ 循环执行步骤 2-1

步骤 2-1：For $j = 1, 2, \cdots, nn$ 循环执行步骤 2-1-1 到步骤 2-1-2

步骤 2-1-1：$u_{ij} = 0.0$（把 U 矩阵的所有元素设定为 0）

步骤 2-1-2：$l_{ij} = 0.0$（把 L 矩阵的所有元素设定为 0）

步骤 3：For $n = 1, 2, \cdots, nn$ 循环执行步骤 3-1 到步骤 3-3

步骤 3-1：For $j = n, n+1, \cdots, nn$ 循环执行步骤 3-1-1 到步骤 3-1-3

步骤 3-1-1：temp1 = 0.0

步骤 3-1-2：For $k = 1, 2, \cdots, n-1$ 循环执行步骤 3-1-2-1

步骤 3-1-2-1：$\text{temp1} = \text{temp1} + 1_{nk} * u_{kj}$

步骤 3-1-3：$u_{nj} = a_{nj} - \text{temp1}$

步骤 3-2：For $i = n+1, n+2, \cdots, nn$ 循环执行步骤 3-2-1 到步骤 3-2-3

步骤 3-2-1：temp2 = 0.00

步骤 3-2-2：For $k = 1, 2, \cdots, n-1$ 循环执行步骤 3-2-2-1

步骤 3-2-2-1：$\text{temp2} = \text{temp2} + (l_{ik} u_{kn})$

步骤 3-2-3：$l_{in} = (a_{in} - \text{temp2}) / u_{nn}$

步骤 3-3：For $i = 1, 2, \cdots, nn$ 循环执行步骤 3-3-1

步骤 3-3-1：$l_{ii} = 1.0$

步骤 4：输出 L 矩阵与 U 矩阵

步骤 5：STOP

请注意，上面的 LU 分解法的步骤的成立条件是：

若使用高斯向前消去法去求解 n 元一次方程组

$Ax = b$ 时，其过程，列与列之间不必互换时，此时，矩阵 A 才能分解为 LU，即

$$A = LU$$

◆ **例题6-5** 设计计算机程序把下面的矩阵 A 分别分解成 L 矩阵与 U 矩阵。

(a) $A = \begin{pmatrix} 2 & 1 & -3 \\ -1 & 3 & 2 \\ 3 & 1 & -3 \end{pmatrix}$

(b) $A = \begin{pmatrix} 8 & 1 & 3 & 2 \\ 2 & 9 & -1 & -2 \\ 1 & 3 & 2 & -1 \\ 1 & 0 & 6 & 4 \end{pmatrix}$

➢ **解：**

(a)输入数据：(d1ex6-5.c)

```
 3
 2   1  -3
-1   3   2
 3   1  -3
```

输出结果：(d01ex6-5.c)

The A Matrix.

2.0000	1.0000	-3.0000
-1.0000	3.0000	2.0000
3.0000	1.0000	-3.0000

The Lower Triangular Matrix

1.0000	0.0000	0.0000
-0.5000	1.0000	0.0000
1.5000	-0.1429	1.0000

The Upper Triangular Matrix

2.0000	1.0000	-3.0000
0.0000	3.5000	0.5000
0.0000	0.0000	1.5714

(b)输入数据：(d2ex6-5.c)

```
4
8   1   3   2
2   9  -1  -2
1   3   2  -1
1   0   6   4
```

输出数据：(d02ex6-5.c)

The A Matrix.

8.0000	1.0000	3.0000	2.0000
2.0000	9.0000	-1.0000	-2.0000
1.0000	3.0000	2.0000	-1.0000
1.0000	0.0000	6.0000	4.0000

The Lower Triangular Matrix

1.0000	0.0000	0.0000	0.0000
0.2500	1.0000	0.0000	0.0000
0.1250	0.3286	1.0000	0.0000
0.1250	-0.0143	2.5455	1.0000

The Upper Triangular Matrix

8.0000	1.0000	3.0000	2.0000
0.0000	8.7500	-1.7500	-2.5000
0.0000	0.0000	2.2000	-0.4286
0.0000	0.0000	0.0000	4.8052

下面附录为 C 语言程序

```
/* ex6-5.c is the LU decomposition of a matrix A
 * A=LU.
```

```
  */
#include <stdio.h>
#include <math.h>
void main( )
{
int n,nn,i,j;
double a[10][10] ,u[10][10] ,l[10][10];
void lluu(int,double [ ][ ] ,double [ ][ ] ,double [ ][ ]);
scanf ("%d " ,&nn) ;
printf("The A Matrix.\n");
for(i=1;i<=nn;i++)
{
  for (j=1; j<=nn; j++)
  {
    scanf("%lf",&a[i][j]);
    printf("%8.4lf ",a[i][j]);
  }
   printf ("\n") ;
}
lluu(nn,a,l,u); /* call function lluu for L and U Matrix */
printf("The Lower Triangular Matrix\n");
for(i=1;i<=nn;i++)
{
   for(j=1;j<=nn;j++)
      printf("%8.4lf ",l[i][j]);
      printf ("\n") ;
}
printf("The Upper Triangular Matrix\n") ;
for(i=1;i<=nn;i++)
{
   for (j=1; j<=nn; j++)
     printf("%8.4lf ",u[i][j]);
   printf ("\n") ;
 }
}
   void lluu(int nn,double a[10][10] ,
       double l[10][10] ,double u[10][10])
```

```
{
    int n,i,j,k;
    double temp1,temp2;
    for (i=1; i<=nn;i++)
      for(j=1;j<=nn;j++)
      {
        u[i][j]=0.0;
        l[i][j]=0.0;
      }
for (n=1;n<=nn;n++)
{
  for(j=n;j<=nn;j++)
  {
    temp1=0.0;
    for (k=1;k<=n-1;k++)
      temp1=temp1+l[n][k]*u[k][j];
    u[n][j]=a[n][j]-temp1;
  }
  for (i=n+1;i<=nn;i++)
  {
    temp2=0.0 ;
    for(k=1;k<=n-1;k++)
      temp2=temp2+(l[i][k]*u[k][n] ) ;
    l[i][n]=(a[i][n]-temp2)/u [n][n] ;
  }
}
for (i=1;i<=nn;i++)
  l[i][i] =1.0;
return;
}
```

6.5.3　*LU* 分解法的用途

若矩阵 *A* 的逆矩阵 A^{-1} 存在，则称 *A* 矩阵为非奇异矩阵。

若矩阵 *A* 的逆矩阵，A^{-1} 不存在，则称 *A* 矩阵为奇异矩阵。*LU* 分解法的用途大致如下：

(1)因为 *LU* 等于矩阵 *A*，所以与高斯消去法或高斯-乔丹法同样可以求解多元一次方程组。

(2)计算行列式的结果时，**LU** 分解法也有用途。

(3)凡是没有极点的矩阵才能分解成 **LU** 式。

此处先介绍如何使用 **LU** 分解法求解多元一次方程组，例如，下面是三个三元一次的代数方程组。

$$\begin{pmatrix} a_{11} & a_{12} & a_{13} \\ a_{21} & a_{22} & a_{23} \\ a_{31} & a_{32} & a_{33} \end{pmatrix}\begin{pmatrix} x_1 \\ x_2 \\ x_3 \end{pmatrix} = \begin{pmatrix} b_1 \\ b_2 \\ b_3 \end{pmatrix}$$

先把矩阵 **A** 分解成 **L** 与 **U** 矩阵之后，就是说

$Ax = b$

$\Rightarrow LUx = b$，此时

设 $Ux = z$ 代入 $LUx = b$ 得到

$\Rightarrow Lz = b$，因此，

先求解 $Lz = b$ 得到 z 矩阵，然后再求解

$\Rightarrow Ux = z$ 的 x 矩阵，到此大功告成。

下面详述求解过程：矩阵 **A** 分解成矩阵 **L** 与矩阵 **U** 之后，得到

$$\begin{pmatrix} 1 & 0 & 0 \\ l_{21} & 1 & 0 \\ l_{31} & l_{32} & 1 \end{pmatrix}\begin{pmatrix} z_1 \\ z_2 \\ z_3 \end{pmatrix} = \begin{pmatrix} b_1 \\ b_2 \\ b_3 \end{pmatrix}$$

$$\Rightarrow \begin{pmatrix} z_1 \\ l_{21}z_1 + z_2 \\ l_{31}z_1 + l_{32}z_2 + z_3 \end{pmatrix} = \begin{pmatrix} b_1 \\ b_2 \\ b_3 \end{pmatrix}，经过逐项比较。$$

得到 $z_1 = b_1$

$$l_{21}z_1 + z_2 = b_2 \Rightarrow z_2 = b_2 - l_{21}z_1$$

$$l_{31}z_1 + l_{32}z_2 + z_3 = b_3 \Rightarrow z_3 = b_3 - l_{31}z_1 - l_{32}z_2$$

因此，得到 $\begin{pmatrix} z_1 \\ z_2 \\ z_3 \end{pmatrix}$ 的矩阵的内容。继续求解：

$Ux = z$

$$\Rightarrow \begin{pmatrix} u_{11} & u_{12} & u_{13} \\ 0 & u_{22} & u_{23} \\ 0 & 0 & u_{33} \end{pmatrix}\begin{pmatrix} x_1 \\ x_2 \\ x_3 \end{pmatrix} = \begin{pmatrix} z_1 \\ z_2 \\ z_3 \end{pmatrix}$$

$$\Rightarrow \begin{pmatrix} u_{11}x_1 + u_{12}x_2 + u_{13}x_3 \\ u_{22}x_2 + u_{23}x_3 \\ u_{33}x_3 \end{pmatrix} = \begin{pmatrix} z_1 \\ z_2 \\ z_3 \end{pmatrix}, \text{经过逐项比较，得到} u_{33}x_3 = z_3 \Rightarrow x_3 = \frac{z_3}{u_{33}}$$

$$u_{22}x_2 + u_{23}x_3 = z_2 \Rightarrow x_2 = \frac{(z_2 - u_{23}x_3)}{u_{22}}$$

$$u_{11}x_1 + u_{12}x_2 + u_{13}x_3 = z_1 \Rightarrow x_1 = \frac{(z_1 - u_{12}x_2 - u_{13}x_3)}{u_{11}}$$

最后求解 x，得到

$$\begin{pmatrix} x_1 \\ x_2 \\ x_3 \end{pmatrix}$$

综合上面求解三个三元一次方程组的过程，依此类推，其他大于三元的联立方程组如 n 元一次方程组的求解，分别使用：向前代入与向后代入的步骤来完成 n 元一次方程组的求解。

(1)向前代入的步骤：

$$z_1 = b_1$$

$$z_i = b_i - (\sum_{j=1}^{i-1} l_{ij}z_j), i = 2,3,\cdots,N$$

(2)向后代入的步骤：

$$x_N = \frac{z_N}{u_{NN}}$$

$$x_i = (z_i - \sum_{j=1+1}^{N} u_{ij}z_j)/u_{ii}, i = N-1, N-2, \ldots, 3, 2, 1$$

就是说，当矩阵 A 被分解成 L 与 U 矩阵之后，再执行(1)向前代入的步骤，然后执行(2)向后代入的步骤即完成用 LU 分解法求解 N 元一次方程组。

◆ 例题6-6 请使用LU分解法求解下面方程组：

$$-x_1 + x_2 + 2x_3 = 2$$

$$3x_1 - x_2 + x_3 = 6$$

$$-x_1 + 3x_2 + 4x_3 = 4$$

➢ 解：

(1)先把矩阵 A 如下，依前面的方法分解成 L 与 U

$$A = \begin{bmatrix} -1 & 1 & 2 \\ 3 & -1 & 1 \\ -1 & 3 & 4 \end{bmatrix}, b = \begin{bmatrix} 2 \\ 6 \\ 4 \end{bmatrix}$$

$\Rightarrow u_{11} = -1, u_{12} = 1, u_{13} = 2$

$l_{11} = 1.0, l_{21} = \dfrac{a_{21}}{u_{11}} = \dfrac{3}{-1} = -3$

$l_{31} = \dfrac{a_{31}}{u_{11}} = \dfrac{-1}{-1} = 1$

$u_{21} = 0, u_{22} = a_{22} - l_{21}u_{12} = -1 - (-3) \times 1 = 2$

$u_{23} = a_{23} - l_{21}u_{13} = 1 - (-3) \times 2 = 7$

$l_{12} = 0.0, l_{22} = 1.0, l_{32} = \dfrac{(a_{32} - l_{31}u_{12})}{u_{22}} = \dfrac{(3 - 1 \times 1)}{2} = 1$

$u_{31} = 0.0, u_{32} = 0.0$

$u_{33} = a_{33} - l_{31}u_{13} - l_{32}u_{23} = 4 - 1 \times 2 - 1 \times 7 = -5$

整理成

$$L = \begin{bmatrix} 1.0 & 0 & 0 \\ -3 & 1.0 & 0 \\ 1.0 & 1.0 & 1.0 \end{bmatrix}, U = \begin{bmatrix} -1 & 1 & 2 \\ 0 & 2 & 7 \\ 0 & 0 & -5 \end{bmatrix}$$

(2)进行向前与向后代入步骤

$b_1 = 2, b_2 = 6, b_3 = 4$

①向前代入

$z_1 = b_1 = 2$

$z_2 = b_2 - l_{21}z_1 = 6 - (-3) \times 2 = 12$

$z_3 = b_3 - l_{31}z_1 - l_{32}z_2 = 4 - 1 \times 2 - 1 \times 12 = -10$

②向后代入

$x_3 = \dfrac{z_3}{u_{33}} = \dfrac{-10}{-5} = 2$

$x_2 = \dfrac{(z_2 - u_{23}x_3)}{u_{22}} = \dfrac{(12 - 7 \times 2)}{2} = -1$

$x_1 = \dfrac{(z_1 - u_{12}x_2 - u_{13}x_3)}{u_{11}} = \dfrac{(2 - 1 \times (-1) - 2 \times 2)}{-1} = 1$

6.6　行列式

行列式与矩阵息息相关。一个 $n \times n$ 的矩阵 A 的行列式就是

$$\det A = \begin{vmatrix} a_{11} & a_{12} & \cdots & a_{1n} \\ a_{21} & a_{22} & \cdots & a_{2n} \\ \vdots & \vdots & & \\ a_{n1} & a_{n2} & \cdots & a_{nn} \end{vmatrix}$$

行列式在线性代数中占相当重要的分量。行列式与矩阵的不同在于行列式一定是正方形的行列式，就是说，行数与列数一定要相同。除此之外，当执行逆矩阵的计算时会用到行列式，例如：

$$A = \begin{pmatrix} a_{11} & a_{12} \\ a_{21} & a_{22} \end{pmatrix} \Rightarrow A^{-1} = \frac{1}{\det A} \begin{pmatrix} a_{22} & -a_{12} \\ -a_{21} & a_{11} \end{pmatrix}$$

因此，在求解非齐次的多元一次方程组时，如果遇到 det$A$=0，则一定无解。反过来说，如果遇到齐次的多元一次方程组时，则一定要有 det$A$=0 的条件才有解，可见行列式计算的重要性。本小节着重介绍如何使用计算机的计算来取代烦琐甚至不可能办到的高阶的行列式的计算。

若读者学过线性代数，一定还记得如何直接运算 3×3 以下的行列式。例如，

$$A_{2 \times 2} = \begin{vmatrix} a_{11} & a_{12} \\ a_{21} & a_{22} \end{vmatrix} = a_{11}a_{22} - a_{12}a_{21}$$

$$A_{2 \times 2} = \begin{vmatrix} a_{11} & a_{12} & a_{13} \\ a_{21} & a_{22} & a_{23} \\ a_{31} & a_{32} & a_{33} \end{vmatrix}$$

$$= a_{11}a_{22}a_{33} + a_{12}a_{23}a_{31} + a_{13}a_{32}a_{21} - a_{13}a_{22}a_{31} - a_{12}a_{21}a_{33} - a_{11}a_{32}a_{23}$$

但是当 4×4 以上的行列式，则不能直接使用像上面这种运算方法去计算。因此，必须使用比较方便易行的办法。总的来说，有两种方法方便于计算任何阶次的行列式；其一，高斯消去法；其二，LU 分解法。这两种方法之所以能方便地计算任何阶次的行列式是因为两条重要的计算规则如下：

规则一：　det(AB)=det$A$·det$B$

指矩阵 A 与 B 的乘积的行列式等于矩阵 A 与矩阵 B 各自的行列式的乘积。

规则二：若 D 是上三角或下三角的矩阵，则 det$D$=D 的对角线所有元素的乘积。例如，若

$$D = \begin{pmatrix} d_{11} & d_{12} & d_{13} \\ 0 & d_{22} & d_{23} \\ 0 & 0 & d_{23} \end{pmatrix}, \quad 则 \det D = d_{11} \times d_{22} \times d_{23}$$

这是高斯消去法能被用来计算行列式的原因。再者 **LU** 分解的原理是：

$$A = LU \Rightarrow \det A = \det(LU) = \det L \cdot \det U$$

因为，

$$L = \begin{pmatrix} 1 & 0 & 0 & \cdots & 0 \\ l_{12} & 1 & 0 & \cdots & 0 \\ l_{31} & l_{32} & 1 & \cdots & 0 \\ \vdots & \vdots & \vdots & \ddots & \vdots \\ l_{n1} & l_{n2} & l_{n3} & \cdots & 1 \end{pmatrix} \Rightarrow \det L = 1 \ (\boldsymbol{L} \ 矩阵是下三角矩阵)$$

$$而且 \ U = \begin{pmatrix} u_{11} & u_{12} & \cdots & u_{1n} \\ 0 & u_{22} & \cdots & u_{2n} \\ \vdots & & \ddots & \vdots \\ 0 & & & u_{nn} \end{pmatrix}$$

$$\Rightarrow \det u = u_{11} \times u_{22} \times u_{33} \times \cdots \times u_{nn} \quad (\boldsymbol{U} \ 矩阵是上三角矩阵)$$

$$故 \Rightarrow \det A = \overset{1}{\det L} \cdot \det U = \det U = u_{11} \times u_{22} \times u_{33} \times \cdots \times u_{nn}$$

总而言之，行列式的计算原则就是如何使用高斯消去法把矩阵转化成上三角或下三角的矩阵，然后把对角线的所有元素相乘，其乘积就是该行列式的计算结果。

◆ **例题6-7** 请用高斯(向前)消去法与**LU**分解法计算下面的矩阵的行列式的计算结果。

(a) $A = \begin{pmatrix} 2 & 1 & -3 \\ -1 & 3 & 2 \\ 3 & 1 & -3 \end{pmatrix}$ (b) $A = \begin{pmatrix} 8 & 1 & 3 & 2 \\ 2 & 9 & -1 & -2 \\ 1 & 3 & 2 & -1 \\ 1 & 0 & 6 & 4 \end{pmatrix}$

➢ **解：**
高斯向前消去法的结果如下：

(a) $\det A = \begin{vmatrix} 2 & 1 & -3 \\ 0 & 3.5 & 0.5 \\ 0 & 0 & 1.5714 \end{vmatrix} = 2 \times 3.5 \times 1.5714 = 10.9998 \approx 11.0$

$$(b)\ \det A = \begin{vmatrix} 8.0 & 1.0 & 3.0 & 2.0 \\ 0.0 & 8.75 & -1.75 & -2.5 \\ 0.0 & 0.0 & 2.2 & -0.4286 \\ 0.0 & 0.0 & 0.0 & 4.8052 \end{vmatrix} = 8 \times 8.75 \times 2.2 \times 4.8052 = 740$$

LU 分解法的结果如下：

$A = LU$

$\Rightarrow \det A = \det(L \cdot L) = \det U$

因为高斯向前消去法对矩阵 A 所进行的运算结果与 LU 分解法的 U 矩阵完全相同，就是说，用 LU 分解法的结果如下：

$$(a)\ L = \begin{pmatrix} 1 & 0 & 0 \\ -0.5 & 1.0 & 0 \\ 1.5 & -0.1429 & 1.0 \end{pmatrix}$$

$$U = \begin{pmatrix} 2 & 1 & -3 \\ 0 & 3.5 & 0.5 \\ 0 & 0 & 1.5714 \end{pmatrix}$$

故 $\det A = \det(LU) = \det U = 11.0$

$$(b)\ L = \begin{pmatrix} 1 & 0.0 & 0.0 & 0.0 \\ 0.25 & 1.0 & 0.0 & 0.0 \\ 0.125 & 0.3286 & 1.0 & 0.0 \\ 0.125 & -0.0143 & 2.5455 & 1.0 \end{pmatrix}$$

$$U = \begin{pmatrix} 8.0 & 1.0 & 3.0 & 2.0 \\ 0.0 & 8.75 & -1.75 & -2.5 \\ 0.0 & 0.0 & 2.2 & -0.4286 \\ 0.0 & 0.0 & 0.0 & 4.8052 \end{pmatrix}$$

故 $\det A = \det(LU) = \det U = 740$

6.7 高斯向前消去法计算行列式的步骤

矩阵 A 的行列式如下：

$$\det A = \begin{vmatrix} a_{11} & a_{12} & \cdots & a_{1n} \\ a_{21} & a_{22} & \cdots & a_{2n} \\ \vdots & \vdots & & \\ a_{n1} & a_{n2} & \cdots & a_{nn} \end{vmatrix}$$

使用高斯向前消去法计算 det$A$ 的步骤与高斯消去法的步骤几乎完全相同，唯一差别在于把矩阵 A 转换成上三角的矩阵过程中，如果遇到 A 矩阵的对角线的元素如 $a_{kk}=0$ 时，该列必须与下一列互换（$E(k)$ 与 $E(k+1)$ 互换），互换时要累计互换的次数。当累计次数为偶数时，det$A$ 的结果不变，但是，当累计次数为奇数时，det$A$ 的结果要乘上负号（乘 -1）。理由是，行列式中列与列互换后的结果与互换前的结果的差别在于互换的次数，若互换次数为奇数，则相差一个负号，若互换次数为偶数，则两者的结果相同。例如：

$$\det A = \begin{vmatrix} a_{11} & a_{12} & a_{13} \\ a_{21} & a_{22} & a_{23} \\ a_{31} & a_{32} & a_{33} \end{vmatrix} = a_{11}a_{22}a_{33} + a_{12}a_{23}a_{31} + a_{13}a_{32}a_{21} - a_{13}a_{22}a_{31} - a_{12}a_{21}a_{33} - a_{11}a_{32}a_{23}$$

第一列与第二列互换，其结果如下：

$$\begin{vmatrix} a_{21} & a_{22} & a_{23} \\ a_{11} & a_{12} & a_{13} \\ a_{31} & a_{32} & a_{33} \end{vmatrix} = a_{21}a_{12}a_{33} + a_{22}a_{13}a_{31} + a_{23}a_{32}a_{11} - a_{23}a_{12}a_{31} - a_{22}a_{11}a_{33} - a_{21}a_{32}a_{13}$$

$$= -\det A$$

若第二列又与第三列互换，其结果如下：

$$\begin{vmatrix} a_{21} & a_{22} & a_{23} \\ a_{31} & a_{32} & a_{33} \\ a_{11} & a_{12} & a_{13} \end{vmatrix} = a_{21}a_{32}a_{13} + a_{22}a_{33}a_{11} + a_{23}a_{12}a_{31} - a_{23}a_{32}a_{11} - a_{22}a_{31}a_{13} - a_{21}a_{12}a_{33}$$

$$= \det A$$

因此，用高斯向前消去法去计算矩阵 A 的行列式的结果，只要设定一个计数器如下：

```
if(a[k][k]==0)
{
flag++;(累计信号)
for(m=1;m<=n;m++)
{
temp=a[k][m];
a[k][n]=a[k+1][m];
a[k+1][m]=temp;
}
}
    ⋮
```

然后把上三角形矩阵的对角线的每一元素相乘如下：

```
    ⋮
acc=1;
```

```
for(i=1;i<=n;i++)
  acc=acc*a[i][i] ;
if(flag%2==0)(互换次数为偶数)
  acc=acc;
else
  acc=-acc;(互换次数为奇数)
```

就是说，只要把前面的高斯向前消去法的步骤增加上面这两部分，其结果便可用来计算矩阵 A 的行列式 $\det A$。

◆ **例题6-8**　请按照高斯(向前)消去法设计计算机程序计算下面这些矩阵的行列式。

(a) $\begin{pmatrix} 4 & -2 & 1 \\ 3 & 0 & -5 \\ 1 & -3 & -4 \end{pmatrix}$
(b) $\begin{pmatrix} -3 & 1 & 8 & 0 \\ 2 & 1 & -1 & 0 \\ 4 & -5 & 2 & 6 \\ 11 & -5 & 1 & 7 \end{pmatrix}$

(c) $\begin{pmatrix} -6 & 0 & 1 & 3 & 2 \\ -1 & 5 & 0 & 1 & 7 \\ 8 & 3 & 2 & 1 & 7 \\ 0 & 1 & 5 & -3 & 2 \\ 1 & 15 & -3 & 9 & 4 \end{pmatrix}$

➢ **解：**

(a)输入数据：(d1ex6-8.c)

```
3
4  -2   1
3   0  -5
1  -3  -4
```

输出结果：(d01ex6-8.c)

```
4.000   -2.000    1.000
3.000    0.000   -5.000
1.000   -3.000   -4.000
Upper triangular determinant
4.000   -2.000        1.000
0.000    1.500       -5.750
0.000    0.000      -13.833
Ans = -83.000
```

(b)输入数据：(d2ex6-8.c)

```
 4
-3   1   8   0
 2   1  -1   0
 4  -5   2   6
11  -3   1   7
```

输出结果：(d02ex6-8.c)

```
-3.000    1.000    8.000    0.000
 2.000    1.000   -1.000    0.000
 4.000   -5.000    2.000    6.000
11.000   -3.000    1.000    7.000
```

Upper triangular determinant

```
3.000    1.000    8.000    0.000
0.000    1.667    4.333    0.000
0.000   -0.000   22.200    6.000
0.000   -0.000    0.000    0.730
```

Ans = 81.000

(c)输入数据：(d3ex6-8.c)

```
  5
-6   0   1   3   2
-1   5   0   1   7
 8   3   2   1   7
 0   1   5  -3   2
 1  15  -3   9   4
```

输出结果：(d03ex6-8.c)

```
 -6.000   0.000    1.000    3.000    2.000
 -1.000   5.000    0.000    1.000    7.000
  8.000   3.000    2.000    1.000    7.000
  0.000   1.000    5.000   -3.000    2.000
  1.000  15.000   -3.000    9.000    4.000
```

Upper triangular determinant

```
-6.000    0.000    1.000    3.000    2.000
-0.000    5.000   -0.167    0.500    6.667
 0.000    0.000    3.433    4.700    5.667
 0.000   -0.000    0.000   -9.990   -7.641
 0.000    0.000   -0.000    0.000  -20.377
```

Ans = −20968.000

以下附录 C 语言程序：

```
/* ex6-8.c based on Gaussian Elimination Method
 * to reduce a determinant to upper triangular
 * determinant, then get the result form it.
 */
#include <stdio.h>
#include <math.h>
#define MAX 20
double dett(int,double [][]);
void main()
{
   int i,j,k,m,n;
   double a[MAX][MAX];
   scanf ("%d",&n) ;
   for (i=1; i<=n; i++)
   {
     for(j=1;j<=n;j++)
     {
       scanf("%lf",&a[i][j]) ;
       printf("%7.3lf ",a[i][j]) ;
     }
     printf ( "\n") ;
   }
   /* call function dett() and output the result */
   printf ( " Ans=%8.3lf \nll , dett (n, a) ) ;
   return;
}
double dett(int n,double a[MAX][MAX])
{
   int i,j,k,m,
       flag=0; 1* check number of row interchange */
   double temp,bb,acc=1.0;
   for(k-1;k<=n-1;k++)
   {
     /* chech if a[k][k]=0 is true,then
      * interchange E(k) and E(k+1)
      */
     if (a[k][k] ==0)
     {
```

```
            flag++;
            for(m=1;m<=n;m++)
            {
                temp=a[k][m] ;
                a[k][m]=a[k+1][m] ;
                a[k+1][m]=temp;
            }
        }
        /* To reduce the matrix to triangular form */
        for(i=k;i<=n-1;i++)
        {
            bb=a[i+1][k]/a[k][k] ;
            for(j=k;j<=n;j++)
                a[i+1][j]=a[i+1][j]-bb*a[k][j] ;
        }
    }
    if(fabs(a[n][n]==0.0))
    {
      printf("The determinant=0\n");
      exit(1) ;
    }
    printf("Upper triangular determinant\n") ;
    for (i=1 ; i<=n; i++)
    {
      for(j=1;j<=n;j++)
          printf("%7.3lf ",a[i][j]);
      printf ("\n") ;
    }
    /* multiplying the diagonal element  */
    /* and modifying the answer based on */
    /* flag's odd or even number ....... */
    for (i=1; i<=n; i++)
      acc=acc*a[i][i] ;
    if (flag%2==0)
        return (acc);
    else
        return (-acc);
}
```

习　题

1. 请找出下面多元一次方程组的解。

(a) $2x_1 + x_2 - 3x_2 = -1$

   $-x_1 + 3x_2 + 2x_3 = 12$

   $3x_1 + x_2 - 3x_3 - 0$

(b) $0.1x_1 - 0.6x_2 + x_3 = 0$

   $-2x_1 + 8x_2 + 0.3x_3 = 1$

   $x + 6x_2 + 4x_3 = 2$

(c) $x_1 - x_2 + 2x_3 - x_4 = -8$

   $2x_1 - 2x_2 + 3x_3 - 3x_4 = -20$

   $x_1 + x_2 + x_3 = -2$

   $x_1 - x_2 + 4x_3 + 3x_4 = 4$

(1)使用高斯消去法。

(2)使用高斯-乔丹法。

（先用手算，再运行计算机程序比对结果。）

2. 请找出下面多元一次方程组的解。

(a) $x_1 - x_2 + 2x_3 - x_4 = 6$

   $x_1 + x_3 + x_4 = 4$

   $2x_1 + x_2 + 3x_3 - 4x_4 = -2$

   $-x_2 + x_3 - x_4 = 5$

(b) $x_1 - x^2 - 2x_3 - x_4 = 1$

   $x_1 - x_3 + x_4 = 1$

   $2x_1 + x^2 + 3x_3 - 4x_4 = 2$

   $-x^2 + x_3 - x_4 = -1$

3. 请使用 **LU** 分解法把下面的矩阵分解成 **L** 矩阵与 **U** 矩阵(先用手算，再运行计算机程序比对结果)。

(a) $\begin{pmatrix} 2 & -1 & 0 \\ -1 & 2 & -1 \\ 0 & -1 & 2 \end{pmatrix}$

(b) $\begin{pmatrix} 2 & -1 & 0 \\ -3 & 4 & -1 \\ 0 & -1 & 2 \end{pmatrix}$

(c) $\begin{pmatrix} -1 & 1 & 2 & -3 \\ 2 & -1 & 3 & 2 \\ 0 & 2 & 4 & 1 \\ 5 & 1 & 1 & -1 \end{pmatrix}$

4. 请使用 **LU** 分解法找出下面的方程组的解。

(a) $2x_1 - x_2 = 1$

$-x_1 + 2x_2 - x_3 = 2$

$-x_2 + 2x_3 = 3$

(b) $2x_1 - x_2 + x_3 = 4$

$-3x_1 + 4x_2 - x_3 = 5$

$x_1 - x_2 + x_3 = 6$

5. 请使用高斯向前消去法计算下面的矩阵的行列式。

(a) $A = \begin{pmatrix} 1 & 2 & 0 \\ 2 & 1 & -1 \\ 3 & 1 & 1 \end{pmatrix}$

(b) $A = \begin{pmatrix} -1 & 1 & 2 & -3 \\ 2 & -1 & 3 & 2 \\ 0 & 2 & 4 & 1 \\ 5 & 1 & 1 & -1 \end{pmatrix}$

第7章

常微分方程式的边界条件

第 5 章提及如何求解常微分方程式的初值问题。一阶常微分方程式需要一个初值条件方能求解，同理，二阶常微分方程式需要两个初值条件，例如：

$$y' = f(y,t) = -y + t + 1, y(0) = 1$$
$$y'' + 0.2y' + 0.003y \sin t = 0, y(0) = 0, y'(0) = 1$$

热传导学、流体力学、材料力学等工程上的物理现象用常微分方程式与其所需的边界条件的数学模型来描述，在理论上与工程实务上常见需要求解类似下面的线性常微分方程式与它的边界条件：

$$y'' + p(x,y,y')y' + q(x,y)y + r(x) = 0，a \leqslant x \leqslant b，y(a) = \alpha，y(b) = \beta$$

$y(a) = \alpha$ 是其中一个边界条件，表示当 $x = a$ 时，$y = \alpha$，$y(b) = \beta$ 是另一个边界条件，表示当 $x = b$ 时，$y = \beta$。一般地，微分方程式的参考书或高等工程数学教材都有相当大的篇幅介绍如何求解线性的常微分方程式与它的边界条件，然而，有相当多的线性常微分方程式与非线性的常微分方程式并非用手解方法能找到恰如其分的真实解，因此，需要使用数值方法去找出它们的近似解，这部分是本章所要详谈的主题。

7.1 三个对角线的方程组的求解法

还没有正式谈及如何求解常微分方程式与其边界条件之前，先详谈后面所要使用的重要工具，也就是如何求解三个对角线的方程组。什么是三个对角线的方程组呢？下面是三个对角线的方程组的一种：

$$2x_1 - x_2 + 0 + 0 = 1$$
$$-x_1 + 2x_2 - x_3 + 0 = 0$$
$$0 - x_2 + 2x_3 - x_4 = 0$$
$$0 + 0 - x_3 + 2x_4 = 1$$

若用矩阵式来表达，则可改写为

$$Ax = D$$

$$\begin{pmatrix} 2 & -1 & 0 & 0 \\ -1 & 2 & -1 & 0 \\ 0 & -1 & 2 & -1 \\ 0 & 0 & -1 & 2 \end{pmatrix} \begin{pmatrix} x_1 \\ x_2 \\ x_3 \\ x_4 \end{pmatrix} = \begin{pmatrix} 1 \\ 0 \\ 0 \\ 1 \end{pmatrix}$$

矩阵 A 的对角线以及左右两条对角线元素不为 0，其余元素为 0。依此类推，若 $n \times n$ 的矩阵属于三个对角线的矩阵所形成的 n 个 n 元一次方程组，其通则可以写成：

$$\begin{pmatrix} B_1 & C_1 & & & & & \\ A_2 & B_2 & C_2 & & & 0 & \\ & A_3 & B_3 & C_3 & & & \\ & & A_4 & B_4 & C_4 & & \\ & & & \ddots & \ddots & \ddots & \\ & & & & A_i & B_i & \ddots \\ 0 & & & & & \ddots & C_i \\ & & & & & A_n & B_n \end{pmatrix} \begin{pmatrix} x_1 \\ x_2 \\ x_3 \\ x_4 \\ \vdots \\ x_i \\ \vdots \\ x_n \end{pmatrix} = \begin{pmatrix} D_1 \\ D_2 \\ D_3 \\ D_4 \\ \vdots \\ D_i \\ \vdots \\ D_n \end{pmatrix}$$

即，$B_1 x_1 + C_1 x_2 = D_1$

$$A_2 x_1 + B_2 x_2 + C_2 x_3 = D_2$$
$$A_3 x_2 + B_3 x_3 + C_3 x_4 = D_3$$
$$\vdots$$
$$A_i x_{i-1} + B_i x_i + C_i x_{i+1} = D_i$$

$$\vdots$$

$$A_n x_{n-1} + B_n x_n = D_n$$

　　前面曾经学过高斯消去法可以求解任何有解的 n 元一次方程组，所谓三个对角线的方程组，仅是其中的一个特例而已。 Thomas 提出他的 Thomas Algorithm 来求解三个对角线的方程组。Thomas 的方法并没有离开高斯消去法的原理，把方程组系数的矩阵部分简化成上三角形的矩阵，然后，再向后退代入已知变量去计算未知变量而完成整个 n 个未知变量的答案。以四元一次的三个对角线的方程组为例子，使用高斯消去法如下：

$$B_1 x_1 + C_1 x_2 = D_1 \tag{7-1}$$

$$A_2 x_1 + B_2 x_2 + C_2 x_3 = D_2 \tag{7-2}$$

$$A_3 x_2 + B_3 x_3 + C_3 x_4 = D_3 \tag{7-3}$$

$$A_4 x_3 + B_4 x_4 = D_4 \tag{7-4}$$

式(7-5)=式(7-2)$-(\dfrac{A_2}{B_1})\times$式(7-1)

$$\Rightarrow \underbrace{(B_2 - \frac{A_2}{B_1}C_1)}_{B_2'} x_2 + C_2 x_3 = \underbrace{D_2 - D_1(\frac{A_2}{B_1})}_{D_2'}$$

$$\Rightarrow B_2' x_2 + C_2 x_3 = D_2' \tag{7-5}$$

式(7-6)= 式(7-3)$-(\dfrac{A_3}{B_2'})\times$式(7-5)

$$\Rightarrow \underbrace{(B_3 - \frac{A_3}{B_2'}C_2)}_{B_3'} x_3 + C_3 x_4 = \underbrace{D_3 - (\frac{A_3}{B_2'})D_2}_{D_3'}$$

$$\Rightarrow B_3' x_3 + C_3 x_4 = D_3' \tag{7-6}$$

式(7-7)= 式(7-4)$-(\dfrac{A_4}{B_3'})\times$式(7-6)

$$\Rightarrow \underbrace{(B_4 - \frac{A_4}{B_3'}C_3)}_{B_4'} x_4 = \underbrace{(D_4 - \frac{A_4}{B_3'}D_3')}_{D_4'}$$

$$\Rightarrow B_4' x_4 = D_4' \tag{7-7}$$

整理式(7-1)、式(7-5)、式(7-6)与式(7-7)如下：

$$B_1 x_1 + C_1 x_2 = D_1$$

$$B_2' x_2 + C_2 x_3 = D_2'$$

$$B_3' x_3 + C_3 x_4 = D_3'$$

$$B_4' x_4 = D_4'$$

即

$$\begin{pmatrix} B_1 & C_1 & 0 & 0 \\ 0 & B_2' & C_2 & 0 \\ 0 & 0 & B_3' & C_3 \\ 0 & 0 & 0 & B_4' \end{pmatrix} \begin{pmatrix} x_1 \\ x_2 \\ x_3 \\ x_4 \end{pmatrix} = \begin{pmatrix} D_1 \\ D_2' \\ D_3' \\ D_4' \end{pmatrix}$$

到此已经完成上三角形的矩阵，接续工作是向后逆行代入如下：

$$x_4 = \frac{D_4'}{B_4'}$$

$$x_3 = \frac{(D_3' - C_3 x_4)}{B_3'}$$

$$x_2 = \frac{(D_2' - C_2 x_3)}{B_2'}$$

$$x_1 = \frac{(D_1' - C_1 x_2)}{B_1'}, \quad （设 B_1' = B_1, D_1' = D_1）$$

这是所谓 Thomas Algorithm 的求解四元一次三个对角线的方程组的过程。各位读者，若细心观察上三角形矩阵内的元素，除了 **C** 不变之外，**B** 与 **D** 的变化过程存在某种规律，例如：

$$\begin{cases} B_1' = B_1 \\ B_2' = B_2 - (\frac{A_2}{B_1'})C_1 \\ B_3' = B_3 - (\frac{A_3}{B_2'})C_2 \\ B_4' = B_4 - (\frac{A_4}{B_3'})C_3 \end{cases} \qquad \begin{cases} D_1' = D_1 \\ D_2' = D_2 - (\frac{A_2}{B_1'})D_1' \\ D_3' = D_3 - (\frac{A_3}{B_2'})D_2' \\ D_4' = D_4 - (\frac{A_4}{B_3'})D_3' \end{cases}$$

因此，似乎可以将 n 元一次三个对角线的方程组写成通式的系数如下：

(a)先设定两个系数如下：

$$B_1' = B_1, D_1' = D_1$$

(b)根据 $i = 2, 3, \cdots, n$ 的顺序计算：

设 $R = \dfrac{A_i}{B_{i-1}'}$

$$B_i' = B_i - RC_{i-1}$$
$$D_i' = D_i - RD_{i-1}$$

完成上三角形的矩阵的元素后，接着向后逆推代入求解如下：

(c)设 $x_n = \dfrac{D'_n}{B'_n}$

(d)根据 $i = n-1, n-2, \cdots, 1$ 的递减顺序计算

$$x_i = \frac{(D'_i - C_i x_{i+1})}{B'_i}$$

到此计算结束。

◆ **例题7-1**　请使用Thomas Algorithm求解下面的四元一次三个对角线的方程组。

$$2x_1 - x_2 = 1$$
$$-x_1 + 2x_2 - x_3 = 0$$
$$-x_2 + 2x_3 - x_4 = 0$$
$$-x_3 + 2x_4 = 1$$

➢ **解：**

$D_1 = 1, D_2 = 0, D_3 = 0, D_4 = 1$

$B_1 = 2, B_2 = 2, B_3 = 2, B_4 = 2$

$A_2 = -1, A_3 = -1, A_4 = -1$

$C_1 = -1, C_2 = -1, C_3 = -1$

$\Rightarrow B'_1 = B_1 = 2$ 　　　　　　　　$\Rightarrow D'_1 = D_1 = 1$

$B'_2 = B_2 - \left(\dfrac{A_2}{B'_1}\right) C_1$ 　　　　　　$D'_2 = D_2 - \left(\dfrac{A_2}{B'_1}\right) D'_1$

$= 2 - \left(\dfrac{-1}{2}\right)(-1) = \dfrac{3}{2}$ 　　　　$= 0 - \left(\dfrac{-1}{2}\right) \times 1 = \dfrac{1}{2}$

$B'_3 = B_3 - \left(\dfrac{A_3}{B'_2}\right) C_2$ 　　　　　　$D'_2 = D_2 - \left(\dfrac{A_2}{B'_1}\right) D'_1$

$= 2 - \left(\dfrac{-1}{\dfrac{3}{2}}\right)(-1)$ 　　　　　$= 0 - \left(\dfrac{-1}{\dfrac{3}{2}}\right) \times \dfrac{1}{2}$

$= \dfrac{4}{3}$ 　　　　　　　　　　　　$= \dfrac{1}{3}$

$$B'_4 = B_4 - \left(\frac{A_4}{B'_3}\right)C_3 \qquad\qquad D'_4 = D_4 - \left(\frac{A_4}{B'_3}\right)D'_3$$

$$= 2 - \left(\frac{-1}{\frac{4}{3}}\right)(-1) \qquad\qquad = 1 - \left(\frac{-1}{\frac{4}{3}}\right) \times \frac{1}{3}$$

$$= \frac{5}{4} \qquad\qquad\qquad\qquad = \frac{5}{4}$$

向后逆行代入：

$$x_4 = \frac{D'_4}{B'_4} = \frac{\frac{5}{4}}{\frac{5}{4}} = 1$$

$$x_3 = \frac{(D'_3 - C_3 x_4)}{B'_3} = \frac{\left(\frac{1}{3} - (-1) \times 1\right)}{\frac{4}{3}} = 1$$

$$x_2 = \frac{(D'_2 - C_2 x_3)}{B'_2} = \frac{\left(\frac{1}{2} - (-1)1\right)}{\frac{3}{2}} = 1$$

$$x_1 = \frac{(D'_1 - C_1 x_2)}{B'_1} = \frac{(1 - (-1) \times 1)}{2} = 1$$

7.2 Thomas 的步骤

三个对角线方程组的求解。其形式如下：

$$\begin{pmatrix} B_1 & C_1 & & & & \\ A_2 & B_2 & C_2 & & & \\ & A_3 & B_3 & C_3 & & \\ & & \ddots & \ddots & \ddots & \\ & & & & A_n & B_n \end{pmatrix} \begin{pmatrix} x_1 \\ x_2 \\ x_3 \\ \vdots \\ x_n \end{pmatrix} = \begin{pmatrix} D_1 \\ D_2 \\ D_3 \\ \vdots \\ D_n \end{pmatrix}$$

任何三个对角线方程组应该整理成类似上面这种形式，已知系数 A，B，C 与 D 统统设定为一维数组，为了节省存储空间，不必另外设定答案 x 的数组，把答案直接由 D 传回来。

START

步骤 1：读入方程组的数目 n 以及系数 a_i, b_i, c_i, d_i（一维数组）。

步骤 2：For $i = 2, 3, \cdots, n$ 循环执行步骤 2-1 到步骤 2-3

步骤 2-1：$r = a_i / b_{i-1}$

步骤 2-2：$b_i = b_i - r \times c_{i-1}$

步骤 2-3：$d_i - d_i - r \times d_{i-1}$

步骤 3：$d_n = d_n / b_n$

步骤 4：For $i = n-1, n-2, \cdots, 1$ 循环执行步骤 4-1

步骤 4-1：$d_i = (d_i - c_i \times d_{i+1}) / b_i$

步骤 5：For $i = 1, 2, \cdots, n$ 循环执行步骤 5-1

步骤 5-1：印出答案 d_i

步骤 6：STOP

◆ **例题7–2**　请使用Thomas步骤设计计算机程序找出下面的三个对角线的方程组的解答。

(a) $2x_1 - x_2 = 3$

　$-x_1 + 2x_2 - x_3 = -3$

　$-x_2 + 2x_3 = 1$

(b) $0.5x_1 + 0.25x_2 = 0.35$

　$0.35x_1 + 0.8x_2 + 0.4x_3 = 0.77$

　$0.25x_2 + x_3 + 0.5x_4 = -0.5$

　$x_3 - 2x_4 = -2.25$

➤ **解：**

(a)输入数据：(d1ex7-2.c)

3　　　　　 ← n

-1　-1　　　← a_i

2　　2　　2 ← b_i

-1　-1　　　← c_i

3　 -3　　1 ← d_i

输出结果：(d01ex7-2.c)

$x_1 = 1.0000$

$x_2 = -1.0000$

$x_3 = 0.0000$

(b)输入数据：(d2ex7-2.c)

$$4 \qquad\qquad\qquad \leftarrow n$$

| 0.35 | 0.25 | 1 | | $\leftarrow a_i$ |

| 0.5 | 0.8 | 1 | -2 | $\leftarrow b_i$ |

| 0.25 | 0.4 | 0.5 | | $\leftarrow c_i$ |

| 0.35 | 0.77 | -0.5 | -2.25 | $\leftarrow d_i$ |

输出结果：(d02ex7-2.c)

$x_1 = -0.0936$

$x_2 = 1.5872$

$x_3 = -1.1674$

$x_4 = 0.5413$

以下附录 C 语言程序：

```c
/* ex7-2.c based on Thomas Algorithm solves
 * the tridiagonal Equations. The input data
 * bases on the order of n,a[],b[],c[],d[]and
 * the ouput of answers are stored in d[]
 */
#include <stdio.h>
#include <math.h>
void tridg(int,double[],double[],double[],double[]);
void main( )
{
    int i,n;
    double  a[20],b[20],c[20],d[20],r;
    scanf("%d",&n);
    for(i=2;i<=n;i++)
        scanf("%lf",&a[i]);
    for(i=1;i<=n;i++)
        scanf("%lf",&b[i]);
    for(i=1;i<=n-1;i++)
        scanf("%lf",&c[i]);
    for(i=1; i<=n;i++)
        scanf("%lf",&d[i]);
    tridg(n,a,b,c,d);
    for(i=1;i<=n;i++)
        printf("x%d=%7.4lf\n" ,i,d[i]);
```

```
    return ;
}
void tridg(int n,double a[],double b[],double c[],double d[])
{
    int i;
    double r;
    for(i=2;i<=n;i++)
    {
        r=a[i]/b[i-1];
        b[i]=b[i]-r*c[i-1];
        d[i]=d[i]-r*d[i-1];
    }
    /* The answers are stored in d[i]*/
    d[n]=d[n]/b[n];
    for(i=n-1;i>=1;i--)
        d[i]=(d[i]-c[i]*d[i+1])/b[i];
    return ;
}
```

7.3　用有限差法解线性常微分方程

二阶线性常微分方程式与它的两个边界条件可以写成如下的通则：

$$y'' + p(x)y' + q(x)y = r(x)$$
$$\Rightarrow y''(x_i) + p(x_i)y'(x_i) + q(x_i)y(x_i) = r(x_i) \tag{7-8}$$
$$a \leqslant x \leqslant b, y(a) = \alpha, y(b) = \beta$$

设 $h = \dfrac{b-a}{n+1}$ 而且 $x_i = a + ih$，因此

$y_i = y(x_i)$ 同理 $y_i'' = y''(x_i), y_i' = y'(x_i)$

而且 $y(x_0 = a) = \alpha = y_0, y(x_{n+1} = b) = \beta = y_{n+1}$

使用有限差的方法把上面方程式(7-8)转换成三个对角线的 n 元一次代数方程组。关键点在于如何把 y_i'' 与 y' 部分用代数式取代。读者应该记得前面第 3 章曾经谈过函数二次微分的中心差商的公式与函数一次微分的中心差商的公式如下：

213

$$y_i'' = \frac{y_{i+1} - 2y_i + y_{i-1}}{h^2} + Q(h^2), Q(h^2) = -\frac{1}{12}h^2 y_i^{(4)} \tag{7-9}$$

$$y_i' = \frac{y_{i+1} - y_{i-1}}{2h} + Q(h^2), Q(h^2) = -\frac{1}{6}h^2 f_i^{(3)} \tag{7-10}$$

省去误差项目 $Q(h^2)$ 之后把式(7-9)与式(7-10)分别代入式(7-8)：

$$y_i'' + p(x_i)y_i' + q(x_i)y_i = r(x_i)$$

$$\Rightarrow \frac{y_{i+1} - 2y_i + y_{i-1}}{h^2} + p(x_i).\frac{y_{i+1} - y_{i-1}}{2h} + q(x_i)y_i = r(x_i)$$

$$\Rightarrow (1 - \frac{h}{2}p(x_i))y_{i-1} + (h^2 q(x_i) - 2)y_i + (1 + \frac{h}{2}p(x_i))y_{i+1} = h^2 r(x_i)$$

到此可明显看到上式是所谓的三个对角线的 n 元一次方程组，因此

$$i = 1 \Rightarrow \underbrace{(1 - \frac{h}{2}p(x_1))y_0}_{\text{边界条件已知}} + (h^2 q(x_1) - 2)y_1 + (1 + \frac{h}{2}p(x_1))y_2 = h^2 r(x_1)$$

$$\therefore \Rightarrow \underbrace{(h^2 q(x_1) - 2)}_{B_1}y_1 + \underbrace{(1 + \frac{h}{2}p(x_1))}_{C_1}y_2 = \underbrace{h^2 r(x_1) - (1 - \frac{h}{2}p(x_1))y_0}_{D_1}$$

$$i = 2 \Rightarrow \underbrace{(1 - \frac{h}{2}p(x_2))y_1}_{A_2} + \underbrace{(h^2 q(x_2) - 2)y_2}_{B_2} + \underbrace{(1 + \frac{h}{2}p(x_2))y_3}_{C_2} = \underbrace{h^2 r(x_2)}_{D_2}$$

$$i = 3 \Rightarrow \underbrace{(1 - \frac{h}{2}p(x_3))y_2}_{A_3} + \underbrace{(h^2 q(x_3) - 2)y_3}_{B_3} + \underbrace{(1 + \frac{h}{2}p(x_3))y_4}_{C_3} = \underbrace{h^2 r(x_3)}_{D_3}$$

$$\vdots$$

$$i = n \Rightarrow (1 - \frac{h}{2}p(x_n))y_{n-1} + (h^2 q(x_n) - 2)y_n + \underbrace{(1 + \frac{h}{2}p(x_n))y_{n+1}}_{\text{边界条件已知}} = h^2 r(x_n)$$

所以 $\Rightarrow \underbrace{(1 - \frac{h}{2}p(x_n))}_{A_n}y_{n-1} + \underbrace{(h^2 q(x_n) - 2)}_{B_n}y_n = \underbrace{h^2 r(x_n) - (1 + \frac{h}{2}p(x_n))y_{n+1}}_{D_n}$

即，使用有限差法把式(7-8)转换成三个对角线的 n 元一次方程组如下：

$$\begin{pmatrix} B_1 & C_1 & & & \\ A_2 & B_2 & C_2 & & \\ & A_3 & B_3 & C_3 & \\ & & \ddots & \ddots & \\ & & & A_n & B_n \end{pmatrix} \begin{pmatrix} y_1 \\ y_2 \\ y_3 \\ \vdots \\ y_4 \end{pmatrix} = \begin{pmatrix} D_1 \\ D_2 \\ D_3 \\ \vdots \\ D_n \end{pmatrix}$$

接下来的工作，便是使用 Thomas 步骤去解式(7-9)，这是为什么本章一开始要先介绍如何求解三个对角线的 n 元一次代数联立方程的缘故。如果读者认为，何不使用 LU 分解法求解、直接用高斯消去法或高斯-乔丹消去法求解三个对角线的一元一次代数方程组。持这种想法原本正确，但是化简为繁不是上策，使用简单易行（易于设计程序）的 Thomas 步骤才是上策。因此，应该把求解三个对角线的 n 元一次代数方程组的 Thomas 步骤写成计算机程序的函数(或子程序)，需要时，调用它来执行求解三个对角线的 n 元一次代数方程组即可完成任务。

7.4 求解线性常微分方程的边界问题，使用有限差法的步骤

已知，常微分方程式及其边界条件如下：

$$y'' + p(x)y' + q(x)y = r(x), y(aa) = \alpha, y(bb) = \beta, aa \leqslant x \leqslant bb$$

使用中心差商的公式把常微分方程式转换成三个对角线的代数方程组，然后调用 tridg()函数找出每一点位置上的 y 值的步骤如下：

START
步骤 1：读入 $n, aa, bb, alfa, bata$
步骤 2：定义 $p(x), q(x)$ 与 $r(x)$
步骤 3：设定 $h = (bb - aa)/(n + 1)$
步骤 4：启动三个对角在线第一列的元素

$$x_1 = aa + h$$

$$b_1 = h^2 q(x_1) - 2$$

$$c_1 = 1 + \frac{h}{2} p(x_1)$$

$$d_1 = h^2 r(x_1) - (1 - \frac{h}{2} p(x_1)) \times alfa$$

步骤 5：启动第二列到第 n-1 列的元素
For $i = 2, 3, \cdots, n - 1$ 循环执行步骤 5-1
　步骤 5-1：

$$x_i = aa + ih$$

$$a_i = 1 - (\frac{h}{2}) \times p(x_i)$$

$$b_i = h^2 \times q(x_i) - 2$$

$$c_i = 1 + (\frac{h}{2}) \times p(x_i)$$

$$d_i = h^2 \times r(x_i)$$

步骤 6：启动第 n 列的元素

$$x_n = aa + n \times h$$

$$a_n = 1 - (\frac{h}{2}) \times p(x_n)$$

$$b_n = h^2 \times q(x_n) - 2$$

$$d_n = h^2 \times r(x_n) - (1 + (\frac{h}{2}) \times p(x_n)) \times bata$$

步骤 7：调用 tridg( )函数求解三个对角线的方程组。

步骤 8：For $i = 2, 3, \cdots, n-1$ 循环执行步骤 8-1

步骤 8-1：

$$x = aa + ih$$

输出 x 与 d_i（注意，此时的 $d_i = y_i$）

步骤 9：STOP

此处宜小心 n 的意义，例如，若 $0 \leqslant x \leqslant 1$

取 $h = 0.1$，则 $0.1 = \dfrac{1-0}{n+1} \Rightarrow n = 9$

因为 $x_0 = 0$ ，与 $x_{n+1} = x_{10} = 1$ 是边界条件如下：

要求解的位置是 $x_1, x_2, \cdots, x_9$ 的 $y(x_1), y(x_2), \cdots, y(x_9)$ 因为 $y(x_0)$ 与 $y(x_{10})$ 是已知的边界条件。同理，若拟取 $h = 0.01$，在相同条件下，则

$$n + 1 = \frac{1-0}{0.01} = 100 \Rightarrow n = 99$$

其他依此类推。

◆ **例题7-3** 请使用有限差法的步骤，设计计算机程序找出下面线性常微分方程式的边界问题的解：

$$y'' + x^2 y' + xy = 2 + 3x^3 + (1 + x + x^2)e^x$$

$0 \leqslant x \leqslant 1, y(0) = 1, y(1) = 3.7182818$

(a)取 $h = 0.1$

(b)取 $h = 0.01$

并且分别比较真实解 $W(x) = x^2 + e^x$

➤ **解：**

(a)输入数据：(d1ex7-3.c)，取 $h = 0.1$

$n = 9$　$aa = 0.0$　$bb = 1.0$　$alfa = 1.0$　$bata = 3.7182818$

输出结果：(d01ex7-3.c)

x	$y(x)$	$w(x)$	$|y(x) - w(x)|$
0.0000	1.0000000	1.0000000	0.0000000
0.1000	1.1152546	1.1151709	0.0000837
0.2000	1.2615606	1.2614028	0.0001578
0.3000	1.4400792	1.4398588	0.0002204
0.4000	1.6520932	1.6518247	0.0002685
0.5000	1.8990198	1.8987213	0.0002985
0.6000	2.1824248	2.1821188	0.0003060
0.7000	2.5040384	2.5037527	0.0002857
0.8000	2.8657729	2.8655409	0.0002319
0.9000	3.2697418	3.2696031	0.0001387
1.0000	3.7182818	3.7182818	0.0000000

(b)输入数据：(d2ex7-3.c)，取 $h = 0.01$

$n = 99$　$aa = 0.0$　$bb = 1.0$　$alfa = 1.0$　$bata = 3.7182818$

输出结果：(d02ex7-3.c)

x	$y(x)$	$w(x)$	$|y(x) - w(x)|$
0.0000	1.0000000	1.0000000	0.0000000
0.1000	1.1151718	1.1151709	0.0000008
0.2000	1.2614043	1.2614028	0.0000016
0.3000	1.4398610	1.4398588	0.0000022
0.4000	1.6518274	1.6518247	0.0000027
0.5000	1.8987242	1.8987213	0.0000030
0.6000	2.1821218	2.1821188	0.0000030
0.7000	2.5037555	2.5037527	0.0000028
0.8000	2.8655432	2.8655409	0.0000023
0.9000	3.2696045	3.2696031	0.0000014
1.0000	3.7182818	3.7182818	0.0000000

结论：比较 $h=0.1$ 与 $h=0.01$ 的结果，很明显，前者的准确性达小数点第四位而后者高达第六位。虽然前面所用的有限差方法的误差项只是 $Q(h^2)$ 而已，但是，准确性已经能被接受，尤其取 $h=0.01$ 时，若还不满意，当然可再取 $h=0.001$。h 取越小，照理说结果的准确性会越高，但是也有极限，读者可自己去体会。

下面附录 C 语言程序：

```c
/* ex7-3.c uses finite difference method to solve
 * ordinary differential equation with boundary
 * conditions, y"+p(x)y'+q(x)y=r(x),a<=x<=b,
 * y(a)=alfa, y(b)=bata. After transfer ordinary
 * differential equation into system of linear algebra
 * equations, then call function tridg( )to solve
 * tridiagonal equations.
 */
#include <stdio.h>
#include <math.h>
#define p(x)  (pow(x,2))
#define q(x)  (x)
#define r(x)  (3*pow(x,3)+exp(x)*(1.0+x+pow(x,2))+2.0)
#define w(x)  (pow(x,2)+exp(x))
void tridg(int,double[],double[],double[],double[]);
void main()
{
int i,n;
double  a[100],b[100],c[100],d[100],
        h,x,aa,bb,alfa,bata;
scanf("n=%d aa=%lf bb=%lf alfa=%lf bata=%lf",
        &n, &aa, &bb, &alfa, &bata);
h=(bb-aa)/(n+1);
b[1]=pow(h,2)*q(aa+h)-2;
c[1]=(1+(h/2.0)*p(aa+h));
d[1]=pow(h,2)*r(aa+h)-(1.0-(h/2.0)*p(aa+h))*alfa;
for(i=2;i<=n-1; i++)
    {
    x=aa+i*h ;
    a[i]=1-(h/2.0)*p(x);
    b[i]=pow(h,2)*q(x)-2;
    c[i]=1+(h/2.0)*p(x);
```

```
        d[i]=pow(h,2)*r(x);
    }
  a[n]=1-(h/2.0)*p(aa+n*h);
  b[n]=pow(h,2)*q(aa+n*h)-2;
  d[n]=pow(h,2)*r(aa+n*h)-(1+(h/2.0)*p(aa+n*h))*bata;
  tridg(n,a,b,c,d);
  printf("x      y(x)    w(x)    |y(x)-w(x)|\n");
  printf("%6.4lf   %10.7lf   %10.7lf   %10.7lf\n",
         aa, alfa,w(aa),fabs( alfa-w(aa)));
  for(i=1;i<=n;i++)
  {
    x=aa+i*h;
    if(i%1==0)
    printf("%6.4lf %10.7lf '/*10.7lf %10.7lf\n",
x,d[i],w(x),fabs(d[i]-w(x)));
    }
    printf("%6.4lf %10.7lf %10.7lf %10.7lf\n",bb,bata,w(bb),
fabs(bata-w(bb)));
    return;
  }
void tridg(int n,double a[],double b[],double c[],double d[])
{
  int i;
  double r;
  for(i=2;i<=n; i++)
  {
    r=a[i]/b[i-1];
    b[i]=b[i]-r*c[i-1];
    d[i]=d[i]-r*d[i-1];
  }
/* The answers are stored in d[i]*/
  d[n]=d[n]/b[n];
  for(i=n-1;i>=1;i--)
    d[i]=(d[i]-c[i]*d[i+1])/b[i];
  return ;
}
```

7.5 用有限差法解非线性常微分方程式的边界问题

什么是非线性常微分方程式？例如，依变数 y 出现在系数部分如下：

$$y'' + 0.125yy' = 4 + 0.25x^3, 1 \leqslant x \leqslant 3, y(1) = 17, y(3) = 14.3333$$

$$y'' + yy' + y^3 = 0, 1 \leqslant x \leqslant 2, y(1) = 0.5, y(2) = 0.3333$$

若写成通式如下：

$$y'' + p(x, y)y' + q(x, y)y = r(x, y)$$

若系数含 y'，则写成：

$$y'' + p(x, y, y)y' + q(x, y)y = r(x, y)$$

一般而言，非线性常微分方程式和线性常微分方程式相比更不易用手算方法找到真实解，因此，本小节主要介绍是如何使用有限差法求解非线性常微分方程式的近似解。求解非线性常微分方程式的边界问题可能会遇到下面的困难：

(1)无法保证每一个方程式都有解存在。

(2)有时可能同时存在许多不同解答，不同解答又决定于因变量 y 的起动值的预设的差异。所谓因变量 y 的起动值的预设问题后面会详谈。

(3)因为解答部分并非唯一，所以得到答案一定要判断所得的解答是否具备物理意义，即，答案是否符合自己所要解决的问题。若答案经过常识分析不合理，则应该仔细检查整个数学模型的建立过程是否有纰漏。也就是说，方程式的推导过程是否有误。

7.5.1 使用有限差法求解非线性常微分方程式的求解过程

有限差法求解非线性常微分方程式的过程与求解线性常微分方程大同小异，其差异的原因在于，非线性常微分方程式的系数有因变量（未知变量）y 的存在。例如，

$$y'' + yy' + y^3 = 0$$

$$\Rightarrow y'' + yy' + y^2 y = 0$$

因此，

$$p(x, y) = y, \ q(x, y) = y^2, \ r(x, y) = 0$$

或者改写成

$$p(x, y) = y, \ q(x, y) = 0, \ r(x, y) = -y^3$$

系数部分 $p(x, y)$、$q(x, y)$ 或 $r(x, y)$ 有 y 存在，因为 y 是未知变量，因此，无法直接比照解线性常微分方程式的方法去求解。故需要猜测一个 y 变量的数值，例如，把所有的未知 y 值都设定为零。

$$\text{For} \ \ i = 1, 2, \cdots, n$$
$$y[i] = 0.0;$$

或者 $\quad$ For $\ \ i = 1, 2, \cdots, n$

$$y[i] = 1.0;$$

基本上猜测 y 值时，参考两个边界条件的数值的大小如 $y(a) = \alpha, y(b) = \beta$ 的 α 与 β 的值，尽量与 α 和 β 的值接近。

因此，求解非线性常微分方程式的过程如下：

(1)先设定所有点上的未知变量 y 的值。

(2)当未知变量 y 的值被设定之后，整个方程式马上变成类似线性微分方程式。进行计算求解第一回的解答 yy，若

$$|yy - y| < \text{TOL} \quad （容许误差）$$

yy 就是非线性常微分方程式的解，若 $|yy - y| \geqslant \text{TOL}$，则用

$$y = yy$$

再进行第二回的求解计算，这样，直到

$$|yy - y| < \text{TOL}$$

为止，即得到收敛的解。

为了使读者具有完整的印象，整个非线性常微分方程式的推导过程如下，非线性常微分方程式的通式如下：

$$y'' + p(x, y)y' + q(x, y)y = r(x, y), a \leqslant x \leqslant b, y(a) = \alpha, y(b) = \beta$$

$y(x_0) = \alpha, y(x_{n+1}) = \beta$ 是已知的边界条件，要求解的部分是 $y(x_1), y(x_2), \cdots, y(x_n)$

步骤 1：
$$y_i'' = \frac{1}{h^2}(y_{i-1} - 2y_i + y_{i+1}) \tag{7-11}$$

$$y_i' = \frac{1}{2h}(y_{i+1} - y_{i-1}) \tag{7-12}$$

把式(7-11)与式(7-12)分别代入下式：

$$y_i'' + p(x_i, y_i)y_i' + q(x_i, y_i)y_i = r(x_i, y_i)$$

$$\Rightarrow \frac{1}{h^2}(y_{i-1} - 2y_i + y_{i+1}) + p(x_i, y_i)\frac{1}{2h}(y_{i+1} - y_{i-1}) + q(x_i, y_i)y_i = r(x_i, y_i)$$

$$\Rightarrow (1 - \frac{h}{2}p(x_i, y_i))y_{i-1} + (h^2 q(x_i, y_i) - 2)y_i + (1 + \frac{h}{2}p(x_i, y_i))y_{i+1} = h^2 r(x_i, y_i)$$

此时 $i = 1, 2, \cdots, n$

请注意，非线性方程式展开成 n 元一次代数方程式之后的系数部分如下：

$$P(x_i, y_i), q(x_i, y_i), r(x_i, y_i)$$

上面小括号内 y_i 是未知的变量。

因此，需要先猜测 y_i 的值即设定所有 y_i 的值，把 y_i 变成已知数，例如：

$$y[i] = 0.0, i = 1, 2, 3, \cdots, n$$

步骤2：写成 n 元一次代数方程组。

当 $i = 1$ 时，

$$\Rightarrow \underbrace{(1 - \frac{h}{2}p(x_1, y_1))y_0}_{\text{已知}} + (h^2 q(x_1, y_1) - 2)y_1 + (1 + \frac{h}{2}p(x_1, y_1))y_2 = h^2 r(x_1, y_1)$$

$$\Rightarrow (y_0 \text{ 为 } y(0) = \alpha \text{ 边界条件})$$

所以 $\Rightarrow \underbrace{(h^2 q(x_1, y_1) - 2)}_{B_1} y_1 + \underbrace{(1 + \frac{h}{2}p(x_1, y_1))}_{C_1} y_2 = \underbrace{h^2 r(x_1, y_1) - (1 - \frac{h}{2}p(x_1, y_1))y_0}_{D_1}$

当 $i = 2$ 时，

$$\Rightarrow \underbrace{(1 - \frac{h}{2}p(x_2, y_2))y_1}_{A_2} + \underbrace{(h^2 q(x_2, y_2) - 2)y_2}_{B_2} + \underbrace{(1 + \frac{h}{2}p(x_2, y_2))y_3}_{C_2} = \underbrace{h^2 r(x_2, y_2)}_{D_2}$$

$$\vdots$$

当 $i = n$ 时，

$$\Rightarrow (1 - \frac{h}{2}p(x_n, y_n))y_{n-1} + (h^2 q(x_n, y_n) - 2)y_n + \underbrace{(1 + \frac{h}{2}p(x_n, y_n))y_{n+1}}_{\text{已知}} = h^2 r(x_n, y_n)$$

（y_{n+1} 为 $y(b) = \beta$ 边界条件）

所以 $\Rightarrow \underbrace{(1 - \frac{h}{2}p(x_n, y_n))}_{A_n} y_{n-1} + \underbrace{(h^2 q(x_n, y_n) - 2)}_{B_n} y_n = \underbrace{h^2 r(x_n, y_n) - (1 + \frac{h}{2}p(x_n, y_n))y_{n+1}}_{D_n}$

到此为止，已经使用有限差法把非线性方程式转换成三个对角线的 n 元一次方程组如下：

$$\begin{pmatrix} B_1 & C_1 & & & \\ A_2 & B_2 & C_2 & & \\ & A_3 & B_3 & C_3 & \\ & & \ddots & \ddots & \\ & & & A_n & B_n \end{pmatrix} \begin{pmatrix} y_1 \\ y_2 \\ y_3 \\ \vdots \\ y_n \end{pmatrix} = \begin{pmatrix} D_1 \\ D_2 \\ D_3 \\ \vdots \\ D_n \end{pmatrix}$$

步骤3：使用 Thomas 步骤找到第一回的 y_i 的解，若第一回的解设为 $yy_i, i = 1, 2, \cdots, n$

步骤4：比较 yy_i 与 y_i 的差距

$$\sum_{i=1}^{n} | yy_i - y_i | < \text{TOL}$$

如果上式成立，则表示答案已经收敛。yy_i 就是非线性方程式的解答。

至于 TOL 的决定，一般而言，TOL =0.001 而且是使用

$$\sum_{i=1}^{n} |yy_i - y_i| < \text{TOL}$$

的逐点累计误差的方法。

若 $\displaystyle\sum_{i=1}^{n} |yy_i - y_i| < \text{TOL}$ 不成立，则用

$y_i - yy_i$（取代）

之后，用前一回求解的 yy_i 做为下一回未知的 y_i 的猜测值。

再进行计算。最后，若

$$\sum_{i=1}^{n} |yy_i - y_i| < \text{TOL} \text{ 成立}$$

表示 yy_i 就是非线性方程式的解。

7.5.2　用有限差法求解非线性常微分方程式的步骤

已知非线性常微分方程式及其边界条件如下：

$$y'' + p(x,y)y' + q(x,y)y = r(x,y), aa \leqslant x \leqslant bb, y(aa) = \alpha,\ y(bb) = \beta$$

因为 $p(x,y), q(x,y), r(x,y)$ 中的 y 是未知数，所以事先要为 y 设定初值把 y_i 启动之后方可进行求解。使用中心差商的公式把非线性常微分方程式转换成三个对角线的代数方程组，然后调用 tridg( )函数找出每一点位置上的 y_i 值，再核算

$$\sum_{i=1}^{n} |yy_i - y_i| < \text{TOL}$$

是否成立，若成立，则 yy_i 即为收敛后的解答。若不成立，则用

$$y_i = yy_i$$

进行第二回，第三回……的求解，直到

$$\sum_{i=1}^{n} |yy_i - y_i| < \text{TOL}$$

成立为止。其步骤如下：

START

步骤 1：读入 $n, aa, bb, alfa, bata$

步骤 2：定义 $p(x,y), q(x,y)$ 与 $r(x,y)$

步骤 3：设定 $h = (bb - aa)/(n+1)$

步骤 4：启动 y_i 的猜测值

For $i = 1, 2, \cdots, n$ 循环执行步骤 4-1

步骤 4-1：$y_i = 0.0$(或其他任何适当值)

步骤 5: For $k = 1, 2, \cdots, 300$ 循环执行步骤 5-1 到步骤 5-6

步骤 5-1：
$$x_1 = aa + h$$
$$b_1 = h^2 q(x_1, y_1) - 2.0$$
$$c_1 = (1 + \frac{h}{2} p(x_1, y_1))$$
$$d_1 = h^2 r(x_1, y_1) - (1 - \frac{h}{2} p(x_1, y_1)) \times alfa$$

步骤 5-2：For $i = 1, 2, \cdots, n-1$ 循环执行步骤 5-2-1

步骤 5-2-1：$x_i = aa + ih$
$$a_i = 1 - \frac{h}{2} p(x_i, y_i)$$
$$b_i = h^2 q(x_i, y_i) - 2.0$$
$$c_i = 1 + (\frac{h}{2.0})(p(x_i, y_i))$$
$$d_i = h^2 r(x_i, y_i)$$

步骤 5-3：
$$x_n = aa + nh$$
$$a_n = 1 - \frac{h}{2} p(x_n, y_n)$$
$$b_n = h^2 q(x_n, y_n) - 2.0$$
$$d_n = h^2 r(x_n, y_n) - (1 + (\frac{h}{2}) p(x_n, y_n)) \times bata$$

步骤 5-4：调用 $\text{tridg}(n, a, b, d)$

步骤 5-5：$err = 0.0$ （累计每一点 y_i 先后的差）

For $i = 1, 2, \cdots, n$ 循环执行步骤 5-5-1

步骤 5-5-1：$err = err + |d_i - f_i|$

(此处的 $d_i = yy_i$)

步骤 5-6：if(err >TOL)执行步骤 5-6-1，否则执行步骤 6

步骤 5-6-1：For $i = 1, 2, \cdots, n$ 循环执行步骤 5-6-1-1

步骤 5-6-1-1：$y_i = d_i$

步骤 6：找到收敛的答案 y_i 值，印出 y_i 值。

步骤 7：STOP

◆ **例题7-4**　下面是非线性常微分方程式与它的边界条件：

$$y'' + yy' - y^3 = 0, 1 \leqslant x \leqslant 2, y(1) = \frac{1}{2}, y(2) = \frac{1}{3}$$

请使用有限差法求解。(a)取 $h = 0.1$，(b)取 $h = 0.01$，并且分别比较真实解

$$W(x) = \frac{1}{x+1}$$

➤ **解：**

把 $y'' + yy' - y^3 = 0$ 表达成

$y'' + p(x, y)y' + q(x, y)y = r(x, y)$

故 $y'' + yy' = y^3$

$\Rightarrow p(x, y) = y, q(x, y) = 0, r(x, y) = y^3$

未知数 y 的起始值取 0.5

(a) 输入数据：(d0ex7-4.c)，$h = 0.1$

$n = 9$　$aa = 1.0$　$bb = 2.0$　$alfa = 0.5$　$bata = 0.333333$

输出结果：(d01ex7-4.c)

x	$y(x)$	$w(x)$	$\lvert y(x) - w(x) \rvert$
0.000	0.5000000	0.5000000	0.0000000
0.100	0.4761982	0.4761905	0.0000078
0.200	0.4545581	0.4545455	0.0000127
0.300	0.4347980	0.4347826	0.0000154
0.400	0.4166829	0.4166667	0.0000162
0.500	0.4000156	0.4000000	0.0000156
0.600	0.3846293	0.3846154	0.0000130
0.700	0.3703816	0.3703704	0.0000112
0.800	0.3571507	0.3571429	0.0000078
0.900	0.3448315	0.3448276	0.0000039
1.000	0.3333330	0.3333333	0.0000003

(b) 输入数据：(d2ex7-4.c)，$h = 0.01$

$n = 99$　$aa = 1.0$　$bb = 2.0$　$alfa = 0.5$　$bata = 0.333333$

输出结果：(d02ex7-4.c)

x	$y(x)$	$w(x)$	$\lvert y(x) - w(x) \rvert$
0.000	0.5000000	0.5000000	0.0000000
0.100	0.4761904	0.4761905	0.0000000
0.200	0.4545454	0.4545455	0.0000000
0.300	0.4347825	0.4347826	0.0000001

0.400	0.4166665	0.4166667	0.0000002
0.500	0.3999998	0.4000000	0.0000002
0.600	0.3846151	0.3846154	0.0000002
0.700	0.3703701	0.3703704	0.0000003
0.800	0.3571426	0.3571429	0.0000003
0.900	0.3448273	0.3448276	0.0000003
1.000	0.3333330	0.3333333	0.0000003

比较(a)与(b)的结果，h 越小，准确度越高，但是也有极限。下面附录 C 语言程序：

```c
/* ex7-4.c uses finite difference method to solve
 * nonlinear ordinary differential equation with boundary
 * conditions, y"+p(x)y'+q(x)y=r(x),a<=x<=b,
 * y(a)=alfa, y(b)=bata. After transfer ordinary
 * differential equation into system of linear algebra
 * equations, then call function tridg( )to solve
 * tridiagonal equations.
 */
#include <stdio.h>
#include <math.h>
#define p(x,y) (y)
#define q(x,y) (0.0)
#define r(x,y) (pow(y,3))
#define w(x) (1.0/(x+1))
void tridg(int,double [],double [],double [],double []);
void main()
{
    int i,k,n;
    double a[100],b[100],c[100],d[100],y[100],
            h,x1,x ,xn , aa , bb , alfa,bat a,err ;
    scanf("n=%d aa=%lf bb=%lf alfa=%lf bata=%lf",
            &n,&aa,&bb,&alfa,&bata);
    h=(bb-aa)/(n+1);
    for(i=1;i<=n;i++)
        y[i]=0.5;
    for(k=1;k<=300;k++)
    {
        x1=aa+h ;
```

```
    b[1]=pow(h,2)*q((x1),(y[1]))-2.0;
    c[1]=(1+(h/2.0)*p((x1),(y[1])));
    d[1]=pow(h,2)*r((x1),(y[1]))-(1.0-(h/2.0)*
        p((x1),(y[1])))*alfa;
    for(i=2; i<=n-1; i++)
    {
        x=aa+i*h ;
        a[i]=1-(h/2.0)*p((x),(y[i]));
        b[i]=pow(h,2)*q((x),(y[i]))-2.0;
        c[i]=1+(h/2.0)*p((x),(y[i]));
        d[i]=pow(h,2)*r((x),(y[i]));
    }
    xn=aa+n*h ;
    a[n]=1-(h/2.0)*p((xn),(y[n]));
    b[n]=pow(h,2)*q((xn),(y[n]))-2.0;
    d[n]=pow(h,2)*r((xn),y([n]))-(1+(h/2.0)*p((xn),(y[n])))*bata;
    tridg(n,a,b,c,d);
    err=0.0;
    for(i=1;i<=n;i++)
    err=err+fabs(d[i]-y[i]);
  if(err >0.001)
  {
    for(i=1;i<=n;i++)
       y[i]=d[i];
  }
  else
    goto bound;
}
bound:
printf("The  iterations=%d\n" ,k);
printf("x      y(x)     w(x)    |y(x)-w(x)|\n");
printf("%5.3lf %10.7lf %10.7lf %10.7lf\n",
       aa, alfa,w(aa),fabs( alfa-w(aa)));
for(i=1;i<=n;i++)
{
   x=aa+i*h ;
   if(i%1==0)
   printf("%5.3lf %10.7lf %10.7lf %10.7lf\n",x,d[i],w(x),f
```

```
        abs(d[i]-w(x)));
    }
    printf("%5.3lf %10.7lf %10.7lf %10.7lf\n",bb,bata,w(bb),
        fabs(bata-w(bb)));
    return ;
}
void tridg(int n,double a[],double b[],double c[],double d[])
{
    int i;
    double r;
    for(i=2; i<=n; i++)
    {
        r=a[i]/b[i-1];
        b[i]=b[i]-r*c[i-1];
        d[i]=d[i]-r*d[i-1];
    }
    /* The answers are stored in d[i]*/
    d[n]=d[n]/b[n];
    for(i=n-1;i>=1; i--)
        d[i]=(d[i]-c[i]*d[i+1])/b[i];
    return;
}
```

◆ **例题7-5**　下面是非线性常微分方程式：

$$y'' + y'^2 + y = \ln x, 1 \leqslant x \leqslant 2, y(1) = 0, y(2) = \ln 2$$

请修改例 7-4 的程序求其解 $(h = 0.01)$ 并且比较真实解 $W(x) = \ln x$

➢ **解：**

改写上面的方程式如下：

$y'' + y'y' + y = \ln x$, 因此

$$p(x, y, y') = y', q(x, y) = 1, r(x, y) = \ln x$$

因为，使用中心差商（一次函数微分）的公式

$$y_i' = \frac{y_{i+1} - y_{i-1}}{2h}$$

因此，$p(x, y, y') = y'$ 需要定义一个媒介如 $y' = dy_i = \dfrac{y_{i+1} - y_{i-1}}{2h}$ 并且要考虑边界条件

228

当 $i = 1$, $\mathrm{d}y_1 = \dfrac{y_2 - y_0}{2h}$, $y_0 = alfa$

$\Rightarrow \mathrm{d}y_1 = \dfrac{y_2 - alfa}{2h}$

当 $i = n$, $\mathrm{d}y_n = \dfrac{y_{n+1} - y_{n-1}}{2h}$, $y_{n+1} = bata$

$\Rightarrow \mathrm{d}y_n = \dfrac{bata - y_{n-1}}{2h}$

当 $1 < i < n$ 时

$$\mathrm{d}y_i = \dfrac{y_{i+1} - y_{i-1}}{2h}$$

最后定义 $p(x, \mathrm{d}y_i) = \mathrm{d}y_i$

输入数据：(dex7-5.c)

$n = 99$ $aa = 1.0$ $bb = 2.0$ $alfa = 0.0$ $bata = 0.6931472$

输出结果：(d0ex7-5.c)

x	$y(x)$	$w(x)$	x
1.000	0.0000000	0.0000000	0.0000000
1.100	0.0953101	0.0953102	0.0000001
1.200	0.1823215	0.1823216	0.0000000
1.300	0.2623644	0.2623643	0.0000001
1.400	0.3364727	0.3364722	0.0000004
1.500	0.4054658	0.4054651	0.0000007
1.600	0.4700045	0.4700036	0.0000009
1.700	0.5306291	0.5306283	0.0000009
1.800	0.5877874	0.5877867	0.0000007
1.900	0.6418543	0.6418539	0.0000004
2.000	0.6931472	0.6931472	0.0000000

```
/* ex7-5.c uses finite difference method to solve
 * nonlinear ordinary differential equation with boundary
 *  conditions, y"+p(x)y'+q(x)y=r(x), a<=x<=b ,
 * y(a)=alfa, y(b)=bata. After transfer ordinary
 * differential equation into system of linear algebra
 * equations, then call function tridg( )to solve
 * tridiagonal equations.
 */
#include <stdio.h>
#include <math.h>
```

```
#define p(x,y)  (y)
#define q(x,y)  (1.0)
#define r(x,y)  (log(x))
#define w(x)    (log(x))
void tridg(int,double [],double [],double [],double []);
void main()
{
    int i,k,n;
    double a[100],b[100],c[100],d[100],y[100],dy[100],h,
        x1,x,xn,aa,bb ,alfa,bata,err ;
    scanf("n=%d aa=%lf bb=%lf alfa=%lfbata=%lf",&n,&aa,
        &bb,&alfa,&bata);
    h=(bb-aa)/(n+1);
    for(i=1;i<=n;i++)
        y[i]=0.0;
    for(k=1;k<=100;k++)
    {
        x1=aa+h ;
        /* dy[1]=y1'=(y2-y0)/(2h) */
        dy[1]=(1.0/(2*h))*(y[2]-alfa);
        b[1]=pow(h,2)*q((x1),(y[1]))-2.0;
        c[1]=(1+(h/2.0)*p((x1),(dy[1])));
        d[1]=pow(h,2)*r((x1),(y[1]))-(1.0-(h/2.0)*p((x1),(d
            y[1])))*alfa;
        for(i=2;i<=n-1;i++)
        {
            x=aa+i*h ;
            /* dy[i]=yi' */
            dy[i]=(1.0/(2*h))*(y[i+1]-y[i-1]);
            a[i]=1-(h/2.0)*p((x),(dy[i]));
            b[i]=pow(h,2)*q((x), y[i]))-2.0;
            c[i]=1+(h/2.0)*p((x),(dy[i]));
            d[i]=pow(h,2)*r((x),(y[i]));
        }
        xn=aa+n*h ;
        /* dy[n]=yn' */
        dy[n]=(1.0/(2*h))*(bata-y[n-1]);
        a[n]=1-(h/2.0)*p((xn),(dy[n]));
```

```
        b[n]=pow(h,2)*q((xn),(y[n]))-2.0;
        d[n]=pow(h,2)*r((xn),y[n]))-(1+(h/2.0)*p((xn),(dy[n
             ])))*bata;
        tridg(n,a,b,c,d);
        err=0.0 ;
        for(i=1;i<=n;i++)
            err=err+fabs(d[i]-y[i]);
        if(err>0.001)
        {
            for(i=1; i<=n; i++)
                y[i]=d[i];
        }
        else
            goto bound;
    }
bound:
    printf( "The iterations=%d\n" ,k);
    printf("x    y(x)    w(x)    |y(x)-w(x)|\n");
    printf( "%5.3lf %10.7lf %10.7lf %10.7lf\n" ,
          aa,alfa,w(aa),fabs(alfa-w(aa)));
    for(i=1;i<=n;i++)
    {
        x=aa+i*h ;
        if(i%10==0)
        printf("5.3lf %10.7lf %10.7lf %10.7lf\n",
                x,d[i],w(x),fabs(d[i]-w(x)));
    }
    printf('%5.3lf %10.7lf %10.7lf %10.7lf\n",
          bb,bata,w(bb),fabs(bata-w(bb)));
    return ;
}
void tridg(int n,double a[],double b[],double  c[],double
          d[])
{
    int i;
    double r;
    for(i=2;i<=n;i++)
```

```
{
    r=a[i]/b[i-1];
    b[i]=b[i]-r*c[i-1];
    d[iJ=d[i]-r*d[i-1];
}
/* The answers are stored in d[i]*/
d[n]=d[n]/b[n];
for(i=n-1;i>=1; i--)
    d[i]=(d[i]-c[i]*d[i+1])/b[i];
return;
}
```

7.6 用有限差法求解非线性常微分方程组的边界

什么是非线性常微分方程组？例如

$$y_1'' + y_2 y_1' - (1 + y_2)y_1 = 0$$
$$y_2'' + y_1 y_2' + y_2 = (2 + y_1)y_1(1 + x)$$

其边界条件分别为

$$y_1(0) = 1, y_1(1) = 2.7182818$$
$$y_2(0) = 0, y_2(1) = 2.7182818$$

注：$y_1 = y_1(x)$；$y_2 = y_2(x)$。

以上是两个非线性常微分方程式所组成的非线性常微分方程组。凡是两个或两个以上的非线性常微分方程式所组成的方程组称做非线性常微分方程组的边界问题。如何求解非线性常微分方程组是本书的主题。先声明，请初学读者一定要熟悉前面 7.5 节的只有一个非线性常微分方程式的求解步骤与具备程序设计的能力，方可继续学习本节的解题方法。

为了方便任何两个非线性方程组的求解，列出两个二阶非线性常微分方程式的通式如下：

设

$$p_1 = p_1(y_1, y_2, y_1', y_2', x)$$
$$q_1 = q_1(y_1, y_2, y_1', y_2', x)$$
$$p_2 = p_2(y_1, y_2, y_1', y_2', x)$$
$$q_2 = q_2(y_1, y_2, y_1', y_2', x)$$
$$r_1 = r_1(y_1, y_2, y_1', y_2', x)$$
$$r_2 = r_2(y_1, y_2, y_1', y_2', x)$$

而且，
$$y_1'' + p_1 y_1' + q_1 y_1 = r_1 \tag{7-13}$$
$$y_2'' + p_2 y_2' + q_2 y_2 = r_2 \tag{7-14}$$

其边界条件及自变量 x 分别为

$$y_1(a) = \alpha_1, \ y_1(b) = \beta_1, \ a \leqslant x \leqslant b$$
$$y_2(a) = \alpha_2, \ y_2(b) = \beta_2, \ a \leqslant x \leqslant b$$

7.6.1　两个二阶非线性常微分方程组的求解步骤

再声明一次，如果对 7-5 节的内容不知或知而不熟，肯定无法理解下面所要谈的解题步骤。因为，二阶非线性常微分的方程组的步骤几乎与一个非线性常微分方程式相似。因此，求解两个方程组的大原则如下：

$$y_1'' + p_1 y_1' + q_1 y_1 = r_1$$

先猜测系数 $p_1 = p_1(y_1, y_2, y_1', y_2', x)$
$$q_1 = q_1(y_1, y_2, y_1', y_2', x)$$
$$r_1 = r_1(y_1, y_2, y_1', y_2', x)$$

中的未知变量 y_1, y_2, y_1', y_2' 的数值，请注意：

$$y_1' = y_{1(i)}' = \frac{y_{1(i+1)} - y_{1(i-1)}}{2h} \qquad （中心差商）$$

$$y_2' = y_{2(i)}' = \frac{y_{2(i+1)} - y_{2(i-1)}}{2h} \qquad （中心差商）$$

而且，　$y_1 = y_{1(i)}, y_2 = y_{2(i)}$

因此，若 x 变量的范围如下：

$$a \leqslant x \leqslant b$$

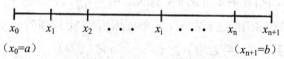

因此，式（7-13）可表达成

$$y_1''(x_i) + p_1 y_1'(x_i) + q_1 y(x_i) = r_1$$

此时：　$p_1 = p_1(y_{1(i)}, y_{2(i)}, y_{1(i)}', y_{2(i)}', x_i)$，　$q_1 = q_1(y_{1(i)}, y_{2(i)}, y_{1(i)}', y_{2(i)}', x_i)$，
$r_1 = r_1(y_{1(i)}, y_{2(i)}, y_{1(i)}', y_{2(i)}', x_i)$

如何猜测系数部分的未知数 $y_{1(i)}$ 与 $y_{2(i)}$ 并且计算 $y_{1(i)}'$ 与 $y_{2(i)}'$ 的值呢？依笔者的经验，为了加速收敛考虑用边界条件来启动未知的系数的值。

（猜测 $y_{1(i)}$ 与 $y_{2(i)}$）

For $i = 1, 2, \cdots, n$

{

　　$y_1[i] = \alpha_1$

　　$y_2[i] = \alpha_2$

}

或者

For $i = 1, 2, \cdots, n$

{

　　$y_1[i] = \beta_1$

　　$y_2[i] = \beta_2$

}

（计算 $y'_{1(i)}$ 与 $y'_{2(i)}$）而且 $i = 1$ 时

$$y'_{1(1)} = \frac{y_{1(2)} - y_{1(0)}}{2h} = \frac{y_{1(2)} - \alpha_1}{2h}$$

$$y'_{2(1)} = \frac{y_{2(2)} - y_{2(0)}}{2h} = \frac{y_{2(2)} - \alpha_2}{2h}$$

$i = 2, 3, \cdots, n-1$ 时

$$y'_{1(i)} = \frac{y_{1(i+1)} - y_{1(i-1)}}{2h}$$

$$y'_{2(i)} = \frac{y_{2(i+1)} - y_{2(i-1)}}{2h}$$

$i = n$ 时

$$y'_{1(n)} = \frac{y_{1(n+1)} - y_{1(n-1)}}{2h} = \frac{\beta_1 - y_{1(n-1)}}{2}$$

$$y'_{2(n)} = \frac{y_{2(n+1)} - y_{2(n-1)}}{2h} = \frac{\beta_2 - y_{2(n-1)}}{2}$$

此处的 $\alpha_1, \alpha_2, \beta_1, \beta_2$ 是 y_1 与 y_2 的边界条件。一旦猜测并设定下面方程式：

$$y''_1(x_i) + p_1 y'_1(x_i) + q_1 y(x_i) = r_1 \tag{7-15}$$

式中的系数项 p_1, q_1, r_1 的未知变量 $y_{1(i)}$，与 $y_{2(i)}$ 同时可计算 $y'_{1(i)}$ 与 $y'_{2(i)}$ 的值之后，即，可求解式(7-15)而得到新

$$y_{1(i)} \qquad i = 1, 2, \cdots, n$$

的值。为了区别旧的与新的 $y_{1(i)}$ 的值，因此，用 $yy_{1(i)}$ 代表新的 $y_{1(i)}$，同理，$yy_{2(i)}$ 代表新的 $y_{2(i)}$，从式(7-15)得到新的 $y_{1(i)}$，配合旧的（指猜测的）$y_{2(i)}$，并且分别计算 $y'_{1(i)}$ 与 $y'_{2(i)}$ 之后，代入系数项 $p_{2(i)}$，$q_{2(i)}$ 与 $r_{2(i)}$，得

$$y''_{2(i)} + p_{2(i)} y'_{2(i)} + q_{2(i)} y_{2(i)} = r_{2(i)} \tag{7-16}$$

之后，求解式(7-16)而得到新的 $y_{2(i)}$，设新的 $y_{2(i)} = yy_{2(i)}$，从开始猜测 $y_{1(i)}$ 与 $y_{2(i)}$（旧的）到先解式(7-15)，再解式(7-16)而得到新的 $y_{1(i)}$ 与 $y_{2(i)}$（即，已获得第一回的解 $yy_{1(i)}$ 与 $yy_{2(i)}$）的值称做第一回求解。接着要测试答案 $y_{1(i)}$ 与 $y_{2(i)}$ 是否已经收敛。测试办法如下：

$$\sum_{i=1}^{n} \mid yy_{1(i)} - y_{1(i)} \mid < \text{TOL} \quad （容许误差）$$

$$\sum_{i=1}^{n} \mid yy_{2(i)} - y_{2(i)} \mid < \text{TOL} \quad （容许误差）$$

（一般预设TOL= 0.0001）

若以上两者测试同时成立，即答案收敛，联立方程式（7-15）与式（7-16）解就是 $yy_{1(i)}$ 与 $yy_{2(i)}$，$i = 1,2,\cdots,n$，如果上面两则测试式之中，有一则或两则的条件不成立，则用

$$y_{1(i)} = yy_{1(i)}$$
$$y_{2(i)} = yy_{2(i)}$$

继续进行第二回的方程式

$$y_1'' + p_1 y_1' + q_1 y_1 = r_1$$
$$y_2'' + p_1 y_2' + q_2 y_2 = r_2$$

的系数项 $p_1, p_2, q_1, q_2, r_1, r_2$ 的数值计算，这样迭代求解，直到收敛的测试条件如下：

$$\sum_{i=1}^{n} \mid yy_{1(i)} - y_{1(i)} \mid < \text{TOL}$$

$$\sum_{i=1}^{n} \mid yy_{2(i)} - y_{2(i)} \mid < \text{TOL}$$

同时成立为止，那就是所谓答案收敛了，此时，$yy_{1(i)}$ 与 $yy_{2(i)}$ 就是方程组

$$y_1'' + p_1 y_1' + q_1 y_1 = r_1 \tag{7-17}$$
$$y_2'' + p_2 y_2' + q_2 y_2 = r_2 \tag{7-18}$$

的解。

以上的求解两个二阶非线性常微分方程组的大略求解步骤，至于部分详细内容，请参考 7.5 节。

◆　**例题7-6**　下面是两个二阶非线性常微分方程式：

$$y_1'' + y_2 y_1' - (1 + y_2) y_1 = 0 \tag{7-19}$$
$$y_2'' + y_1 y_2' + y_2 = (2 + y_1) y_1 (1 + x) \tag{7-20}$$

其边界条件为：

$$y_1(0) = 1, y_1(1) = 2.7182818$$
$$y_2(0) = 0, y_2(1) = 2.7182818$$

请使用有限差法求解(a)取$h = 0.01$，(b)取$h = 0.005$，(c)取$h = 0.0025$。同时设$\text{TOL} = 0.0001$的条件下，答案收敛后，分别比较真实解

$$w_1(x) = e^x, w_2(x) = x \cdot e^x$$

> **解：**

二阶常微分方程组的通式如下：

$$y_1'' + p_1 y_1' + q_1 y_1 = r_1, \ y_1(a) = \alpha_1, \ y_1(b) = \beta_1$$
$$y_2'' + p_1 y_2' + q_2 y_2 = r_2 \ y_2(a) = \alpha_2 \quad y_2(b) = \beta_2$$

分别比较式(7-17)与式(7-18)

故知，$\quad p_1 = p_1(y_2) = y_2$

$\qquad q_1 = q_1(y_2) = -(1 + y_2)$

$\qquad r_1 = r_1(x) = 0$

$\qquad p_2 = p_2(y_1) = y_1$

$\qquad q_2 = q_2(x) = 1$

$\qquad r_2 = r_2(y_1, x) = (2 + y_1)y_1(1 + x)$

因为，式(7-17)与式(7-18)的系数项如

$p_1, q_1, r_1, p_2, q_2, r_2$

的变量都是未知数，因此，先要猜测$y_{1(i)}$与$y_{2(i)}$的值去计算式(7-17)与式(7-18)的系数项

$$p_1, q_1, r_1, p_2, q_2, r_2$$

的值。例如，以y_1与y_2的边界条件为猜测值。

设$y_{1(i)} = 1.0, i = 1, 2, \cdots, n$

设$y_{2(i)} = 0.0, i = 1, 2, \cdots, n$

然后，先解

$$y_1'' + p_1 y_1' + q_1 y_1 = r_1 \tag{7-21}$$

请注意，经过猜测值的步骤之后式(7-21)已变成线性的常微分方程式。

得到新的

$$y_{1(i)}, i = 1, 2, \cdots, n$$

然后把新的$y_{1(i)}$代入式(7-18)

$$y_2'' + p_1 y_2' + q_2 y_2 = r_2 \tag{7-22}$$

之后，解式(7-22)得到新的$y_{2(i)}, i = 1, 2, \cdots, R$

设 $yy_{1(i)}$ 是新的 $y_{1(i)}$，$yy_{2(i)}$ 是新的 $y_{2(i)}$。

接着测试答案是否收敛？故用

$$\sum_{i=1}^{n}|yy_{1(i)}-y_{1(i)}|<\text{TOL} \tag{7-23}$$

$$\sum_{i=1}^{n}|yy_{2(i)}-y_{2(i)}|<\text{TOL} \tag{7-24}$$

若上面式(7-23)与式(7-24)同时成立，则表示：

$$yy_{1(i)} 与 yy_{2(i)}，\quad i=1,2,\cdots,n$$

是式(7-17)与式(7-18)的解答收敛。否则继续进行第二回的求解过程，因此，用

$$y_{1(i)}=yy_{1(i)}$$
$$y_{2(i)}=yy_{2(i)}$$

去启动式(7-17)与式(7-18)的系数项

$$p_1,q_1,r_1,p_2,q_2,r_2$$

进行第二回的求解，直到式(7-23)与式(7-24)的测试式同时成立为止。根据上面所述的解题步骤写成程序，得到下面的解答：

(a) $n=99,h=\dfrac{b-a}{n+1}=\dfrac{1.0-0}{100}=0.01$ 而且 $a=0.0,b=1.0$

边界条件 $\alpha_1=1,\alpha_2=0,\beta_2=2.7182818,\beta_2=2.7182818$

输出结果

x	$y1(x)$	$w1(x)$	$\mid y1-w1\mid$	$y2(x)$	$w2(x)$	$\mid y2-w2\mid$
0.00	1.000000	1.000000	0.000000	0.000000	0.000000	0.000000
0.10	1.105172	1.105171	0.000001	0.110527	0.110517	0.000010
0.20	1.221405	1.221403	0.000002	0.244299	0.244281	0.000018
0.30	1.349862	1.349859	0.000003	0.404981	0.404958	0.000024
0.40	1.491828	1.491825	0.000004	0.596757	0.596730	0.000027
0.50	1.648725	1.648721	0.000004	0.824389	0.824361	0.000029
0.60	1.822123	1.822119	0.000004	1.093299	1.093271	0.000028
0.70	2.013757	2.013753	0.000004	1.409651	1.409627	0.000024
0.80	2.225544	2.225541	0.000003	1.780452	1.780433	0.000019
0.90	2.459605	2.459603	0.000002	2.213653	2.213643	0.000011
1.00	2.718282	2.718282	0.000000	2.718282	2.718282	0.000000

(b) $n=199,h=\dfrac{1.0-0}{200}=0.005$ 而且 $a=0.0,b=1.0$

边界条件 $\alpha_1=1,\alpha_2=0,\beta_1=2.7182818,\beta_2=2.7182818$

x	$y1(x)$	$w1(x)$	$\lvert y1-w1\rvert$	$y2(x)$	$w2(x)$	$\lvert y2-w2\rvert$
0.00	1.000000	1.000000	0.000000	0.000000	0.000000	0.000000
0.10	1.105171	1.105171	0.000000	0.110520	0.110517	0.000003
0.20	1.221403	1.221403	0.000001	0.244285	0.244281	0.000004
0.30	1.349860	1.349859	0.000001	0.404964	0.404958	0.000006
0.40	1.491826	1.491825	0.000001	0.596737	0.596730	0.000007
0.50	1.648722	1.648721	0.000001	0.824368	0.824361	0.000007
0.60	1.822120	1.822119	0.000001	1.093278	1.093271	0.000007
0.70	2.013754	2.013753	0.000001	1.409633	1.409627	0.000006
0.80	2.225542	2.225541	0.000001	1.780437	1.780433	0.000005
0.90	2.459604	2.459603	0.000000	2.213645	2.213643	0.000003
1.00	2.718282	2.718282	0.000000	2.718282	2.718282	0.000000

(c) $n=399, h=\dfrac{1.0-0}{400}=0.0025$ 而且 $a=0.0, b=1.0$

边界条件 $\alpha_1=1, \alpha_2=0, \beta_1=2.7182818, \beta_2=2.7182818$

x	$y1(x)$	$w1(x)$	$\lvert y1-w1\rvert$	$y2(x)$	$w2(x)$	$\lvert y2-w2\rvert$
0.00	1.000000	1.000000	0.000000	0.000000	0.000000	0.000000
0.10	1.105171	1.105171	0.000000	0.110518	0.110517	0.000001
0.20	1.221403	1.221403	0.000000	0.244282	0.244281	0.000001
0.30	1.349859	1.349859	0.000000	0.404959	0.404958	0.000001
0.40	1.491825	1.491825	0.000000	0.596732	0.596730	0.000002
0.50	1.648722	1.648721	0.000000	0.824362	0.824361	0.000002
0.60	1.822119	1.822119	0.000000	1.093273	1.093271	0.000002
0.70	2.013753	2.013753	0.000000	1.409628	1.409627	0.000002
0.80	2.225541	2.225541	0.000000	1.780434	1.780433	0.000001
0.90	2.459603	2.459603	0.000000	2.213643	2.213643	0.000001
1.00	2.718282	2.718282	0.000000	2.718282	2.718282	0.000000

以下附录为 C 语言程序

```
/* ex7-6.c uses finite difference method to solve
 * the system of nonlinear ordinary differential equations
 * y1"+p1(x,y1,y2)*y1'+q1(x,y1,y2)*y1=r1(x,y1,y2)
 * y2"+p2(x,y1,y2)*y2'+q2(x,y1,y2)*y2=r2(x,y1,y2)
 * with boundary conditions a<=x<=b,y1(a)=alfa1,
   y1(b)=bata1,
 * y2(a)=alfa2, y2(b)=bata2. After transfer ordinary
```

```
 * differential equation system into system of linear algebra
 * equations,then call function tridg()to solve equation 1
 * firstly and let y1[i]=d1[i]to initalize the coefficients
 * of equation 2, then to solve equation 2, and so on and
so forth.
 */
#include <stdio.h>
#include <math.h>
#define p1(x,y1,y2)  (y2)
#define q1(x,y1,y2)  (-(1+y2))
#define r1(x,y1,y2)  (0.0)
#define p2(x,y1,y2)  (y1)
#define q2(x,y1,y2)  (1.0)
#define r2(x,y1,y2)  ((1+x)*(2+y1)*y1)
#define w1(x)     (exp(x))
#define w2(x)     (x*exp(x))
 void tridg(int,double [],double [],double [],double []);
 void main()
{
  int i,k,n;
  double  a1[500],b1[500],c1[500],d1[500],y1[500],
          a2[500],b2[500],c2[500],d2[500],y2[500],
        h,x1,x,xn,aa,bb,alfa1,alfa2,bata1,bata2,err1,err2;
  n=399,aa=0.0,bb=1.0,alfa1=1.0,bata1=2.718281828,
  alfa2=0.0,bata2=2.718281828;
  h=(bb-aa)/(n+1);
  for(i=1;i<=n;i++)
  {
     y1[i]=1.0;
     y2[i]=0.0;
  }
  for(k=1;k<=300;k++)
  {
     x1=aa+h;
     b1[1]=pow(h,2)*q1((x1),(y1[1]),(y2[1]))-2.0;
     c1[1]=1+(h/2.0)*p1((x1),(y1[1]),(y2[1]));
     d1[1]=pow(h,2)*r1((x1),(y1[1]),(y2[1]))-
           (1.0-(h/2.0)*p1((x1),(y1[1]),(y2[1])))*alfa1;
```

```
for(i=2;i<=n-1; i++)
{
    x=aa+i*h ;
    a1[i]=1-(h/2.0)*p1((x),(y1[i]),(y2[i]));
    b1[i]=pow(h,2)*q1((x),(y1[i]),(y2[i]))-2.0;
    c1[i]=1+(h/2.0)*p1((x), y1[i]),(y2[i]));
    d1[i]=pow(h,2)*r1((x),(y1[i]),(y2[i]));
}
xn=aa+n*h ;
a1[n]=1-(h/2.0)*p1((xn),(y1[n]),(y2[n]));
b1[n]=pow(h,2)*q1((xn),(y1[n]),(y2[n]))-2.0;
d1[n]=pow(h,2)*r1((xn),y1[n]),(y2[n])-
      (1.0+(h/2.0)*p1((xn),(y1[n]),(y2[n])))*bata1;
tridg(n,a1,b1,c1,d1);
err1=0.0 ;
for(i=1;i<=n;i++)
{
    err1+=fabs(d1[i]-y1[i]);
    y1[i]=d1[i];
}
x1=aa+h ;
b2[1]=pow(h,2)*q2((x1,(y1[1]),(y2[1]))-2.0;
c2[1]=1+(h/2.0)*p2((x1),(y1[1]),(y2[1]));
d2[1]=pow(h,2)*r2((x1),(y1[1]),(y2[1]))-
      (1.0-(h/2.0)*p2((x1),(y1[1]),(y2[1])))*alfa2;
for(i=2;i<=n-1;i++)
{
    x=aa+i*h;
    a2[i]=1-(h/2.0)*p2((x),(y1[i]),(y2[i]));
    b2[i]=pow(h,2)*q2((x),(y1[i]),(y2[i]))-2.0;
    c2[i]=1+(h/2.0)*p2((x),(y1[i]),(y2[i]));
    d2[i]=pow(h,2)*r2((x),(y1[i]),(y2[i]));
}
xn=aa+n*h ;
a2[n]=1-(h/2.0)*p2((xn),(y1[n]),(y2[n]));
b2[n]=pow(h,2)*q2((xn),(y1[n]),(y2[n]))-2.0;
d2[n]=pow(h,2)*r2((xn),(y1[n]),(y2[n]))-(1+(h/2.0)*
      p2((xn),(y1[n]),(y2[n])))*bata2;
```

```
    tridg(n,a2,b2,c2,d2);
    err2=0.0;
    for(i=1;i<=n;i++)
    {
        err2+=fabs(d2[i]-y2[i]);
        y2[i]=d2[i];
    }
    if((err1 <0.0001)&&(err2<0.0001))
    {
        goto bound;
    }
}

bound;
printf( "The iterations=%d\n",k);
printf("x   y1(x)  w(x)  |y1-w1|");
printf("y2(x)  w2(x)  |y2-w2|\n");
printf("%4.2lf %9.6lf %9.6lf %9.6lf",aa,alfa1,w1(aa)
    ,fabs(alfa1-w1(aa))) ;
printf(" %9.6lf %9.6lf %9.6lf\n",alfa2,w2(aa),fabs
    (alfa2-w2(aa)));
for(i=1;i<=n;i++)
{
    x=aa+i*h;
    if(i%40==0)
    {
        printf("%4.2lf     %9.6lf     %9.6lf     %9.6lf",
            x,d1[i],w1(x),fabs(d1[i]-w1(x)));
        printf(" %9.6lf %9.6lf %9.6lf\n",
            d2[i],w2(x),fabs(d2[i]-w2(x)));
    }
}
printf("%4.2lf %9.6lf %9.6lf %9.6lf",bb,bata1,w1(bb)
    ,fabs(bata1-w1(bb)));
printf(" %9.6lf %9.6lf %9.6lf\n",bata2,w2(bb),fabs
    (bata2-w2(bb)));
return;
}
void tridg(int n,double a0,double b[],double c[],double d[])
```

```
    {
        int i;
        double r;
        for(i=2;i<=n;i++)
        {
            r=a[i]/b[i-1];
            b[i]=b[i]-r*c[i-1];
            d[i]=d[i]-r*d[i-1];
        }
        /* The answers are Stored in d[i]*/
        d[n]=d[n]/b[n];
        for(i=n-1;i>=1;i--)
            d[i]=(d[i]-c[i]*d[i+1])/b[i];
        return ;
    }
```

◆ **例题7-7** 求解下面两个二阶非线性常微分方程式：

$$y_1'' + (x - y_2')y_1' + y_2 y_1 = e^x (1 + x - e^x) \qquad (7-25)$$

$$y_2'' - y_1 y_2' + e^x y_2 = e^x (2 + x - e^x) \qquad (7-26)$$

其边界条件为

$$y_1(0) = 1, y_1(1) = 2.7182818$$
$$y_2(0) = 0, y_2(1) = 2.7182818$$

(a)取 $h = 0.01$ (b)取 $h = 0.005$ (c)取 $h = 0.0025$

而且用 TOL=0.0001 答案收敛后分别比较真实解

$$w_1(x) = e^x, w_2(x) = xe^x$$

➤ **解：**

二阶非线性常微分方程组的通式如下：

$$y_1'' + p_1 y_1' + q_1 y_1 = r_1, y_1(a) = \alpha_1, y_1(b) = \beta_1$$
$$y_2'' + p_2 y_2' + q_2 y_2 = r_2, y_2(a) = \alpha_2, y_2(b) = \beta_2$$

分别比较题目的式(7-25)与式(7-26)，得到

$$p_1 = p_1(x, y_2') = x - y_2'$$
$$q_1 = q_1(y_2) = y_2$$

$$r_1 = r_1(x) = e^x(1 + x - e^x)$$
$$p_2 = p_2(y_1) = -y_1$$
$$q_2 = q_2(x) = e^x$$
$$r_2 = r_2(x) = e^x(2 + x - e^x)$$
$$a = 0.0, b = 1.0, \alpha_1 = 1.0, \alpha_2 = 0.0, \beta_1 = \beta_2 = 2.7182818$$

与前面例 7.6 的解题原理一样，首要工作是猜测并设定

$$y_{1(i)} = 1.0, i = 1, 2, \cdots, n \quad （使用边界条件为猜测值）$$

$$y_{2(i)} = 0.0, i = 1, 2, \cdots, n \quad （使用边界条件为猜测值）$$

同时要考虑方程式的系数项中尚有 $y'_{2(i)}$

也要一并用中心差商的公式取代如下：

$$y'_{2(i)} = \frac{y_{2(i+1)} - y_{2(i-1)}}{2h}$$

接着要小心考虑 $y'_{2(i)}$ 所涉及边界条件的问题，因此，要分成三个区域如下：

当 $i = 1$ 时，$y'_{2(1)} = \frac{y_{2(2)} - y_{2(0)}}{2h}$，（请注意 $y_{2(0)} = \alpha_2$）

$$\Rightarrow y'_{2(1)} = \frac{y_{2(2)} - \alpha_2}{2h}$$

当 $i = 2, \cdots, n-1$ 时，$y'_{2(i)} = \frac{y_{2(i+1)} - y_{2(i-1)}}{2h}$

当 $i = n$ 时，$y'_{2(n)} = \frac{y_{2(n+1)} - y_{2(n-1)}}{2h}$，请注意 $y_{2(n+1)} = \beta_2$

$$\Rightarrow y'_{2(n)} = \frac{\beta_2 - y_{2(n-1)}}{2h}$$

参考下面的 x 轴的范围：

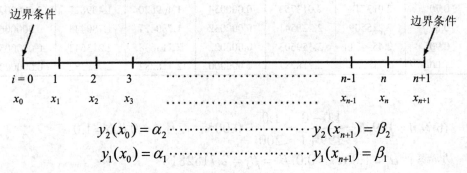

$$y_2(x_0) = \alpha_2 \cdots\cdots\cdots\cdots\cdots\cdots\cdots\cdots y_2(x_{n+1}) = \beta_2$$
$$y_1(x_0) = \alpha_1 \cdots\cdots\cdots\cdots\cdots\cdots\cdots\cdots y_1(x_{n+1}) = \beta_1$$

请读者一定要牢记边界条件的问题，这是初学数值分析求解线性与非线性二阶常数微分方程式时常常弄错的地方。同理，如果系数项中存在着 $y'_{1(i)}$ 也一样要考虑

当 $i = 1$ 时， $y'_{1(1)} = \dfrac{y_{1(2)} - y_{1(0)}}{2h}$ （请注意 $y_{1(0)} = \alpha_1$ ）

$\Rightarrow y'_{1(1)} = \dfrac{y_{1(2)} - \alpha_1}{2h}$

当 $i = 2, \cdots, n-1$ 时， $y'_{1(i)} = \dfrac{y_{1(i-1)} - y_{1(i-1)}}{2h}$

当 $i = n$ 时， $y'_{1(n)} = \dfrac{y_{1(n+1)} - y_{1(n-1)}}{2h}$ （请注意 $y_{1(n+1)} = \beta_1$ ）

$\Rightarrow y'_{1(n)} = \dfrac{\beta_1 - y_{1(n-1)}}{2h}$

除此之外，其他的解题步骤与例 7.6 完全相同，读者可参考例 7.6 的解答。根据上面所述的解题步骤写成计算机程序，执行后的结果如下：

(a) 设 $n = 99, h = \dfrac{1.0 - 0}{99 + 1} = 0.01$ ，而且 $a = 0.0, b = 1.0$

边界条件 $\alpha_1 = 1.0, \alpha_2 = 0.0, \beta_1 = \beta_2 = 2.7182818$

x	$y1(x)$	$w1(x)$	$\|y1-w1\|$	$y2(x)$	$w2(x)$	$\|y2-w2\|$
0.00	1.000000	1.000000	0.000000	0.000000	0.000000	0.000000
0.10	1.105165	1.105171	0.000006	0.110516	0.110517	0.000001
0.20	1.221390	1.221403	0.000012	0.244278	0.244281	0.000002
0.30	1.349840	1.349859	0.000018	0.404954	0.404958	0.000004
0.40	1.491800	1.491825	0.000024	0.596725	0.596730	0.000005
0.50	1.648692	1.648721	0.000029	0.824355	0.824361	0.000006
0.60	1.822086	1.822119	0.000033	1.093265	1.093271	0.000006
0.70	2.013718	2.013753	0.000034	1.409620	1.409627	0.000007
0.80	2.225509	2.225541	0.000032	1.780427	1.780433	0.000006
0.90	2.459581	2.459603	0.000022	2.213638	2.213643	0.000005
1.00	2.718282	2.718282	0.000000	2.718282	2.718282	0.000000

(b) 设 $n = 199, h = \dfrac{1.0 - 0}{199 + 1} = \dfrac{1.0}{200} = 0.005$ ，而且 $a = 0.0\ b = 1.0$

边界条件 $\alpha_1 = 1.0, \alpha_2 = 0.0, \beta_1 = \beta_2 = 2.7182818$

x	$y1(x)$	$w1(x)$	$\lvert y1-w1 \rvert$	$y2(x)$	$w2(x)$	$\lvert y2-w2 \rvert$
0.00	1.000000	1.000000	0.000000	0.000000	0.000000	0.000000
0.10	1.105169	1.105171	0.000002	0.110517	0.110517	0.000000
0.20	1.221400	1.221403	0.000003	0.244280	0.244281	0.000001
0.30	1.349854	1.349859	0.000005	0.404957	0.404958	0.000001
0.40	1.491819	1.491825	0.000006	0.596729	0.596730	0.000001
0.50	1.648714	1.648721	0.000007	0.824359	0.824361	0.000001
0.60	1.822111	1.822119	0.000008	1.093270	1.093271	0.000002
0.70	2.013744	2.013753	0.000009	1.409625	1.409627	0.000002
0.80	2.225533	2.225541	0.000008	1.780431	1.780433	0.000002
0.90	2.459598	2.459603	0.000006	2.213642	2.213643	0.000001
1.00	2.718282	2.718282	0.000000	2.718282	2.718282	0.000000

(c)设 $n=399, h=\dfrac{1.0-0}{399+1}=0.0025$，而且 $a=0.0, b=1.0$

边界条件 $\alpha_1=1, \alpha_2=0, \beta_1=\beta_2=2.7182818$

x	$y1(x)$	$w1(x)$	$\lvert y1-w1 \rvert$	$y2(x)$	$w2(x)$	$\lvert y2-w2 \rvert$
0.00	1.000000	1.000000	0.000000	0.000000	0.000000	0.000000
0.10	1.105171	1.105171	0.000000	0.110517	0.110517	0.000000
0.20	1.221402	1.221403	0.000001	0.244280	0.244281	0.000000
0.30	1.349858	1.349859	0.000001	0.404957	0.404958	0.000000
0.40	1.491823	1.491825	0.000002	0.596730	0.596730	0.000000
0.50	1.648719	1.648721	0.000002	0.824360	0.824361	0.000000
0.60	1.822117	1.822119	0.000002	1.093271	1.093271	0.000000
0.70	2.013751	2.013753	0.000002	1.409626	1.409627	0.000000
0.80	2.225539	2.225541	0.000002	1.780432	1.780433	0.000000
0.90	2.459602	2.459603	0.000001	2.213643	2.213643	0.000000
1.00	2.718282	2.718282	0.000000	2.718282	2.718282	0.000000

以下附录为 C 语言程序：

```
/* ex7-7.c uses finite difference method to solve
 * the system of nonlinear ordinary differential equations
 * y1"+p1(x,y1,y1',y2,y2')*y1'+q1(x,y1,y1',y2,y2')*y1=r1(x)
 * y2"+p2(x,y1,y1',y2,y2')*y2'+q2(x,y1,y2,y1',y2')*y2=r2(x)
 * with boundary conditions a<=x<=b,y1(a)=alfa1,y1(b)=bata1,
 * y2(a)=alfa2, y2(b)=bata2. After transfer ordinary
 * differential equation system into system of linear algebra
 * equations, then call function tridg()to solve
 * tridiagonal equations individually.
```

```
     */
     #include <stdio.h>
     #include <math.h>
     #define p1(x,dy2)   (x-dy2)
     #define q1(y2)      (y2)
     #define r1(x)       (exp(x)*(1+x-exp(x)))
     #define p2(y1)      (-y1)
     #define q2(x)       (exp(x))
     #define r2(x)       (exp(x)*(2+x-exp(x)))
     #define w1(x)       (exp(x))
     #define w2(x)       (x*exp(x))
     void tridg(int,double[],double[],double[],double[]);
     void main()
     {
       int i,k,n;
       double a1[500],b1[500],c1[500],d1[500],y1[500],
             a2[500],b2[500],c2[500],d2[500],y2[500],dy2[500],
             h,x1,x,xn,aa,bb,alfa1,alfa2,bata1,bata2,err1,
             err2;
       n=399,aa=0.0,bb=1.0,alfa1=1.0,bata1=2.718281828,
       alfa2=0.0,bata2=2.718281828;
       h=(bb-aa)/(n+1);
       for(i=1;i<=n; i++)
       {
           y1[i]=1.0;
           y2[i]=0.0;
       }
       for(k=1;k<=300;k++)
       {
           x1=aa+h;
           dy2[1]=(1.0/(2*h))*(y2[2] -alfa2);
           b1[1]=pow(h,2)*q1(y2[1])-2.0;
           c1[1]=1+(h/2.0)*p1((x1),(dy2[1]));
           d1[1]=pow(h,2)*r1(x1)-
                 1.0-(h/2.0)*p1((x1),(dy2[1])))*alfa1;
           for(i=2;i<=n-1;i++)
           {
```

```
    x=aa+i*h;
    dy2[i]=(1.0/(2*h))*(y2[i+1]-y2[i-1]);
    a1[i]=1-(h/2.0)*p1((x),(dy2[i]));
    b1[i]=pow(h,2)*q1(y2[i])-2.0;
    c1[i]=1+(h/2.0)*p1((x),(dy2[i]));
    d1[i]=pow(h,2)*r1(x);
}
xn=aa+n*h ;
dy2[n]=(1.0/(2*h))*(bata2-y2[n-1]);
a1[n]=1-(h/2.0)*p1((xn),(dy2[n]));
b1[n]=pow(h,2)*q1(y2[n])-2.0;
d1[n]=pow(h,2)*r1(xn)-(1+(h/2.0)*p1((xn),(dy2[n]))
        )*bata1;
tridg(n,a1,b1,c1,d1);
err1=0.0;
for(i=1;i<=n;i++)
{
    err1+=fabs(d1[i]-y1[i]);
    y1[i]=d1[i];
}
x1=aa+h;
b2[1]=pow(h,2)*q2(x1)-2.0;
c2[1]=1+(h/2.0)*p2(y1[1]);
d2[1]=pow(h,2)*r2(x1)-(1.0-(h/2.0)*p2(y1[1]))*alfa2;
for(i=2;i<=n-1;i++)
{
    x=aa+i*h;
    a2[i]=1-(h/2.0)*p2(y1[i]);
    b2[i]=pow(h,2)*q2(x)-2.0;
    c2[i]=1+(h/2.0)*p2(y1[i]);
    d2[i]=pow(h,2)*r2(x);
}
xn=aa+n*h ;
a2[n]=1-(h/2.0)*p2(y1[n]);
b2[n]=pow(h,2)*q2(xn)-2.0;
d2[n]=pow(h,2)*r2(xn)-(1+(h/2.0)* p2(y1[n]))*bata2;
tridg(n,a2,b2,c2,d2);
```

```
            err2=0.0;
            for(i=1;i<=n;i++)
            {
                err2+=fabs(d2[i]-y2[i]);
                y2[i]=d2[i];
            }
        if((err1<0.0001)&&(err2<0.0001))
        {
            goto bound;
        }
    }
bound;
printf( "The  iterations=%d\n",k);
printf("x    y1(x)    w1(x)   |y1-w1|");
printf("y2(x)   w2(x)   |y2-w2|\n");
printf("%4.2lf %9.6lf %9.6lf %9.6lf",
        aa,alfa1,w1(aa),fabs(alfa1-w1(aa)));
printf(" %9.6lf %9.6lf %9.6lf\n",
         alfa2,w2(aa),fabs(alfa2-w2(aa)));
for(i=1; i<=n; i++)
{
    x=aa+i*h ;
    if(i%40==0)
    {
     printf("%4.2lf %9.6lf %9.6lf %9.6lf",
             x,d1[i],w1(x),fabs(di[i]-w1(x)));
     printf(" %9.6lf %9.6lf %9.6lf\n",
             d2[i],w2(x),fabs(d2[i]-w2(x)));
    }
}
  printf("%4.2lf %9.6lf %9.6lf %9.6lf",
          bb,bata1,w1(bb),fabs(bata1-w1(bb)));
  printf(" %9.6lf %9.6lf %9.6lf\n",
           bata2,w2(bb),fabs(bata2-w2(bb)));
  return ;
}
void tridg(int n,double a[],double b[],double c[],double
```

```
d[])
    {
        int i;
        double r;
        for(i=2;i<=n;i++)
        {
            r=a[i]/b[i-1];
            b[i]=b[i]-r*c[i-1];
            d[i]=d[i]-r*d[i-1];
        }
        /* The answers are stored in d[i]*/
        d[n]=d[n]/b[n];
        for(i=n-1;i>=1;i--)
            d[i]=(d[i]-c[i]*d[i+1])/b[i];
        return;
    }
```

7.6.2　三个二阶非线性常微分方程组的求解步骤

如果知道而且熟悉如何求解两个二阶非线性常微分的方程组，肯定会求解三个二阶非线性常微分的方程组。如果把三个非线性的常微分方程式的系数项做如下的设定：

$$p_1 = p_1(y_1, y_2, y_3, y_1', y_2', y_3', x)$$
$$p_2 = p_2(y_1, y_2, y_3, y_1', y_2', y_3', x)$$
$$p_3 = p_1(y_1, y_2, y_3, y_1', y_2', y_3', x)$$
$$q_1 = q_1(y_1, y_2, y_3, y_1', y_2', y_3', x)$$
$$q_2 = q_2(y_1, y_2, y_3, y_1', y_2', y_3', x)$$
$$q_3 = q_1(y_1, y_2, y_3, y_1', y_2', y_3', x)$$
$$r_1 = r_1(y_1, y_2, y_3, y_1', y_2', y_3', x)$$
$$r_2 = r_2(y_1, y_2, y_3, y_1', y_2', y_3', x)$$
$$r_3 = r_1(y_1, y_2, y_3, y_1', y_2', y_3', x)$$

因此，方程组的通式可以写成：

(1) $y_1'' + p_1 y_1' + q_1 y_1 = r_1$，BC 部分为 $y_1(a) = \alpha_1, y_1(b) = \beta_1$

(2) $y_2'' + p_2 y_2' + q_2 y_2 = r_2$，BC 部分为 $y_2(a) = \alpha_2, y_2(b) = \beta_2$

(3) $y_3'' + p_3 y_3' + q_3 y_3 = r_3$，BC 部分为 $y_3(a) = \alpha_3, y_3(b) = \beta_3$

而且 $a \leqslant x \leqslant b,$

自变数 x 的范围及点数的分布定义如下：

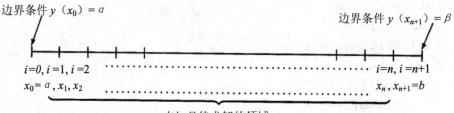

边界条件 $y(x_0) = a$ 边界条件 $y(x_{n+1}) = \beta$

$i = 0, i = 1, i = 2$ ················· $i = n, i = n+1$

$x_0 = a, x_1, x_2$ ················· $x_n, x_{n+1} = b$

未知且待求解的领域

当把自变量 x 的范围 $[a,b]$ 分成 $n+1$ 等分时，每一等分的大小如下：

$$h = \frac{b-a}{n+1}, a \leqslant x \leqslant b$$

其目的在于利用有限差的方法把常微分方程式展写成联立的代数方程式之后，方可求得在每一个 x 所对应的未知的 y 值，即

$$y = y(x)$$

因此，$y_i = y_i(x_i), i = 1,2,\cdots,n$ （$i = 0$ 与 $[a,b]$ 为已知的边界条件）

目前谈的是三个非线性方程组，故

$$y_{1(i)} = y_{1(i)}(x_i) \quad i = 1,2,\cdots,n$$
$$y_{2(i)} = y_{2(i)}(x_i) \quad i = 1,2,\cdots,n$$
$$y_{3(i)} = y_{3(i)}(x_i) \quad i = 1,2,\cdots,n$$

共有三个未知的因变量 y_1, y_2, y_3 等我们把它们解出答案。请读者注意，所谓非线性的常微分方程式与线性的常微分方程式的区别；所谓非线性就是指那三个方程式的系数项，如

$$p_1 = p_1(y_1, y_2, y_3, y_1', y_2', y_3', x)$$
$$p_2 = p_2(y_1, y_2, y_3, y_1', y_2', y_3', x)$$
$$p_3 = p_1(y_1, y_2, y_3, y_1', y_2', y_3', x)$$
$$\vdots$$
$$r_3 = r_1(y_1, y_2, y_3, y_1', y_2', y_3', x)$$

的函数 $p_1, p_2, \cdots, r_3$ 是以未知且待解的 $y_1, y_2, y_3, y_1', y_2', y_3'$ 为元素的函数。即，未知且待解的因变量 y_1, y_2, y_3 构成微分方程的系数，因此，数学家称这种方程式为非线性方程式。用手算方法求解一个二阶非线性常微分方程式已经有相当多的情形，无法解开，面对两个及两个以上的二阶非线性常微分方程更是束手无策。然而，数值方法（分析）提出一种迭代计算法，简单地说，第一回先猜测一值给方程式中那些系数项内的未知变量 y_1, y_2, y_3 之后，非线性方程组就变成线性方程组，然后解出

新的 y_1, y_2, y_3。若设新的 y_1, y_2, y_3 分别为 yy_1, yy_2, yy_3 则用

$$\Sigma \mid yy_1 - y_1 \mid < \text{TOL}$$
$$\Sigma \mid yy_2 - y_2 \mid < \text{TOL}$$
$$\Sigma \mid yy_3 - y_3 \mid < \text{TOL}$$

去测试 y_1, y_2, y_3 是否已经收敛？若上面三式没有同时成立，就是答案 y_1, y_2, y_3 尚未收敛，即，尚未找到。因此，用

$$y_1 = yy_1$$
$$y_2 = yy_2$$
$$y_3 = yy_3$$

取代之后，再进行第二回的求解，这样，直到 y_1, y_2, y_3 收敛为止。以上是迭代法的基本原理。为了方便解释更细部的求解过程，依自变量 x 的定义范围重写方程组如下：

$$y_{1(i)}'' + p_1 y_{1(i)}' + q_1 y_{1(i)} = r_{1(i)} \tag{7-27}$$
$$y_{2(i)}'' + p_2 y_{2(i)}' + q_2 y_{2(i)} = T_{2(i)} \tag{7-28}$$
$$y_{3(i)}'' + p_3 y_{3(i)}' + q_3 y_{3(i)} = r_{3(i)} \tag{7-29}$$

$i = 1, 2, \cdots, n$

而且，$a \leqslant x \leqslant b$

$$y_1(x_0 = a) = \alpha_1, y_1(x_{n+1} = b) = \beta_1$$
$$y_2(x_0 = a) = \alpha_2, y_2(x_{n+1} = b) = \beta_2$$
$$y_3(x_0 = a) = \alpha_3, y_3(x_{n+1} = b) = \beta_3$$

解题步骤（大原则）如下：

步骤 1：先分别猜测一值给 $y_{1(i)}, y_{2(i)}, y_{3(i)}$，作者建议用边界条件来启动，如下：

For $i = 1, 2, \cdots, n$

{

$y_1[i] = \alpha_1;$

$y_2[i] = \alpha_2;$

$y_3[i] = \alpha_3;$

}

同时定义（如果有必要的话）

当 $i = 1$ 时

$$y_{1(1)}' = dy_1[i] = \frac{y_1[2] - \alpha_1}{2h};$$

$$y'_{2(1)} = dy_2[i] = \frac{y_2[2] - \alpha_2}{2h};$$

$$y'_{3(1)} = dy_3[i] = \frac{y_3[2] - \alpha_3}{2h};$$

当 $i = 1, 2, \cdots, n-1$ 时

$$y'_{1(i)} = dy_1[i] = \frac{y_1[i+1] - y_1[i-1]}{2h};$$

$$y'_{2(i)} = dy_2[i] = \frac{y_2[i+1] - y_2[i-1]}{2h};$$

$$y'_{3(i)} = dy_3[i] = \frac{y_3[i+1] - y_3[i-1]}{2h};$$

当 $i = n$ 时

$$y'_{1(n)} = dy_1[n] = \frac{\beta_1 - y_1[n-1]}{2h};$$

$$y'_{2(n)} = dy_2[n] = \frac{\beta_2 - y_2[n-1]}{2h};$$

$$y'_{3(n)} = dy_3[n] = \frac{\beta_3 - y_3[n-1]}{2h};$$

请注意，以上 $y'_{1(i)}$，$y'_{2(i)}$，$y'_{3(i)}$ 的启动部分，可以与启动三个对角线方程组的系数 A，B，C，D 放在一起。即，两者一并启动。

$$\begin{pmatrix} B_1 & C_1 & & & \\ A_1 & B_2 & C_3 & & \\ & A_3 & B_3 & C_3 & \\ & & \ddots & \ddots & \\ & & & A_n & B_n \end{pmatrix} \begin{pmatrix} y_1 \\ y_2 \\ y_3 \\ \vdots \\ y_n \end{pmatrix} = \begin{pmatrix} D_1 \\ D_2 \\ D_3 \\ \vdots \\ D_n \end{pmatrix}$$

步骤 2：

先解式(7-27)得到新 $y_{1(i)}$ 的值，$i = 1, 2, \cdots, n$

步骤3：

用新的 $y_{1(i)}$ 值配合猜测的 $y_{2(i)}$ 与 $y_{3(i)}$ 的值，代入式(7-28)得到新的 $y_{2(i)}$ 的值，$i = 1, 2, \cdots, n$

步骤4：

用新的 $y_{1(i)}$ 与新的 $y_{2(i)}$ 的值配合猜测的 $y_{3(i)}$ 值代入式(7-29)得到新的 $y_{3(i)}$ 的值，$i = 1, 2, \cdots, n$

步骤5：

用 $yy_{1(i)}, yy_{2(i)}$ 与 $yy_{3(i)}$ 分别代表由解方程式(7-27)或式(7-28)与式(7-29)所得的

非猜测值，新的 $y_{1(i)}$，$y_{2(i)}$ 与 $y_{3(i)}$，然后测试答案是否收敛？

$$\sum_{i=1}^{n} | yy_{1(i)} - y_{1(i)} | < \text{TOL}$$

$$\sum_{i=1}^{n} | yy_{2(i)} - y_{2(i)} | < \text{TOL}$$

$$\sum_{i=1}^{n} | yy_{3(i)} - y_{3(i)} | < \text{TOL}$$

若上面三条测试式同时成立，则

$yy_{1(i)}, yy_{2(i)}$ 与 $yy_{3(i)}$，$i = 1, 2, \cdots, n$

就是已收敛的答案。如果答案尚未收敛，则用

$$y_{1(i)} = yy_{1(i)}, (i = 1, 2, 3, \cdots, n)$$
$$y_{2(i)} = yy_{2(i)}, (i = 1, 2, 3, \cdots, n)$$
$$y_{3(i)} = yy_{3(i)}, (i = 1, 2, 3, \cdots, n)$$

取代之后继续迭代进行第二回的求解程序，这样迭代求解并测试答案是否收敛，直到答案收敛为止。

◆ **例题7-8** 已知下面三个二阶非线性常微分方程组及其边界条件。

$$y_1'' - (y_2 + y_3)y_1' + \frac{1}{x}y_1 = -(1 + \frac{1}{x^2} + \ln x) \tag{7-30}$$

$$y_2'' + (y_1 + y_3 - 2\ln x)y_2' - y_2 = x + \frac{1}{x} \tag{7-31}$$

$$y_3'' + (xy_1 - y_2 + \frac{1}{x})y_3' - y_3 = \frac{1}{x} - x - \ln x \tag{7-32}$$

边界条件：

$$y_1(1) = 0, y_1(2) = 0.693147$$
$$y_2(1) = 0, y_2(2) = 1.386294$$
$$y_3(1) = 1.0, y_3(2) = 2.693147$$

并且知道真实解分别为

$$w_1(x) - \ln x$$
$$w_2(x) = x\ln x$$
$$w_3(x) = x + \ln x$$

请使用　TOL= 0.0001

(a) $h = 0.01$，(b) $h = 0.005$ (c) $h = 0.0025$

分别求解上面联立方程组并且分别比较真实解 $w_1(x), w_2(x)$ 与 $w_3(x)$ 设计计算机程序输出解答。

➤ **解：**

比较三个二阶非线性常微分方程组的通式，得到

$$p_1(y_2, y_3) = -(y_2 + y_3)，\qquad q_1(x) = \frac{1}{x}，\qquad r_1(x) = -(1 + \frac{1}{x^2} + \ln x)$$

$$p_2 = (y_1, y_3, x) = y_1 + y_3 - 2\ln x，\qquad q_2 = (x) = -1，\qquad r_2(x) = x + \frac{1}{x}$$

$$p_3(y_1, y_2, x) = xy_1 - y_2 + \frac{1}{x}，\qquad q_3(x) = -1，\qquad r_3(x) = \frac{1}{x} - x - \ln x$$

并且用 $y_{1(i)} = 0, y_{2(i)} = 0, y_{3(i)} = 1$。启动方程组的非线性的系数项：

p_1, p_2, p_3

(1)先求解式(7-30)，得到

$$y_{1(i)}, i = 1, 2, \cdots, n$$

(2)用新的 $y_{1(i)}$ 配合猜测值 $y_{2(i)}$ 与 $y_{3(i)}$ 求解式(7-31)，得到

$$y_{2(i)}, i = 1, 2, \cdots, n$$

(3)用新的 $y_{1(i)}$ 与新的 $y_{2(i)}$ 配合猜测的 $y_{3(i)}$ 求解式(7-32)得到

$$y_{3(i)}, i = 1, 2, \cdots, n, n = 99, h = \frac{2-1}{99+1} = 0.01$$

x	$y1(x)$	$\lvert y1 - w1 \rvert$	$y2(x)$	$\lvert y2 - w2 \rvert$	$y3(x)$	$\lvert y3 - w3 \rvert$
1.00	0.000000	0.000000	0.000000	0.000000	1.000000	0.000000
1.10	0.095308	0.000002	0.104841	0.000001	1.195310	0.000001
1.20	0.182318	0.000003	0.218785	0.000001	1.382320	0.000001
1.30	0.262360	0.000004	0.341072	0.000001	1.562363	0.000001
1.40	0.336467	0.000005	0.471060	0.000002	1.736471	0.000002
1.50	0.405460	0.000005	0.608196	0.000002	1.905464	0.000002
1.60	0.469998	0.000005	0.752004	0.000002	2.070002	0.000001
1.70	0.530623	0.000005	0.902067	0.000002	2.230627	0.000001
1.80	0.587783	0.000004	1.058015	0.000001	2.387786	0.000001
1.90	0.641851	0.000003	1.219522	0.000001	2.541853	0.000001
2.00	0.693147	0.000000	1.386294	0.000000	2.693147	0.000000

(b) $n = 199, h = \frac{2-1}{199+1} = 0.005$

x	$y1(x)$	$\lvert y1-w1 \rvert$	$y2(x)$	$\lvert y2-w2 \rvert$	$y3(x)$	$\lvert y3-w3 \rvert$
1.00	0.000000	0.000000	0.000000	0.000000	1.000000	0.000000
1.10	0.095310	0.000000	0.104841	0.000000	1.195310	0.000000
1.20	0.182321	0.000001	0.218786	0.000000	1.382321	0.000000
1.30	0.262363	0.000001	0.341073	0.000000	1.562364	0.000000
1.40	0.336471	0.000001	0.471061	0.000001	1.736472	0.000000
1.50	0.405464	0.000001	0.608197	0.000001	1.905465	0.000000
1.60	0.470002	0.000001	0.752005	0.000001	2.070003	0.000000
1.70	0.530627	0.000001	0.902067	0.000001	2.230628	0.000000
1.80	0.587786	0.000001	1.058015	0.000001	2.387786	0.000000
1.90	0.641853	0.000001	1.219522	0.000000	2.541854	0.000000
2.00	0.693147	0.000000	1.386294	0.000000	2.693147	0.000000

$$(c)\, n = 399, h = \frac{2-1}{399+1} = 0.0025$$

x	$y1(x)$	$\lvert y1-w1 \rvert$	$y2(x)$	$\lvert y2-w2 \rvert$	$y3(x)$	$\lvert y3-w3 \rvert$
1.00	0.000000	0.000000	0.000000	0.000000	1.000000	0.000000
1.10	0.095310	0.000000	0.104841	0.000000	1.195310	0.000000
1.20	0.182321	0.000000	0.218786	0.000000	1.382321	0.000000
1.30	0.262364	0.000000	0.341073	0.000000	1.562364	0.000000
1.40	0.336472	0.000000	0.471061	0.000000	1.736472	0.000000
1.50	0.405465	0.000000	0.608197	0.000000	1.905465	0.000000
1.60	0.470003	0.000000	0.752005	0.000000	2.070003	0.000000
1.70	0.530628	0.000000	0.902068	0.000000	2.230628	0.000000
1.80	0.587786	0.000000	1.058016	0.000000	2.387786	0.000000
1.90	0.641854	0.000000	1.219522	0.000000	2.541854	0.000000
2.00	0.693147	0.000000	1.386294	0.000000	2.693147	0.000000

以下附录为 C 语言程序：

```
/* ex7-8.c uses finite difference method to solve
 * the system of nonlinear ordinary differential equations
 *   y1"+p1(x,y1,y2,y3)*y1'+q1(x,y1,y2,y3)*y1=r1(x)
 *   y2"+p2(x,y1,y2,y3)*y2 '+q2(x,y1,y2,y3)*y2=r2(x)
 *   y3"+p3(x,y1,y2,y3)*y3'+q3(x,y1,y2,y3)*y3=r3(x)
 * with boundary conditions a<=x<=b,
 *   y1(a)=alfa1,y1(b)=bata1,
 *   y2(a)=alfa2,   y2(b)=bata2,y3(a)=alfa3,y3(b)=bata3.
 * After transfer ordinary differential equation system into
```

```
 * system of linear algebra equations, then call function
 * tridg()to solve equation 1 firstly and let y1[i]=d1[i]to
 * initalize the coefficients of equation 2, then to solve
 * equation 2, and so on and so forth.
 */
#include <stdio.h>
#include <math.h>
#define p1(y2,y3)  (-(y2+y3))
#define q1(x)      (1.0/x)
#define r1(x)      (-(1+1.0/pow(x,2)+log(x)))
#define p2(x,y1,y3)(y1+y3-2*log(x))
#define q2(x)      (-1.0)
#define r2(x)      (x+(1.0/x))
#define p3(x,y1,y2)(x*y1-y2+(1.0/x))
#define q3(x)      (-1.0)
#define r3(x)      ((1.0/x)-x-log(x))
#define w1(x)      (log(x))
#define w2(x)      (x*log(x))
#define w3(x)      (x+log(x))
#define TOL 0.0001
void tridg(int,double[],double[],double[],double[]);
void main()
{
int i,k,n;
double  a1[500],bt[500],c1[500],di[500] ,y1[500],
a2[500],b2[500],c2[500]  ,d2[500],y2[500],
a3[500],b3[500],c3[500],d3[500],y3[500],
h,x1,x,xn,aa,bb,alfa1,alfa2,alfa3,bata1,bata2 ,
bata3,err1,err2,err3;
n=399,aa=1.0,bb=2.0,
alfa1=0.0,bata1=0.693147,
alfa2=0.0,bata2=1.386294,
alfa3=1.0,bata3=2.693147;
h=(bb-aa)/(n+1);
for(i=1;i<=n;i++)
{
        y1[i]=0.0;
        y2[i]=0.0;
```

```
        y3[i]=1.0;
}
for(k=1; k<=300;k++)
{
  x1=aa+h ;
  b1[1]=pow(h,2)*q1(x1)-2.0;
  c1[1]=1+(h/2.0)*p1((y2[1]),(y3[1]));
  d1[1]-pow(h,2)*r1(x1)-(1.0-(h/2.0)*p1((y2[1]),(y3[1])))
        *alfa1;
  for(i=2;i<=n-1;i++)
  {
        x=aa+i*h ;
        a1[i]=1-(h/2.0)*p1((y2[i]),(y3[i]));
        b1[i]=pow(h,2)*q1(x)-2.0;
        c1[i]=1+(h/2.0)*p1((y2[i]),(y3[i]));
        d1[i]=pow(h,2)*r1(x);
  }
  xn=aa+n*h ;
  a1[n]=1-(h/2.0)*p1((y2[n]),(y3[n]));
  b1[n]=pow(h,2)*q1(xn)-2.0;
  d1[n]=pow(h,2)*r1(xn)-1+(h/2.0)*p1((y2[n]),(y3[n])))*b
        ata1;
  tridg(n,a1,b1,c1,d1);
  err1=0.0 ;
  for(i=1;i<=n;i++)
  {
        err1+=fabs(di[i]-y1[i]);
        y1[i]=d1[i];
  }
  x1=aa+h ;
  b2[1]=pow(h,2)*q2(x1)-2.0;
  c2[1]=1+(h/2.0)*p2((xi),(y1[1]),(y3[1]));
  d2[1]=pow(h,2)*r2(x1)-(1.0-(h/2.0)*p2((xi),(y1[1]),(y3[
        1])))*alfa2;
  for(i=2;i<=n-1;i++)
  {
        x=aa+i*h ;
        a2[i]=1-(h/2.0)*p2((x),(y1[i]),(y3[i]));
```

```
        b2[i]=pow(h,2)*q2(x)-2.0;
        c2[i]=1+(h/2.0)*p2((x),(y1[i]),(y3[i]));
        d2[i]=pow(h,2)*r2(x);
    }
xn=aa+n*h;
a2[n]=1-(h/2.0)*p2((xn),(y1[n]),(y3[n]));
b2[n]=pow(h,2)*q2(xn)-2.0;
d2[n]=pow(h,2)*r2(xn)-1+(h/2.0)*p2((xn),(y1[n]),(y3[n])))
        *bata2;
tridg(n,a2,b2,c2,d2);
err2=0.0;
for(i=1;i<=n;i++)
{
    err2+=fabs(d2[i]-y2[i]);
    y2[i]=d2[i];
}
x1=aa+h;
b3[1]=pow(h,2)*q3(x1)-2.0;
c3[1]=1+(h/2.0)*p3((xi),(y1[1]),(y2[1]));
d3[1]=pow(h,2)*r3(x1)-(1.0-(h/2.0)*p3((xi),(y1[1]),(y2
        [1])))*alfa3;
for(i=2;i<=n-1;i++)
{
    x=aa+i*h ;
    a3[i]=1-(h/2.0)*p3((x),(y1[i]),(y2[i]));
    b3[i]=pow(h,2)*q3(x)-2.0;
    c3[i]=1+(h/2.0)*p3((x),(y1[i]),(y2[i]));
    d3[i]=pow(h,2)*r3(x);
}
xn=aa+n*h ;
a3[n]=1-(h/2.0)*p3((xn),(y1[n]),(y2[n]));
b3[n]=pow(h,2)*q3(xn)-2.0;
d3[n]=pow(h,2)*r3(xn)-(1+(h/2.0)*p3((xn),(y1[n]),(y2[n])))
        *bata3;
tridg(n,a3,b3,c3,d3);
err3=0.0;
for(i=1;i<=n;i++)
{
```

```
        err3+=fabs(d3[i]-y3[i]);
        y3[i]=d3[i];
    }
    if((err1 <TOL)&&(err2 <TOL)&&(err3 <TOL))
    {
        goto bound;
    }
}
bound:
printf("The  iterations=%d\n" ,k);
printf("x    y1(x)    |y1-w1|");
printf(" y2(x)    |y2-w2|");
printf(" y3(x)    |y3-w3|\n");
printf("%4.21f %9.61f %9.61f",
        aa,alfa1,fabs(alfa1-w1(aa)));
printf(" %9.61f %9.61f",
        alfa2,fabs(alfa2-w2(aa)));
printf(" %9.61f %9.61f\n",
        alfa3,fabs(alfa3-w3(aa)));
for(i=1;i<=n;i++)
{
    x=aa+i*h;
    if(i%40==0)
    {
        printf("%4.21f %9.61f %9.61f',x,d1[i],fabs(d1[i]-w
            1(x)));
        printf(" %9.61f %9.61f",d2[i],fabs(d2[i]-w2(x)));
        printf(" %9.61f %9.61f\n",d3[i],fabs(d3[i]-w3(x)));
    }
}
printf("%4.21f  %9.61f  %9.61f",bb,bata1,fabs(bata1-
        w1(bb)));
printf("%9.61f %9.61f",bata2,fabs(bata2-w2(bb)));
printf(" %9.61f %9.61f\n",bata3,fabs(bata3-w3(bb)));
return;
}
void tridg(int n,double a[],double b[],double c[],double
        d[])
```

```
{
  int i;
  double r;
      for(i=2;i<=n;i++)
      {
          r=a[i]/b[i-1];
          b[i]=b[i]-r*c[i-1];
          d[i]=d[i]-r*d[i-1];
      }
      /* The answers are stored in d[i]*/
      d[n]=d[n]/b[n];
      for(i=n-1;i>=1;i--)
          d[i]=(d[i]-c[i]*d[i+1])/b[i];
      return;
  }
```

结论：

求解两个以上二阶非线性常微分方程组与前面 7.5 节所谈的求解一个二阶非线性常微分方程式同样有下面几个困难：

(1)无法保证任何方程组都有解存在。

(2)有时可能同时存在许多不同解答，不同解答又决定于未知变量 y 的猜测值（起始值）的差异。

(3)既然解答可能并非唯一，因此，收敛后所得的答案一定要判断是否是自己所需，并具有物理意义，即，答案是否合理？若经过分析，答案不具任何意义且不合理，则应该仔细检查整个数学模型的建立过程是否有纰漏，以确保方程式的推导过程正确无误。养成慎之于始的习惯，如此一来，可避免一开始便做错事，因为错误的努力比不努力还糟。

(4)求解三个二阶非线性常微分方程组的顺序是先利用猜测值启动系数项求解式(7-30)，得到 $y_{1(i)}$ 则代入式(7-31)再解式(7-31)，得到 $y_{2(i)}$ 则代入式(7-32)再解式(7-32)。其目的是加速收敛。是否可以，不必管顺序同时求解所有的方程式之后，再测试收敛问题，答案是肯定，但是，收敛的速度应该会比较慢些，这部分留给读者自己去思考。再者 h 值得取越小，答案越接近真实的解，但是也有它的极限。

(5)依此类推其他 3 条，4 条、5 条……n 条，非线性常微分方程组的求解步骤，完全按照 2 条的求解步骤，以此类推，此点请读者留意。

(6)笔者曾经查考许多英文版的数值分析的教科书，尚未发现有人求解二阶非线性常微分方程组，其实解法的步骤并不复杂而且准确度高，工程实践或专题研究方面的数学模型符合时，学会它将会是一件令人高兴的事。

习　题

1.使用 Thomas 步骤求解下面三个对角线代数方程组。

(a) $2x_1 - x_2 = 1$

$-x_1 + 2x_2 - x_3 = 0$

$-x_2 + 2x_3 - x_4 = 0$

$-x_3 + 2x_4 = 1$

(b) $x_1 - x_2$

$2x_1 + 4x_2 - 2x_3 = -1$

$-x_2 + 2x_3 = 1.5$

(c) $3x_1 + x_2 = -1$

$2x_1 + 4x_2 + x_3 = 7$

$2x_2 + 5x_3 = 9$

2. 使用有限差法求解下面各二阶线性微分方程式，并比较真实解。

(a) $y'' - 16y = 0, 0 \leqslant x \leqslant \dfrac{1}{4}, y(0) = 3, y(\dfrac{1}{4}) = 3e$

$$W(x) = 3e^{4x} \quad （真实解）$$

(b) $y'' + y' - 2y = 0, 0 \leqslant x \leqslant 1, y(0) = 0, y(1) = e - \dfrac{1}{e^2}$

$$W(x) = -e^{-2x} + e^x$$

(c) $y'' - 2y' = 0, 0 \leqslant x \leqslant \dfrac{1}{2}, y(0) = -1, y(\dfrac{1}{2}) = e^{-2}$

$$W(x) = e^{2x} - 2$$

(d) $y'' + \dfrac{2}{x}y' - \dfrac{2}{x^2}y = \dfrac{\sin(\ln x)}{x^2}, 1 \leqslant x \leqslant 2, y(1) = 1, y(2) = 2$

$$W(x) = C_1 x + \dfrac{C_2}{x^2} - \dfrac{3}{10}\sin(\ln x) - \dfrac{1}{10}\cos(\ln x)$$

$C_1 = 1.1392070, C_2 = -0.0392070$

3. 使用有限差法求解下面各二阶非线性常微分方程式

(a) $y'' - 2y^3 = 0, 1 \leqslant x \leqslant 5, y(1) = 0.25, y(5) = 0.125$

$$W(x) = \dfrac{1}{x+3}$$

(b) $y'' - \frac{1}{2}y^3 = 0, 1 \leqslant x \leqslant 2, y(1) = -\frac{2}{3}, y(2) = -1$

$$W(x) = \frac{2}{x-4}$$

(c) $y'' + xy' - 3y = 4.2x, 0 \leqslant x \leqslant 1, y(0) = 0, y(1) = 1.9$

$$W(x) = x^3 + 0.9x$$

(d) $y'' + 0.125yy' = 4 + 0.25x^3, 1 \leqslant x \leqslant 3, y(1) = 17, y(3) = 14.33333$

(e) $y'' - 0.01y^2 = -e^x, 0 \leqslant x \leqslant 2, y(0) = 0, y(2) = 0$

(f) $y'' - (1 - \frac{x}{5})yy' = x, 1 \leqslant x \leqslant 3, y(1) = 2, y(3) = -1$

(g) $y'' = x + (1 - \frac{x}{5})y, 1 \leqslant x \leqslant 3, y(1) = 2, y(3) = -1$

(h) $y'' - yy' = e^x, 0 \leqslant x \leqslant 1, y(0) = 1, y(1) = -1$

4. 重解例 7-6

$$y_1'' + y_2 y_1'' - (1 + y_2)y_1 = 0 \tag{7-33}$$

$$y_2'' + y_1 y_2' + y_2 = (2 + y_1)y_1(1 + x) \tag{7-34}$$

$$y_1(0) = 1, y_1(1) = 2.7182828$$

$$y_2(0) = 0, y_1(1) = 2.7182828$$

（取 $h = 0.01$），不依顺序同时求解式(7-33)与式(7-34)得到答案后比较例 7.6 的结果。

5. 求解下面非线性常微分的方程组：

$$y_1'' - (y_2 + y_3)y_1' + y_{3^{y_1}} = -(1 + \frac{1}{x^2})$$

$$y_2'' + (y_1 + y_3 - 2y_2' + 2)y_2' - y_2 = x + \frac{1}{x}$$

$$y_3'' + (xy_1 - y_2 + y_1')y_3' = \frac{1}{x}$$

并比较真实解。

$$w_1(x) = \ln x, w_2(x) = x \ln x, w_3(x) = x + \ln x$$

取 $h = 0.01, \text{TOL} = 0.0001$

$$y_1(1) = 0, y_1(2) = 0.693147$$

$$y_2(1) = 0, y_2(2) = 1.386294$$

$$y_3(1) = 1, y_3(2) = 2.693147$$

第 8 章

非线性代数方程组

8.1 非线性代数方程组的概念

前面第 6 章谈及线性代数方程式的数值方法，本章要讨论不易解的非线性代数方程组的数值方法。例如，下面有两组方程组：

$$\begin{cases} 4 - x^2 - y^2 = 0 \\ 1 - e^x - y = 0 \end{cases}$$

$$\begin{cases} 3x_1 - \cos x_2 x_3 - \dfrac{1}{2} = 0 \\ x_1^2 - 81(x_2 + 0.1)^2 + \sin x_3 + 1.06 = 0 \\ e^{-x_1 x_2} + 20x_3 + \dfrac{10\pi - 3}{3} = 0 \end{cases}$$

诸如此类的方程组称做非线性代数方程组，因为，方程式的系数项部分含有未知待解的变量。这种非线性方程组是无法直接使用线性代数的方法如高斯消去法、*LU* 分解法等方法去求解。因此，只有求助于数值方法如下：

(1)牛顿法。

(2)多变量函数的定点法。

(3)类似牛顿法。

(4)Steepest Descent Techniques。

作者认为以上各种方法，牛顿法的原理易懂易行，答案易收敛，如果猜测起始值恰当，答案的收敛速度较快，因此，本章只介绍牛顿法，因为本书的主旨与重点在于通过实用的数值方法让工程师与技术人员及学生能使用简易可行而且准确度高的工具去解决无法求得恰当解的数学模型。

8.2 牛顿法

前面第 2 章求解非线性方程式曾提及 2.6 节牛顿法，此处的非线性方程组就是引用相同的牛顿法而加以延伸，因此，请读者回想一下，求解一条非线性方程式的牛顿法的算法及其过程，肯定有助于了解下面所要介绍的解题方法。首先复习一下微积分内所提及的泰勒展开式(或泰勒公式)的基本概念：当使用泰勒展开式来代表函数 $f(x)$ 时如下：

$$f(x) = f(a) + \frac{f'(a)}{1!}(x-a) + \frac{f''(a)}{2!}(x-a)^2 + \frac{f'''(a)}{3!}(x-a)^3 + \cdots$$

上式假设函数 f 的 n 次导数存在于 a 点时，称上式为：函数 f 以 n 为中心的泰勒展开式或系列。再者，当函数 f 有两个自变数如 $f(x,y)$ 时，若以 (x_i, y_i) 为中心，则

$$f(x,y) = f(x_i, y_i) + \frac{f_x(x_i, y_i)}{1!}(x-x_i) + \frac{f_y(x_i, y_i)}{1!}(y-y_i) +$$
$$\frac{f_{xx}(x_i, y_i)}{2!}(x-x_i)^2 + \frac{f_{yy}(x_i, y_i)}{2!}(y-y_i)^2 + \cdots \tag{8-1}$$

此处

$$f_x = \frac{\partial f}{\partial x}, f_y = \frac{\partial f}{\partial y}, f_{xx} = \frac{\partial^2 f}{\partial x^2}, f_{yy} = \frac{\partial^2 f}{\partial y^2}$$

也就是说，满足泰勒展列式的条件的任何函数，都可以用泰勒展式来取代。因此，若式(8-1)只取等号右边前三项而省略后面无数项时如下，

$$f(x,y) = f(x_i, y_i) + \frac{\partial f}{\partial x}\Big|_{x=x_i, y=y_i}(x-x_i) + \frac{\partial f}{\partial y}\Big|_{x=x_i, y=y_i}(y-y_i) + Q(h^2) \tag{8-2}$$

式(8-2)称做一级泰勒多项式而且 $Q(h^2)$ 称做误差项，它代表式(8-1)第四项起，一直到无限多项的总和。牛顿法认为此误差项 $Q(h^2)$ 可省略不计，因此，具有两个

自变量的函数 $f(x, y)$ 的第一度泰勒展开式可以写成

$$f(x, y) = f(x_i, y_i) + \frac{\partial f}{\partial x}\big|_{x=x_i, y=y_i}(x - x_i) + \frac{\partial f}{\partial y}\big|_{x=x_i, y=y_i}(y - y_i) \tag{8-3}$$

或简写为

$$f(x, y) = f(x_i, y_i) + \frac{\partial f}{\partial x}(x - x_i) + \frac{\partial f}{\partial y}(y - y_i) \tag{8-4}$$

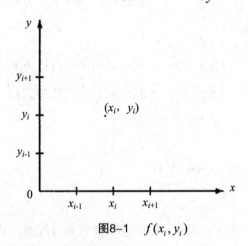

图8-1　$f(x_i, y_i)$

8.2.1　二条非线性方程组的求解

若已知

$$f(x, y) = 0 \tag{8-5}$$
$$g(x, y) = 0 \tag{8-6}$$

非线性方程组，打算找到根 (x_r, y_r) 同时满足式(8-5)与式(8-6)时，所谓牛顿法是把函数 $f(x, y)$ 与 $g(x, y)$ 用泰勒公式来代表如下：

$$f(x, y) = f(x_i, y_i) + \frac{\partial f}{\partial x}(x - x_i) + \frac{\partial f}{\partial y}(y - y_i)$$

$$g(x, y) = g(x_i, y_i) + \frac{\partial g}{\partial x}(x - x_i) + \frac{\partial g}{\partial y}(y - y_i) \tag{8-7}$$

因为 $f(x, y) = 0$ 而且 $g(x, y) = 0$

若真实的根为 (x_r, y_r)，则式(8-4)与式(8-7)分别可写成

$$f(x_r, y_r) = f(x_i, y_i) + \frac{\partial f}{\partial x}(x_r - x_i) + \frac{\partial f}{\partial y}(y_r - y_i) = 0$$

$$g(x_r, y_r) = g(x_i, y_i) + \frac{\partial g}{\partial x}(x_r - x_i) + \frac{\partial g}{\partial y}(y_r - y_i) = 0$$

$$\Rightarrow \begin{cases} \dfrac{\partial f}{\partial x}(x_r - x_i) + \dfrac{\partial f}{\partial y}(y_r - y_i) = -f(x_i, y_i) \\ \dfrac{\partial g}{\partial x}(x_r - x_i) + \dfrac{\partial g}{\partial y}(y_r - y_i) = -g(x_i, y_i) \end{cases}$$

请注意：$\dfrac{\partial f}{\partial x}|_{x=x_i, y=y_i}$，$\dfrac{\partial g}{\partial x}|_{x=x_i, y=y_i}$ 而且 $\dfrac{\partial f}{\partial y}|_{x=x_i, y=y_i}$，$\dfrac{\partial g}{\partial y}|_{x=x_i, y=y_i}$

上式用矩阵符号改写如下：

$$\begin{pmatrix} \dfrac{\partial f}{\partial x} & \dfrac{\partial f}{\partial y} \\ \dfrac{\partial g}{\partial x} & \dfrac{\delta g}{\partial y} \end{pmatrix} \begin{pmatrix} x_r - x_i \\ y_r - y_i \end{pmatrix} = \begin{pmatrix} -f(x_i, y_i) \\ -g(x_i, y_i) \end{pmatrix} \tag{8-8}$$

矩阵 $\begin{pmatrix} \dfrac{\partial f}{\partial x} & \dfrac{\partial f}{\partial y} \\ \dfrac{\partial g}{\partial x} & \dfrac{\partial y}{\partial y} \end{pmatrix}$ 称做 Jacobin 矩阵。

牛顿法的原理是，式(8-8)就是一般的非线性代数方程组，其条件是原来未知的 (x_i, y_i)，

(1)设法分别猜测一值给 x_i 与 y_i 作为起始值。

(2)用高斯消去法或 LU 分解法等可以求解：$\begin{pmatrix} x_r & -x_i \\ y_r & -y_i \end{pmatrix}$

设若 $x_{i+1} = x_r$ 而且 $y_{i+1} = y_r$，

并且 $\Delta x_i = x_{i+1} - x_i, \Delta y_i = y_{i+1} - y_i$

得到，$\begin{bmatrix} \Delta x_i \\ \Delta y_i \end{bmatrix}$ 之后

(3) $x_{i+1} = x_i + \Delta x_i, i = 0,1,2,\cdots$

$y_{i+1} = y_i + \Delta y_i, i = 0,1,2,\cdots$

测试答案是否收敛？两种方法(a)与(b)任选一种如下：

(a) $|\Delta x_i| < \text{TOL}$，而且 $|\Delta y_i| < \text{TOL}$，(TOL=容许误差)

(b) $|f(x_{i+1}, y_{i+1})| < \text{TOL}$，而且 $|g(x_{i+1}, y_{i+1})| < \text{TOL}$

若(a)与(b)任何一种测试式成立，则根为

$$(x_r, y_r) = (x_{i+1}, y_{i+1})$$

否则，用

$$x_i = x_{i+1}$$
$$y_i = y_{i+1}$$

作为猜测值(起始值)重复步骤(1)(2)(3)。

直到收敛的测试式满足为止，也就是，答案收敛为止。

◆ **例题8-1**　使用牛顿法求解下面非线性代数方程组(使用 $\mathrm{TOL} = 1 \times 10^{-6}$，以及 $x_0 = 0.76$，$y_0 \doteq 0.4$ 为猜测值)

$$x^2 + y^2 - x = 0$$
$$x^2 - y^2 - y = 0$$

➢ **解：**

$$f(x, y) = x^2 + y^2 - x = 0$$
$$g(x, y) = x^2 - y^2 - y = 0$$
$$\frac{\partial f}{\partial x} = 2x - 1, \frac{\partial g}{\partial x} = 2x$$
$$\frac{\partial f}{\partial y} = 2y, \frac{\partial g}{\partial y} = -2y - 1$$

$$\begin{pmatrix} \dfrac{\partial f}{\partial x} & \dfrac{\partial f}{\partial y} \\ \dfrac{\partial g}{\partial x} & \dfrac{\partial g}{\partial y} \end{pmatrix} \begin{pmatrix} \Delta x \\ \Delta y \end{pmatrix} = \begin{pmatrix} -f(x, y) \\ -g(x, y) \end{pmatrix}$$

第一回

$$\Delta x_i = x_{i+1} - x_i$$
$$i = 0$$
$$\Delta x_0 = x_1 - x_0$$
$$\Delta y_i = y_{i+1} - y_i$$
$$i = 0$$
$$\Delta y_0 = y_1 - y_0$$

并且分别将猜测值赋值给 x_0 与 y_0 如下：

$$x_0 = 0.76, y_0 = 0.41$$

$$\Rightarrow \frac{\partial f}{\partial x}\Big|_{x = x_0} = 2x_0 - 1 = 2 \times 0.76 - 1 = 0.52,$$

$$\frac{\partial g}{\partial x}\Big|_{x = x_0} = 2x_0 = 2 \times 0.76 = 1.52$$

$$\frac{\partial f}{\partial y}\Big|_{y=y_0} = 2y_0 = 2 \times 0.41 = 0.82,$$

$$\frac{\partial g}{\partial y}\Big|_{y=y_0} = -2y_0 - 1 = -2 \times 0.41 - 1 = -1.82$$

$$y(x_0, y_0) = f(0.76, 0.41) = (0.76)^2 + (0.41)^2 - 0.76 = -0.0143$$

$$g(x_0, y_0) = g(0.76, 0.41) = (0.76)^2 + (0.41)^2 - 0.41 = -0.0005$$

$$\begin{pmatrix} 0.52 & 0.82 \\ 1.52 & -1.82 \end{pmatrix} \begin{pmatrix} \Delta x_0 \\ \Delta y_0 \end{pmatrix} = \begin{pmatrix} 0.0143 \\ 0.0005 \end{pmatrix}$$

用高斯消去法解上面线性代数方程式，得到

$$\Delta x_0 = 0.012056, \Delta y_0 = 0.009794$$

$$\Rightarrow x_1 = x_0 + \Delta x_0, y_1 = y_0 + \Delta y_0$$

$$\Rightarrow x_1 = 0.76 + 0.012056, y_1 = 0.41 + 0.009794$$

$$\Rightarrow x_1 = 0.772056, y_1 = 0.419794$$

查验答案收敛否？

$$|f(x_1, y_1)| = |f(0.772056, 0.419794)| = 0.0002413 > \text{TOL}$$

$$|g(x_1, y_1)| = |y(0.772056, 0.419794)| = 0.0000494 > \text{TOL}$$

答案没收敛，继续下去

第二回

$$i = 1 \Rightarrow \Delta x_1 = x_2 - x_1, \Delta y_1 = y_2 - y_1$$

已知 $x_1 = 0.772056, y_1 = 0.419794$

$$\frac{\partial f}{\partial x}\Big|_{x=x_1} = 2 \times 0.772056 - 1 = 0.544112,$$

$$\frac{\partial g}{\partial x}\Big|_{x=x_1} = 2 \times 0.772056 = 1.54412$$

$$\frac{\partial f}{\partial x}\Big|_{y=y_1} = 2 \times 0.419794 = 0.839588$$

$$\frac{\partial g}{\partial x}\Big|_{y=y_1} = -2 \times 0.419794 - 1 = 1.839588$$

$$\begin{pmatrix} 0.544112 & 0.839588 \\ 1.54412 & -1.839588 \end{pmatrix} \begin{pmatrix} \Delta x_1 \\ \Delta y_1 \end{pmatrix} = \begin{pmatrix} -0.0002413 \\ -0.0000494 \end{pmatrix}$$

解上面线性方程式，得到

$$\Delta x_1 = -0.000211, \Delta y_1 = -0.000151$$

$$\Rightarrow x_2 = x_1 + \Delta x_1 = 0.772056 - 0.000211 = 0.771845$$

$$y_2 = y_1 + \Delta x_1 = 0.419794 - 0.000151 = 0.419643$$

查验答案收敛否？

$$| f(x_2, y_2) | = | f(0.771845, 0.419643) | = 0.0000001 < \text{TOL}$$
$$| g(x_2, y_2) | = | 9(0.771845, 0.419643) | = 0.0000000 < \text{TOL}$$

答案收敛，故知根为

$$x = 0.771845$$
$$y - 0.419643$$

结论如下：

(1)每一回所需计算的系数项共(n 为未知数的数目) $n^2 + n = 2^2 + 2 = 6$ 项如下

$$\frac{\partial f}{\partial x}, \frac{\partial f}{\partial y}, \frac{\partial g}{\partial x}, \frac{\partial g}{\partial y}, -f(x, y), -g(x, y)$$

(2)如何猜测起始值 (x_0, y_0) 是一令人费心的地方，因无法则可循。如果瞎猜，例如 $x_0 = 0, y_0 = 0$，肯定失败，因为 $x = 0$ ， $y = 0$ 原来就是一双无意义的根。唯一的办法是合理猜测与多测试。

(3)当然也可使用

$$| \Delta x_i | < \text{TOL} \ 与 | \Delta y_i | < \text{TOL}$$

同时成立，作为答案收敛的依据。

8.2.2 三条(含)以上非线性方程组的求解

$$f_1(x_1, x_2, x_3, \cdots, x_n) = 0$$
$$f_2(x_1, x_2, x_3, \cdots, x_n) = 0$$
$$f_n(x_1, x_2, x_3, \cdots, x_n) = 0$$

上式是 n 条非线性方程组的通式。根据牛顿法的解题理则如下：

$$\begin{pmatrix} \dfrac{\partial f_1}{\partial x_1} & \dfrac{\partial f_1}{\partial x_2} & \dfrac{\partial f_1}{\partial x_3} & \cdots & \dfrac{\partial f_1}{\partial x_n} \\[2mm] \dfrac{\partial f_2}{\partial x_1} & \dfrac{\partial f_2}{\partial x_2} & \dfrac{\partial f_2}{\partial x_3} & \cdots & \dfrac{\partial f_2}{\partial x_n} \\[2mm] \vdots & & & & \vdots \\[2mm] \dfrac{\partial f_n}{\partial x_1} & \dfrac{\partial f_n}{\partial x_2} & \dfrac{\partial f_n}{\partial x_3} & \cdots & \dfrac{\partial f_n}{\partial x_n} \end{pmatrix} \begin{pmatrix} \Delta x_{1(i)} \\[2mm] \Delta x_{2(i)} \\[2mm] \vdots \\[2mm] \Delta x_{n(i)} \end{pmatrix} = \begin{pmatrix} -f_1 \\[2mm] -f_2 \\[2mm] \vdots \\[2mm] -f_n \end{pmatrix}$$

这里， $\Delta x_{1(i)} = x_{1(i+1)} - x_{1(i)}$

$$\Delta x_{2(i)} = x_{2(i+1)} - x_{2(i)}$$

$$\Delta x_{n(i)} = x_{n(i+1)} - x_{n(i)}$$

若有 n 条方程式或 n 个未知数，则共需要先计算 $(n^2 + n)$ 项的系数项。例如，

$n = 2 \Rightarrow 2^2 + 2 = 6$ 项

$n = 3 \Rightarrow 3^2 + 3 = 12$ 项

牛顿法的理则

START

步骤 1：输入 n，TOL，MAX(最大的迭代次数)

步骤 2：猜测并输入起始值 $x_{1(0)}, x_{2(0)}, x_{3(0)}, \cdots, x_{n(0)}$

步骤 3：定义 Jacobin 矩阵与

$$[f(x)] = \begin{pmatrix} f_1 = f_1(x_1, x_2, \cdots, x_n) \\ f_2 = f_2(x_1, x_2, \cdots, x_n) \\ \vdots \\ f_n = f_n(x_1, x_2, \cdots, x_n) \end{pmatrix} \qquad [J] = \begin{pmatrix} \dfrac{\partial f_1}{\partial x_1} & \dfrac{\partial f_1}{\partial x_2} & \dfrac{\partial f_1}{\partial x_3} & \cdots & \dfrac{\partial f_1}{\partial x_n} \\ \dfrac{\partial f_2}{\partial x_1} & \dfrac{\partial f_2}{\partial x_2} & \dfrac{\partial f_2}{\partial x_3} & \cdots & \dfrac{\partial f_2}{\partial x_n} \\ \vdots & \vdots & \vdots & & \vdots \\ \dfrac{\partial f_n}{\partial x_1} & \dfrac{\partial f_n}{\partial x_2} & \dfrac{\partial f_n}{\partial x_3} & \cdots & \dfrac{\partial f_n}{\partial x_n} \end{pmatrix}$$

步骤 4：While $K \leqslant$ MAX 执行步骤 4-1 到步骤 4-5。

步骤 4-1：计算 $f_1, f_2, f_3, \cdots$(使用猜测值 x_0)与 Jacobin 矩阵内每一元素。

步骤 4-2：用高斯消去法求解方程组得到 Δx_i：

$$[j][\Delta x_i] = -[f(x)]$$

步骤 4-3：$x = x + \Delta x_i$

步骤 4-4：若 $|\Delta x_i| <$ TOL 或 $|f(x_i)| <$ TOL，则输出答案 $x_1, x_2, x_3, \cdots, x_n$ 同时中止程序的执行。否则继续。

步骤 4-5：$k = k + 1$

步骤 5：STOP

◆ **例题8-2** 请依牛顿法的解题原理设计计算机程序求解：

$x^2 + y^2 - x = 0$

$x^2 - y^2 - y = 0$

(使用 $\text{TOL} = 1 \times 10^{-7}$ 以及猜测值 $x_0 = 0.76, y_0 = 0.41$)

➤ **解：**

i	x	y	$f(x, y)$	$g(x, y)$
0	0.760000	0.410000	-0.0143000	-0.0005000
1	0.772056	0.419794	0.0002413	0.0000494
2	0.771845	0.419643	0.0000001	0.0000000
3	0.771845	0.419643	0.0000000	0.0000000

以下附录为 C 语言程序：

```c
/* ex8-2.c based on Newton's method
 * for solving the n x n system of nonlinear
 * algebra equations
 * f1(x1,x2,...,xn)=0
 * f2(x1,x2,...,xn)=0
 * ...
 * fn(x1,x2,...,xn)=0
 * Output solution x1,x2,x3,...,xn.
 */
#include <stdio.h>
#include <math.h>
#define MAX 20
#define f(x,y)  (pow(x,2)+pow(y,2)-x)
#define g(x,y)  (pow(x,2)-pow(y,2)-y)
#define fx(x,y)  (2*x-1)
#define fy(x,y)  (2*y)
#define gx(x,y)  (2*x)
#define gy(x,y)  (-2*y-1)
#define TOL  0.00000001
void gaussh(int,double[][],double[]);
void main()
{
  int i,n;
  double  a[10][10],dxy[10],x,y;
  n=2;
  i=1;
  x=0.76;
  y=0.41;
  printf(" i x y f(x,y) g(x,y)\n");
  while(i<=MAX)
  {
    a[1][1]=fx(x,y);a[1][2]=fy(x,y);a[1][3]=-f(x,y);
    a[2][1]=gx(x,y);a[2][2]=gy(x,y);a[2][3]=-g(x,y);
    printf("%2d %9.6lf %9.6lf %10.7lf %10.7lf\n",
           i-1,x,y,f(x,y),g(x,y));
    gaussh(n,a,dxy); /* call the function gaussh() */
```

```
        if(fabs(f(x,y))<TOL && fabs(g(x,y))<TOL)
            goto bound;
        x=x+dxy[1];
        y=y+dxy[2];
        i++;
    }
    bound:
    printf("root_x=%9.6lf root_y=%9.6lf\n",x y);
    return;
}
void gaussh(int n,double a[10][10],double x[])
{
    int i,j,k,m;
    double temp,bb,cc;
    for(k=1;k<=n-1;k++)
    {
        /* check if a[k][k]=0 is true then interchange */
        /* E(k) and E(k+1)........... .*/
        if(a[k][k]==0)
        {
            for(m=1;m<=n+1;m++)
            {
                temp=a[k][m];
                a[k][m]=a[k+1][m];
                a[k+1][m]=temp;
            }
        }
        /* To reduce the matrix to triangular form */
        for(i=k;i<=n-1;i++)
        {
            bb=a[i+1][k]/a[k][k];
            for(j=k;j<=n+1;j++)
                a[i+1][j]=a[i+1][j]-bb*a[k][j];
        }
    }
    if(fabs(a[n][n])==0.0)
    {
```

```
    printf("NO  UNIQUE  SOLUTION ! ! ! \n");
    exit(1);
}
        /* To start backward substitution */
x[n]=a[n][n+1]/a[n][n];
for(i=n-1;i>=1;i--)
{
    cc=0.0;
    for(j=i+1; j <=n; j++)
        cc=cc+a[i][j]*x[j];
    x[i]=(a[i][n+1]-cc)/a[i][i];
}
    return;
}
```

◆ **例题8-3** 用牛顿法的步骤编写计算机程序求解下面非线性方程组：

$$x_1 x_2 x_3 - x_1^2 + x_2^2 = 1.34$$

$$x_1 x_2 - x_3^2 = 0.09$$

$$e^{x_1} - e^{x_2} + x_3 = 0.41$$

起始值(猜测值)为(1, 1, 1),

$$TOL = 10^{-8}$$

➢ **解:**

i	x1	x2	x3	f(1)	f(2)	f(3)
0	1.00000000	1.00000000	1.00000000	-0.34000000	-0.09000000	0.5900000C
1	0.89626021	1.09518003	0.95072012	-0.01066825	-0.01230246	0.00142118
2	0.90223257	1.10035236	0.95012799	0.00001382	0.00003054	0.00000373
3	0.90221844	1.10034319	0.95013153	-0.00000000	0.00000000	0.00000000

root_x1=0.90221844

root_x2=1.10034319

root_x3=0.95013153

以下附录为 C 语言程序:

```
/* ex8-3.c based on Newton's Method
 * for solving the n x n system of nonlinear
 * algebra equations
 *   f1(x1,x2,... ,xn)=0
 *   f2(x1,x2,...,xn)=0
```

```
*          ...
* fn(x1,x2,...,xn)=0
* Input number of unknowns and equations n
* with coefficent a11,a12,...,ann and b1,b2,
* ...bn. Output solution x1,x2,x3,...,xn.
*/
#include <stdio.h>
#include <math.h>
#define MAX 20
#define f1(x1,x2,x3)  (x1*x2*x3-pow(x1,2)+pow(x2,2)-1.34)
#define f2(x1,x2,x3)  (x1*x2-pow(x3,2)-0.09)
#define f3(x1,x2,x3)  (exp(x1)-exp(x2)+x3-0.41)
#define f1x1(x1,x2,x3)  (x2*x3-2*x1)
#define f1x2(x1,x2,x3)  (x1*x3+2*x2)
#define f1x3(x1,x2,x3)  (x1*x2)
#define f2x1(x1,x2,x3)  (x2)
#define f2x2(x1,x2,x3)  (x1)
#define f2x3(x1,x2,x3)  (-2*x3)
#define f3x1(x1,x2,x3)  (exp(x1))
#define f3x2(x1,x2,x3)  (-exp(x2))
#define f3x3(x1,x2,x3)  (1)
#define TOL  0.00000001
void gaussh(int,double [][],double[]);
void main()
{
    int i,n;
    double  a[10][10],dx[10],x1,x2,x3;
    n=3;
    i=1;
    x1=1.0;
    x2=1.0;
    x3=1.0 ;
    printf(" i x1 x2 x3 f1() f2() f3()\n") ;
    while(i<=MAX)
    {
        a[1][1]=f1x1(x1,x2,x3);a[1][2]=f1x2(x1,x2,x3);
        a[1][3]=f1x3(x1,x2,x3);a[1][4]=-f1(x1,x2,x3);
```

```
        a[2][1]=f2x1(x1,x2,x3);a[2][2]=f2x2(x1,x2,x3);
        a[2][3]=f2x3(x1,x2,x3);a[2][4]=-f2(x1,x2,x3);
        a[3][1]=f3x1(x1,x2,x3);a[3][2]=f3x2(x1,x2,x3);
        a[3][3]=f3x3(x1,x2,x3);a[3][4]=-f3(x1,x2,x3);
        printf("%2d %11.8lf %11.8lf %11.8lf",i-1,x1,x2,x3) ;
        printf(" %11.8lf %11.8lf %11.8lf\n",
                f1(x1,x2,x3),f2(x1,x2,x3),f3(x1,x2,x3));
        gaussh(n,a,dx); /* call the function gaussh() */
        if(fabs(f1(x1,x2,x3))<TOL&&fabs(f2(x1,x2,x3))<
            TOL&&fabs(f3(x1,x2,x3))<TOL)
            goto bound;
        x1=x1+dx[1];
        x2=x2+dx[2];
        x3=x3+dx[3];
        i++;
    }
    bound:
    printf( "root_x1=%10.8lf\n",x1);
    printf( "root_x2=%10.8lf\n",x2);
    printf( "root_x3=%10.8lf\n",x3);
    return;
}
void gaussh(int n,double a[10][10],double x[])
{
    int i,j,k,m;
    double temp,bb,cc;
    for(k=1; k<=n-1; k++)
    {
        /* check if a[k][k]=0 is true then interchange */
        /* E(k)  and E(k+1).................. .*/
        if(a[k][k]==0)
        {
            for(m=1; m<=n+1; m++)
            {
                temp=a[k][m];
                a[k][m]=a[k+1][m];
                a[k+1][m]=temp;
```

```
            }
        }
        /* To reduce the matrix to triangular form */
        for(i=k;i<=n-1;i++)
        {
            bb=a[i+1][k]/a[k][k];
            for(j=k;j<=n+1;j++)
                a[i+1][j]=a[i+1][j]-bb*a[k][j];
        }
    }
    if(fabs(a[n][n])==0.0)
    {
        printf("NO UNIQUE SOLUTION! ! ! \n");
        exit(1);
    }
        /* To start backward substitution */
    x[n]=a[n][n+1]/a[n][n];
    for(i=n-1;i>=1;i--)
    {
        cc=0.0;
        for(j=i+1;j<=n;j++)
            cc=cc+a[i][j]*x[j];
        x[i]=(a[i][n+1]-cc)/a[i][i];
    }
    return;
}
```

习　题

请使用牛顿法的步骤设计计算机程序求解下面的非线性方程组 $(\text{TOL} = 10^{-7})$

1.　　$4 - x^2 - y^2 = 0$

　　　　$1 - e^x - y = 0$

(a) $x_0 = 1.0, y_0 = -1.7$,(b) $x_0 = 1.0, y_0 = 1.0$　为猜测值。

2.　　$3x_1 - \cos x_2 x_3 - \dfrac{1}{2} = 0$

　　　　$x_1^2 + 81(x_2 + 0.1)^2 + \sin x_3 + 1.06 = 0$

　　　　$e^{-x_1 x_2} + 20x_3 + \dfrac{10\pi - 3}{3} = 0$

使用 $x_{1(0)} = 0.1, x_{2(0)} = 0.1, x_{3(0)} = -0.1$ 为猜测值。

3.　　$x_1^2 + x_2^2 + x_3^2 = 9$

　　　$x_1 x_2 x_3 = 1$

　　　$x_1 + x_2 - x_3^2 = 0$

使用 $x_{1(0)} = 2.5, x_{2(0)} = 0.2, x_{3(0)} = 1.6$ 为猜测值。

4.　　$2x_1 + x_2 + x_3 + x_4 - 5 = 0$

　　　　$x_1 + 2x_2 + x_3 + x_4 - 5 = 0$

　　　　$x_1 + x_2 + 2x_3 + x_4 - 5 = 0$

　　　　$x_1 x_2 x_3 x_4 - 1 = 0$

使用 $x_{1(0)} = 1, x_{2(0)} = 1, x_{3(0)} = 1, x_{4(0)} = 1$ 为猜测值。